L'ART

DE

LEVER LES PLANS,

DU LAVIS

ET DU NIVELLEMENT,

Enseigné en 20 Leçons,

SANS LE SECOURS DES MATHÉMATIQUES,

AVEC 16 PLANCHES ET 600 FIGURES.

PAR THIOLLET,

PROFESSEUR DE DESSIN AUX ÉCOLES ROYALES D'ARTILLERIE.

TROISIÈME ÉDITION.

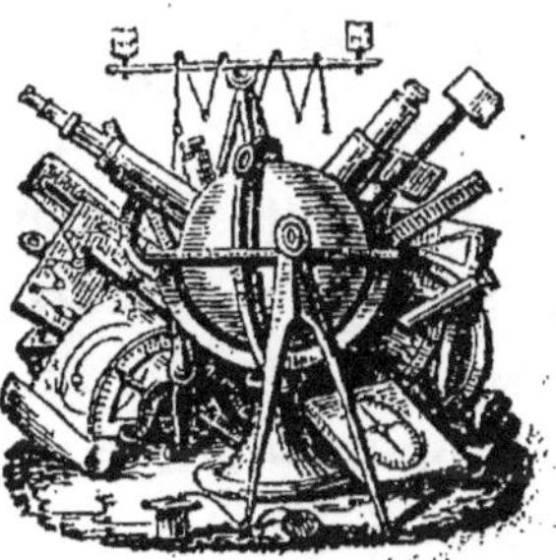

PARIS,

AUDIN, QUAI DES AUGUSTINS, N°. 25.

1827.

bitude de la masturbation, les spectacles, la danse, l'oisiveté, la société des hommes, les douces émotions que procure une musique tendre et passionnée, sont autant de circonstances bien propres à avancer l'époque de cette première apparition des menstrues; tandis que des conditions opposées la retardent plus ou moins, suivant le degré d'influence qu'elles exercent.

Cet écoulement une fois établi, se renouvelle tous les vingt-huit ou trente jours; mais il y a, à cet égard, presque autant de variétés que d'individus : quelques femmes voient tous les quinze jours; d'autres ne sont réglées que tous les deux mois; Linnæus avait connu de jeunes filles dont les unes n'étaient réglées que pendant l'été, et les autres qu'une fois l'an.

La durée de chaque évacuation est ordinairement, dans les climats tempérés, de trois, quatre, cinq ou même six jours. « Quel-
» ques-unes cependant n'ont leurs règles que
» pendant une journée, d'autres pendant
» huit jours, et même davantage, au point
» que souvent une menstruation est à peine
» terminée, qu'une autre recommence. Quel-
» ques-unes ne font que marquer, d'autres

L'ART

DE

LEVER LES PLANS.

OUVRAGES NOUVEAUX.

CHIMIE ENSEIGNÉE EN 26 LEÇONS, et mise à la portée des gens du monde, traduite de l'anglais sur la 9e. édition, par M. PAYEN, l'un des auteurs du Traité des Réactifs, 2e. édition; 1 vol. in-12, orné de planches, prix 7 fr.

« L'ouvrage que nous annonçons, mérite l'appui de tous » les amis de l'industrie, il le mérite par la manière dont il » est composé; il rendra de grands services aux nombreux » étudiants d'une science dont l'utilité est généralement sentie » et qu'il importe de populariser ». (FRANCŒUR, *Rev. Enc.*).

PHYSIQUE ENSEIGNÉE EN 20 LEÇONS et mise à la portée des gens du monde, traduite de l'anglais, de l'auteur de la *chimie;* un vol. in-12, orné de 23 planches, prix 7 fr.

La physique a obtenu, en Angleterre, plus de succès encore que la chimie : les mêmes soins ont présidé à l'une et à l'autre.

ASTRONOMIE ENSEIGNÉE EN 22 LEÇONS, et sans le secours des mathématiques, traduit de l'anglais sur la 13e. édition, par un ancien élève de Delambre, 5e. *édition*, revue avec soin et augmentée, 1 vol. in-12, orné de planches, prix 7 fr.

PROBLÈMES AMUSANTS D'ASTRONOMIE ET DE SPHÈRE, traduits de l'anglais sur la 7e. édition, 1 vol. in-12, orné d'un planisphère mobile, prix 4 fr.

PLANISPHÈRE CÉLESTE MOBILE, à l'aide duquel on peut *dans moins d'une minute* apprendre soi-même à connaître et à classer toutes les constellations, imité de l'anglais par un élève de Delambre, prix colorié 3 fr. 50.

DE LA CHALEUR APPLIQUÉE AUX ARTS ET MANUFACTURES, ouvrage traduit de l'anglais, par M. BULOS, 1 vol. in-12, prix 5 fr.

MÉCANIQUE DES ARTISTES, ARTISANS ET OUVRIERS, traduite de l'anglais sur la 9e. édition, par M. BULOS, 2 vol. in-12, prix 10 fr.

ARCHITECTURE PRATIQUE DE BULLET, ou le nouveau *Bullet de la ville et des campagnes*, avec tous les prix nouveaux, 1 vol. in-12, orné de 26 planches, prix 7 fr. 50.

L'ART

DE

LEVER LES PLANS,

DU LAVIS

ET DU NIVELLEMENT,

ENSEIGNÉ EN 20 LEÇONS,

SANS LE SECOURS DES MATHÉMATIQUES,

Ouvrage mis à la portée de toutes les classes de la société, et indispensable aux Instituteurs, Arpenteurs, Géomètres, Propriétaires ruraux, etc.

AVEC 16 PLANCHES ET 600 FIGURES.

PAR THIOLLET,

PROFESSEUR DE DESSIN AUX ÉCOLES ROYALES D'ARTILLERIE.

TROISIÈME ÉDITION REFONDUE ENTIÈREMENT.

PARIS,

QUAI DES AUGUSTINS, N°. 25.

1827.

AMIENS. — IMP. DE CARON-DUQUENNE,
PLACE DE LA MAIRIE, N°. 6.

PRÉFACE.

Il n'est pas rare de rencontrer des propriétaires ruraux, des cultivateurs qui, n'ayant point étudié les mathématiques, désirent acquérir des connaissances sinon dans la théorie, du moins dans la pratique, dans les opérations manuelles de l'arpentage. Quoique en cette matière il soit impossible de faire entièrement abstraction des principes spéculatifs de la science, j'ai cru pourtant faire une chose utile, en cherchant à populariser la géométrie pratique, à l'aide d'une suite de figures méthodiquement classées, et dont les explications sont à la portée des esprits les plus ordinaires. J'ai cherché à substituer aux démonstrations didactiques, les seules qui satisfassent le savant, des images parlantes qui puissent être comprises de tout le monde. La difficulté de l'entreprise me donne peut-être quelques droits à l'indulgence. Les première et seconde éditions de cet ouvrage, déjà épuisées, se sont faites avec une précipitation indépendante de ma volonté. Ainsi, s'il s'y est glissé des fautes de calcul et d'autres erreurs d'une nature assez grave, je les ai fait disparaître dans cette dernière édition, qui a été revue avec soin et augmentée d'une nouvelle instruction sur le système et le calcul métrique ainsi que sur le toisé des surfaces, du rapporteur exact ou table des cordes pour construire des angles avec beaucoup plus de précision que ne peut le faire tout autre instrument.

TABLE

DES MATIÈRES

DESSIN ET LAVIS DES PLANS.

OBSERVATIONS.

Chaque proposition porte un numéro qui correspond à celui de la figure.

Chaque figure porte un numéro qui renvoie à celui de son explication.

Dans le texte, les numéros de renvoi sont mis entre parenthèses.

L'ART

DE

LEVER LES PLANS.

PREMIÈRE PARTIE.

LEÇON PREMIÈRE.

ARITHMÉTIQUE.

L'ARITHMÉTIQUE est la science des nombres : elle en considère la nature et les propriétés ; son but est de donner des moyens faciles, tant pour représenter les nombres que pour les composer et les décomposer, c'est ce qu'on appelle *calculer* : pour se former une idée exacte des nombres, il faut d'abord savoir ce qu'on entend par *unité*. L'unité est une quantité que l'on prend

(le plus souvent arbitrairement) pour servir de terme de comparaison à toutes les quantités d'une même espèce : ainsi lorsqu'on dit un terrain contient 12 *arpents* ou 24 *mètres*, l'arpent ou le mètre est l'unité.

Le nombre exprime de combien d'unités ou de parties d'unité une quantité est composée. Si la quantité est composée d'unités entières, le nombre qui l'exprime s'appelle *nombre entier,* et si elle est composée d'unités entières et de portion de l'unité, ou simplement de portion de l'unité, alors le nombre est dit *fractionnaire* ou *fraction.*

Des opérations de l'arithmétique. Ajouter, soustraire, multiplier et diviser, sont les quatre opérations fondamentales de l'arithmétique. Toutes les questions que l'on peut proposer sur les nombres se réduisent à pratiquer quelques unes de ces opérations. Il est donc bien utile de se les rendre familières, et d'en bien saisir l'esprit avant que de passer aux *fractions,* aux *racines,* aux *proportions et progressions arithmétiques,* à la règle de *trois*, et à la règle de *société* qui suivent.

L'arithmétique décimale emploie dix caractères appelés chiffres qui suivent ; telle est notre numération : 0, 1, 2, 3, 4, 5, 6, 7, 8, 9, après quoi on recommence par 10, 11, 12, etc.

0 zéro.	10 dix.	20 vingt.	300 trois c.
1 un.	11 onze.	30 trente.	400
2 deux.	12 douze.	40 quarante.	500
3 trois.	13 treize.	50 cinquante.	600
4 quatre.	14 quatorze.	60 soixante.	700
5 cinq.	15 quinze.	70 soixante–dix.	800
6 six.	16 seize.	80 quatre–vingt.	900
7 sept.	17 six–sept.	90 quatre-vingt-dix.	1000 mille.
8 huit.	18 dix–huit.	100 cent.	2000
9 neuf.	19 dix–neuf.	200 deux cents.	3000

Le zéro, quand il est seul, ne signifie rien. Pour compter au-delà de neuf, on est convenu que de dix unités, on ferait une dixaine, et de dix dixaines, une centaine.

Tout chiffre placé au second rang, à partir de la droite, c'est-à-dire tout chiffre précédé d'un zéro ou d'un autre chiffre, vaut des dixaines. Tout chiffre placé au troisième rang vaut des centaines. Les chiffres placés ainsi 3 4 1 expriment trois cent quarante-un. Ces trois chiffres placés ainsi, s'appellent la tranche des unités ; trois chiffres placés à gauche de la tranche des unités, comme 124, 341 composent la tranche des mille. Pour former cette tranche, on est convenu que de dix unités de mille, on ferait une dixaine de mille, et de dix dixaines de mille, une centaine de mille.

DE L'ADDITION.

L'*addition* sert à trouver le total de plusieurs nombres que l'on veut réunir ensemble. Il faut écrire les nombres de manière que les unités soient sous les unités, les dixaines sous les dixaines, et ainsi de suite, et tirer un trait pour écrire dessous la somme.

| 6 | 14 | 24,50 |
8	716	60,15
14	730	84,65

Je dis 6 et 8 font 14, que j'écris sous la colonne des unités.

Dans le second exemple il s'agit d'ajouter ensemble les nombres 14 et 716. Je les écris suivant la règle et je dis : 4 et 6 font 10, j'écris o sous la colonne des unités, et je retiens un. Je passe à la colonne des dixaines, et je dis : 1 et 1 font 2, et 1 de retenue font 3, que j'écris. Je passe à la colonne des centaines et je trouve 7 seul, je l'écris au-dessous de cette colonne. Ainsi le total des deux nombres est de 730.

Ajouter ensemble des décimales. Un des avantages du calcul décimal est de faire disparaître la complication des opérations fractionnaires en ramenant tout à la méthode des nombres entiers.

On appelle décimales ou fractions décimales les parties d'un tout divisé en dixièmes, centièmes, millièmes, dix millièmes, etc.

Si la quantité 0,15 signifie quinze centièmes, ou $0^m,15$, 15 centièmes, le zéro indique qu'il n'y a pas d'unités. Il pourrait n'y avoir pas de dixièmes dans les fractions à exprimer, comme dans 0,05 ; neuf millièmes s'écrivent 0,009. Le zéro que l'on ajoute à la droite des décimales n'en change aucunement la valeur ; ainsi : 0,5 ; 0,50, 0,500 sont absolument la même chose. On conçoit en effet que 50 centièmes équivalent à 5 dixièmes ou à 500 millièmes.

Si l'on voulait additionner,

	6 mètres.	8 décimètres.	4 centimètres.	2 millimètres.
avec	5	9	6	7
le total serait	12	8	0	9

on écrirait ainsi les quantités :

$$6,842$$
$$5,967$$
$$\overline{12,809}$$

et le total serait égal au premier.

On voit que l'addition se fait d'après les mêmes principes que si les nombres ne contenaient que des entiers ; il faut seulement faire attention d'écrire ces nombres les uns sous les autres, de manière que les unités et décimales du même ordre, et par conséquent les points décimaux se correspondent dans une même colonne verticale.

Lorsque le résultat de l'addition ou de la soustraction est trouvé, l'on y place le point décimal comme l'indique l'exemple ci-dessus.

DE LA SOUSTRACTION.

La *soustraction* sert à trouver la différence de deux nombres. Pour connaître la différence de deux nombres, il faut retrancher le plus petit du plus grand : le résultat de cette opération est la différence cherchée.

Trouver la différence de deux nombres, tel que 486 et 125. Il faut écrire le plus petit nombre au-dessous du plus grand, de manière que les unités soient sous les unités, les dixaines sous les dixaines, les centaines sous les centaines, etc. On tire un trait au-dessous, comme il suit :

$$
\begin{array}{r}
486 \\
125 \\
\hline
361
\end{array}
$$

Je dis 5 ôté de 6 reste 1, que j'écris sous la colonne. Je passe à la colonne des dixaines en disant 2 de 8 reste 6, que j'écris sous cette même colonne. Pour la colonne des centaines, je dis 1 de 4 reste 3, et la différence cherchée est 361.

Autre exemple :

$$\begin{array}{r} 64042 \\ 9905 \\ \hline 54137 \end{array}$$

Les nombres étant écrits, je dis 5 de 2, et comme cela ne se peut, j'ajoute à 2 dix unités que j'emprunte en prenant une unité sur son voisin 4, et j'ai 12 ; je dis 5 de douze, reste 7, que j'écris sous la colonne des unités. Je passe à la colonne des dixaines ; comme j'ai augmenté le chiffre 2 d'une unité empruntée, je retranche 1 de 4, et je dis, 0 de 3 reste 3 ; ensuite, 9 de 0 cela ne se peut ; je dis 9 de 10 reste 1 que j'écris ; ensuite 9 de 3, car le 4 ne vaut plus que 3, j'emprunte à 6 une unité qui vaut dix, je l'ajoute à 3, et je dis, 9 de 13 reste 4, puis j'abaisse les 5 restant du chiffre 6. Il en sera de même pour tout autre cas.

DE LA MULTIPLICATION.

La *multiplication* est une addition abrégée par laquelle on ajoute un nombre autant de fois à lui-même qu'il y a d'unités moins une dans un autre nombre. Ainsi, pour multiplier 4 par 4, on n'aura pas besoin de l'écrire, mais si

les nombres ont plus d'un chiffre, par exemple :
456 par 37, il faut écrire les deux facteurs l'un
sous l'autre : comme on le voit ici.

$$
\begin{array}{lr}
\text{Multiplicande.} \ldots \ldots & 456 \\
\text{Multiplicateur.} \ldots \ldots & 37 \\
\hline
& 3192 \\
& 1368 \\
\hline
& 16872
\end{array}
$$

Je dis 7 fois 6 font 42 ; j'écris 2 au-dessous
et je retiens 4 ; 7 fois 5 font 35 et 4 de retenue
font 39, je pose 9 et retiens 3 ; 7 fois 4 font 28,
et 3 de retenue font 31, je pose 1 et j'avance 3.

Je passe aux dixaines du multiplicateur et je
dis 3 fois 6 font 18, j'écris 8 au-dessous des
dixaines, et je retiens 1 ; 3 fois 5 font 15, et 1
de retenue font 16, j'écris 6 et je retiens 1 ; 3
fois 4 font 12, et 1 de retenue font 13 que j'é-
cris de suite. Je fais l'addition des produits partiels, et je trouve pour produit total 16872.

Pour connaître si l'on ne s'est pas trompé
dans la multiplication, il faut la recommencer,
en prenant pour multiplicande le nombre qui
a servi de multiplicateur. L'opération faite, le
résultat doit être le même.

Application. Déterminer la surface d'un
rectangle qui aurait pour base 206^m 65^c sur

165^m 8^c de hauteur. On écrira les nombres décimaux comme si c'étaient des nombres entiers; on multipliera comme ci-dessus. *Il suffira dans le produit de séparer par la virgule, autant de chiffres que l'on compte de décimales dans le multiplicateur et le multiplicande ensemble.*

On trouve donc au produit 34262570, dont il faudra séparer trois chiffres décimaux dans le produit, parce qu'il y en a deux dans le multiplicande et un dans le multiplicateur.

On aura 34,262^{mm}570 de surface. On peut retrancher le chiffre de droite qui est superflu et conserver les chiffres de droite si l'on n'a besoin que de centièmes; on conserve le tout si l'on a besoin de millièmes.

$$
\begin{array}{r}
20665 \\
1658 \\
\hline
165320 \\
103325 \\
123990 \\
20665 \\
\hline
34262570
\end{array}
$$

La table de Pythagore, ci-jointe, sert à trouver le produit des deux nombres exprimés par un seul chiffre.

On peut voir son application à la mesure des surfaces, n°. 192 et suivants.

1	2	3	4	5	6	7	8	9	10	11	12	13
2	4	6	8	10	12	14	16	18	20	22	24	26
3	6	9	12	15	18	21	24	27	30	33	36	39
4	8	12	16	20	24	28	32	36	40	44	48	52
5	10	15	20	25	30	35	40	45	50	55	60	65
6	12	18	24	30	36	42	48	54	60	66	72	78
7	14	21	28	35	42	49	56	63	70	77	84	91
8	16	24	32	40	48	56	64	72	80	88	96	104
9	18	27	36	45	54	63	72	81	90	99	108	117
10	20	30	40	50	60	70	80	90	100	110	120	130
11	22	33	44	55	66	77	88	99	110	121	132	143
12	24	36	48	60	72	84	96	108	120	132	144	156
13	26	39	52	65	78	91	104	117	130	143	156	169

On veut vendre 5 hectares et 62 centiares de terre, à 440 francs l'hectare ; on demande com-

bien coûteront les 5ʰ 62ᶜ, il faut multiplier
5,62 par 440 ;

$$
\begin{array}{r}
5,62 \\
440 \\
\hline
22480 \\
2248 \\
\hline
2472,80
\end{array}
$$

L'opération étant faite comme elle est ci-
dessus, on trouvera que les 5 hectares 62 centiares, reviennent à 2472 fr. 80 c.

DE LA DIVISION.

La *division* est une soustraction abrégée qui
sert à trouver, d'une manière expéditive, combien de fois un nombre en contient un autre :
par exemple, en disant, en 8 combien de fois
4, on voit de suite que ce nombre 4 peut être
ôté deux fois de 8.

Diviser un nombre composé de trois chiffres
par un nombre simple. Il faut écrire le diviseur
à la droite du dividende en séparant ces deux
nombres par une trait vertical, puis tirer un
autre trait sous le diviseur, et écrire au-dessous
de ce trait les chiffres du quotient à mesure
qu'on les trouvera. Exemple :

$$
\begin{array}{r|l}
\text{Dividende } 468 & 5 \text{ diviseur.} \\
\cline{2-2}
18 & 93\,\tfrac{3}{5} \text{ quotient.} \\
3 &
\end{array}
$$

Je prends pour premier dividende partiel les

46 entiers du dividende 468 (1), et je dis, en 46 combien de fois 5 ? 9. J'écris 9 au-dessous du trait, ensuite je dis 9 multiplié par 5 égale 45, que j'ôte du dividende partiel 46 ; il reste 1 que je pose au-dessous du 6. J'abaisse le 8, ce qui me donne 18 pour second dividende partiel ; je dis donc en 18 combien de fois 5 ? 3 ; j'écris 3 au quotient, puis je dis 3 fois 5 font 15, de 18 reste 3 ; le reste trois ne pouvant être divisé par 5, on écrira ce reste par 5 ou $\frac{3}{5}$ divisé à la suite du quotient, ce qui donnera pour résultat 93 $\frac{3}{5}$.

Si le dividende et le diviseur étaient terminés par des zéros, on pourrait en supprimer à l'un et à l'autre nombre, autant qu'il y en a à la suite de celui qui en a le moins, et l'on diviserait la partie restante du dividende.

Division des décimales. La règle à suivre est fondée sur ce principe, que si l'on multiplie ou si l'on divise par une même quantité les deux termes d'une division avant de l'effectuer, on ne change pas la valeur du quotient.

Si les deux termes ont le même nombre de décimales, on supprimera la virgule dans chacun d'eux, et l'on opérera comme sur des nom-

---

(1) Lorsque le premier chiffre du dividende total contient le diviseur, il ne faut prendre que ce seul chiffre pour dividende partiel. Pour éviter toute méprise, il faut avoir soin de marquer d'un point le chiffre qu'on abaisse.

bres entiers. Exemple : pour diviser 120.62 par 34.15, on procédera comme s'il s'agissait de faire la division de 12062 par 3415.

S'il y a plus de décimales dans un terme que dans l'autre, on les égalisera en ajoutant des zéros aux décimales les moins nombreuses, ce qui n'en altère pas la valeur, et l'on supprimera ensuite de part et d'autre le point décimal ; exemple : 247.2 étant à diviser par 57.83, on opérera comme pour diviser 24720 par 5783 ; et si l'on a 158.95 à diviser par 27.8 ; on opérera comme pour diviser 15895 par 2780.

Enfin lorsqu'il ne se trouve des décimales que dans l'un des deux nombres, on supprime le point, et l'on ajoute à l'autre autant de zéros qu'il y avait de décimales au premier, exemple : 2000 à diviser par 14,25 , se considérera comme 200000 à diviser par 1425; et 217.18 par 12, comme 21718 à diviser par 1200.

Second exemple. 4 hectare 35 centiares de terre, ont coûté 1520 fr. 60 c., on demande à combien revient l'hectare. On divisera 1520.60 par 4.35.

$$
\begin{array}{r|l}
1520.60 & 435 \\
\cline{2-2}
2156 & 349.56 \\
4160 & \\
2450 & \\
2850 & \\
\end{array}
$$

Il viendra au produit 349 fr. 56 c., pour prix de l'hectare.

Pour 2000 fr. combien aura-t-on de pieds d'arbres à 2 fr. 3o le pied ? On divisera 200000 par 23o. S'il reste une fraction plus petite que le diviseur, on l'écrira entre parenthèses : dans l'exemple il reste 13o. Si je retranche les deux chiffres de droite, il me reste 1 franc, somme moindre que 2 francs 3o c., et qui ne peut rien produire au quotient ; on l'écrit pour mémoire.

$$
\begin{array}{c|c}
2000,00 & 230 \\
160\ 0 & \overline{869} \\
22\ 00 & \\
(130) &
\end{array}
$$

Supposons qu'il s'agisse de diviser un nombre de francs, de kilogrammes ou de mètres, et qu'on veuille continuer l'opération lorsqu'il y a un reste, alors, j'ajoute deux zéros à la fraction restante que je suppose comme dans l'exemple de 13o ; je divise 13ooo par 23o, j'aurai 56 centièmes, ou 56 décagrammes si j'ai opéré sur des kilogrammes, ou bien 56 centimètres si j'opère sur des mètres : j'ajoute cette fraction à 869, de cette manière, 869,56, sauf à placer au-dessus la désignation de franc, kilogramme ou mètre, suivant que l'on aura opéré

$$
\begin{array}{c|c}
200000 & 230 \\
1600 & \overline{869,56} \\
2200 & \\
13000 & \\
1500 & \\
120 &
\end{array}
$$

Il reste encore une fraction 120 qne l'on peut négliger ou bien l'on peut prolonger l'opération en ajoutant des zéros à la suite du reste. On aurait soin d'ajouter une virgule après la quantité trouvée 869,56. On voit que l'adjonction de deux zéros à 130, a multiplié le dividende par 100, et que le placement du point a divisé le quotient par la même quantité; donc, la valeur que devait avoir le quotient ne se trouve pas altérée. Il est évident que l'on aurait pu, avant de commencer l'opération, augmenter le dividende primitif de deux zéros et que cela serait revenu parfaitement au même. De là se déduit cette règle bien aisée à retenir. Lorsque l'on opère sur des nombres entiers, ou que, par un égal nombre de décimales, les deux nombres sont dans le cas d'être divisés comme entiers, il faut ajouter au dividende autant de zéros qu'on veut avoir de décimales au quotient.

Il s'ensuit aussi que si le diviseur n'a pas de décimales, ou en a moins que le dividende, on peut opérer la division comme sur des nombres entiers, en observant seulement de séparer au quotient, par le point, autant de décimales que le dividende en a de plus que le diviseur.

DES FRACTIONS.

On appelle fractions les quantités plus petites que l'unité : une moitié, deux tiers, trois quarts, six huitièmes, etc., sont des fractions que l'on écrit ainsi (1), ¹/₂, ²/₃, ³/₄, ⁶/₈, etc. Le nombre supérieur se nomme *numérateur*, parce qu'il marque le nombre des parties que l'on prend, et le nombre inférieur s'appelle *dénominateur*, parce qu'il désigne l'espèce de ces parties, ou en combien de parties l'unité est partagée. Ainsi dans l'expression ⁴/₅, le chiffre 4, qui est le numérateur, indique que l'on prend quatre parties, et ce chiffre 5, qui est le dénominateur, marque que ce sont des cinquièmes.

Le numérateur et le dénominateur, considérés ensemble, se nomment les deux termes de la fraction; quand les deux termes sont égaux, la fraction vaut l'unité : ³/₃ ou ¹²/₁₂ valent un entier.

---

(1) On emploie, dans les diverses opérations, des signes qui abrégent les écritures :

Pour écrire

a plus b, ou 6 plus 4, on écrit $a + b$, $6 + 4$ égale 10.

a moins b, ou 8 moins 4, on écrit $a - b$, $8 - 4$ égale 4.

a est égal à b, ou 6 est égal à $4 + 2$, on écrit $a = b$, $6 = 4 + 2$.

a multiplié par b, ou 6 multiplié par 6, $a \times b$, $6 \times 6 = 36$.

a divisé par b, ou 12 divisé par 4, $\dfrac{a}{b}$ ou $\dfrac{12}{4} = 3$.

Le rapport géométrique est à 12 comme 8 est à 16. On écrit 6 : 12 :: 8 : 16.

Les fractions ¹/₂, ²/₃, ³/₄, se prononcent : *une moitié, deux tiers, trois quarts.*

Si l'on *multiplie* le numérateur d'une fraction par un entier, on rend la fraction plus grande. Ainsi en multipliant le numérateur de la fraction ½ par 2, elle devient la fraction 2/2 qui est double de ½.

Au contraire, si l'on multiplie le dénominateur d'une fraction par un entier, la fraction deviendra plus petite ; ainsi, en multipliant par 2 le dénominateur de la fraction ½, elle devient la fraction ¼, qui n'est que la moitié de la fraction ½.

Addition. Pour ajouter ensemble des fractions qui ont le même dénominateur, il faut prendre la somme des numérateurs, et donner à cette somme le dénominateur commun ; ainsi en ajoutant ⅗ à ⅕ j'ai pour somme ⅘.

Si les fractions n'ont pas le même dénominateur, il faut les y réduire avant de les additionner ; ainsi pour trouver la somme des fractions ⅔, ¾, je les réduis d'abord au même dénominateur, et j'ai 8/12, 9/12 ; j'ajoute les numérateurs, ce qui me donne pour somme 17/12 ou 1 5/12.

Soustraction. Pour soustraire une fraction d'une autre fraction qui a le même dénominateur, il faut retrancher le plus petit numérateur du plus grand, et donner au reste le dénominateur commun. Exemple ⅗ moins ⅕ égale 2/5.

Si les fractions n'ont pas le même dénominateur, il faut les y réduire avant de prendre la différence des numérateurs, comme on l'a fait pour l'addition ; ainsi pour ôter $\frac{1}{4}$ de $\frac{2}{5}$, je réduis ces deux fractions à celles-ci, $\frac{5}{20}$, $\frac{8}{20}$, et j'ai $\frac{8}{20}$ moins $\frac{5}{20}$, égale $\frac{3}{20}$.

Multiplication. Pour multiplier une fraction par un nombre entier, il faut multiplier le numérateur de cette fraction par l'entier, et ne rien changer au dénominateur.

Par exemple, pour multiplier $\frac{3}{11}$ par 2, je multiplie le numérateur 3 par 2, ce qui donne 6, et laissant le dénominateur 11 tel qu'il est, j'ai $\frac{6}{11}$ pour produit, puisque 2 fois $\frac{3}{11}$ valent $\frac{6}{11}$. Autre exemple :

$$\frac{4\times3}{5} = \frac{4}{1}\times\frac{3}{5} = \frac{12}{1\times5} = \frac{12}{5}$$

S'il s'agit de diviser une fraction par un entier, il faut multiplier le dénominateur de la fraction par l'entier, sans rien changer au numérateur ; ainsi pour diviser la fraction $\frac{1}{2}$ par 2, je multiplie le dénominateur 2 par 2, et laissant le numérateur 1 tel qu'il est, j'ai $\frac{1}{4}$ pour quotient. Si l'on partage une moitié en deux parties égales, on aura évidemment $\frac{1}{4}$ pour la valeur de chacune de ces parties.

Pour multiplier une fraction par une fraction il faut, 1°. multiplier le numérateur de la première par le numérateur de la seconde, ce qui donne le numérateur du produit; 2°. multiplier le dénominateur de la première par le dénominateur de la seconde, ce qui donne le dénominateur du produit.

Ainsi pour multiplier ⅔ par ⅘, je dis 4 fois 2 font 8, et c'est le numérateur du produit, puis 5 fois trois font 15, et c'est le dénominateur du produit; le produit est donc ⁸/₁₅. Voici la raison de la règle : si je multiplie ⅔ par l'entier 4, j'aurai pour produit ⁸/₃ mais ce produit est 5 fois trop grand, puisque je ne devais multiplier que par le cinquième de 4 : donc il faut prendre le cinquième, c'est-à-dire le diviser par 5, ce qui se fait en multipliant le dénominateur par 5.

Division. Pour diviser une fraction par une fraction, il faut réduire ces deux fractions au même dénominateur, supprimer le dénominateur commun, et faire une fraction qui ait, pour numérateur, le numérateur de la fraction dividende, et pour dénominateur le numérateur de la fraction diviseur; ce sera le vrai quotient. On peut aussi renverser les deux termes de la fraction qui sert de diviseur et multiplier la fraction dividende par cette fraction ainsi renversée.

Pour diviser ⅘ par ⅔, je renverse la fraction ⅔, ce qui me donne ³/₂ ; je multiplie ⅘ par ³/₂ et j'ai ¹²/₁₀ ou 1 ²/₁₀ pour quotient de ⅘ divisé par ⅔.

La raison de cette règle, est qu'il faut diviser $4/5$ par $2/3$; c'est chercher combien de fois $4/5$ contiennent $2/3$: on voit que puisque le diviseur est $2/3$, il sera contenu dans le dividende trois fois autant que s'il était 2 entiers, donc il faut diviser d'abord par 2 et multiplier par 3, ce qui n'est autre chose que prendre trois fois la moitié du dividende ou le multiplier pour $3/2$ qui est la fraction diviseur renversée.

Soit le nombre 3 à diviser par la fraction $5/6$; l'opération revient à multiplier 3 par $6/5$, ce qui donne $18/5$ pour le quotient cherché. Qu'il faille diviser $7/9$ par $3/5$, l'opération se réduit à multiplier $7/9$ par $5/3$, ce qui donne $35/27$ pour quotient cherché.

Pour diviser 4 par $3/7$, je réduis 4 au dénominateur, ce qui donne $28/7$, ensuite je forme une fraction à laquelle je donne 28 pour numérateur, et trois pour dénominateur ; le quotient cherché est donc $28/3$. On voit qu'on obtient les mêmes résultats en multipliant le dividende par la fraction diviseur renversée ; car $2/3$ multipliés par $5/4$, égalent $10/12$; et 5 multiplié par $7/5$, égale $28/3$. *Pour diviser un nombre par une fraction, il suffit de la multiplier par la fraction renversée.*

Toutes les fois qu'il se trouve des entiers mêlés avec des fractions, il faut, avant de faire aucune opération, réduire chaque entier au dénominateur de la fraction qui l'accompagne.

Remarque. Les restes de divisions sont des fractions, car si l'on divise 14 par 3, on aura pour quotient 4 avec un reste 2 qu'il faut partager en 3; par conséquent 14 : 3, égale 4 $\frac{2}{3}$.

Des fractions décimales. Elles ont pour dénominateur l'unité suivie d'un ou de plusieurs zéros. On sous-entend le dénominateur, et on n'écrit que le numérateur, mais on a soin de mettre les chiffres du numérateur à la suite d'une virgule ou d'un point, pour les distinguer des nombres entiers : ainsi $\frac{4}{10}$ égale 4, ou 4 égale 0, 4 ou 0.4, en faisant occuper par un zéro la place des entiers. 1 $\frac{35}{100}$ égale 1, 35 ou 1. 35.

Il est aisé de déterminer la valeur des chiffres qui suivent la virgule ou le point. Le premier chiffre à droite après la virgule ou le point vaut des dixièmes; le second des centièmes, le troisième des millièmes, le quatrième des dix millièmes, etc. Ainsi, pour énoncer le nombre 36,457, on observera que le chiffre 4 exprime $\frac{4}{10}$ ou $\frac{400}{1000}$, que le chiffre 5 exprime $\frac{5}{100}$ ou $\frac{50}{1000}$; on prononcera donc trente-six entiers quatre cent cinquante-sept millièmes.

En mettant des zéros à la suite du dernier chiffre à droite d'une fraction décimale, on ne change pas la valeur de cette fraction, parce que le numérateur et le dénominateur se trouvent alors multipliés par un même nombre; ainsi 0, 1 égale 0, 10, égale 0, 100, etc.

Conversion des fractions ordinaires en frac-tions décimales. La fraction ⁵/₆ indique la divi-sion de 5 par 6, et comme elle ne peut pas se faire en nombres entiers, on ajoutera à 5 autant de zéros que l'on voudra avoir de décimales ; par exemple : deux, pour avoir des centièmes , comme il suit :

$$\begin{array}{c|c} 5\text{oo} & 6 \\ 20 & 83 \\ 2 & \end{array}$$

La valeur de la fraction ⁵/₆ est ainsi de 83 centièmes ou o , 83, et il ne s'en faut pas d'un centième que son exactitude ne soit rigoureuse.

L'addition, la soustraction, la multiplica-tion et *la division des fractions décimales* se font comme on l'a indiqué aux règles *addition,* etc.

DES NOMBRES COMPLEXES.

Je ne parlerai que de la toise, parce qu'elle seule intéresse dans cet ouvrage. Addition des toises, pieds, pouces, lignes et points.

$$\begin{array}{ccccc} 54^{\text{to}} & 5^{\text{p}} & 10^{\text{o}} & 8^{\text{l}} & 7^{\text{pts}} \\ 35 & 2 & 9 & 11 & 8 \\ \hline 9\text{o} & 2 & 8 & 8 & 3 \end{array}$$

Pour ajouter ensemble des nombres com-plexes, j'écris ces nombres les uns sous les autres, de manière que les unités de même espèce soient en colonne, puis je prends la somme de ces deux nombres, en commençant par la colonne des points. Comme il faut 12 points pour faire une ligne, j'ajoute en même temps les dixaines des points; la somme des points est 15, je pose 3 et retiens 1 pour l'ajouter à la colonne des lignes.

Passant à la colonne des lignes, je dis 8 et 11 font 19, un de retenue 20, je pose 8 et je retiens 1 que j'ajoute à la colonne des pouces; ainsi 10 et 1 font 11 et 9 font 20, j'écris 8 et je retiens 1 pour l'ajouter à la colonne des pieds; 5 et 1 de retenue font 6 et deux font 8; en 8 il y 1to 2^P, j'écris les deux pieds et je reporte 1to à la colonne des toises, et je dis 4 et 1 font 5 et 5 font 10, je pose o et je retiens 1; je prends 5 et 1 font 6 et 3 font 9 que je pose. Le total est de 90^t 2^P, 8°, 10^l, 3^{pts}.

Soustraire 15to, 2^P, 6°, 2^l, de 48to, 0^P, 10°, 0^l, 6^{pts}. J'écris le plus petit nombre sous le plus grand, en faisant correspondre les unités de même espèce et je retranche toutes les parties du nombre inférieur de toutes les parties correspondantes du nombre supérieur, en commençant par les unités du plus bas ordre. Je dis o de 6, et comme le zéro n'a point de valeur, j'écris le 6. Je passe à la colonne des lignes; 2 de o cela ne se peut, j'emprunte 1 pouce qui vaut 12 et je dis, 2 de 12 il reste 10.

que j'écris. Je reprends 6 de 9 (car les 10° ne valent plus que 9) reste 3 que j'écris. Ensuite je dis 2 de 0 cela ne se peut, j'ajoute une toise qui vaut 6 pieds et je dis 2 de 6 il reste 4 que j'écris. Je continue comme à l'ordinaire, 7 de 5 reste 2, 1 de 4 reste 3. Le résultat est 31^t, 4^p, 3°, 10^l, 6^{pts}.

48^t	0^p	10°	0^l	6^{pts}
15	2	6	2	0
32	4	3	10	6

Multiplier un nombre complexe par un autre. Soient proposées à multiplier 36 toises 4 pieds 6 pouces 8 lignes, par 6 toises 3 pieds 4 pouces 6 lignes. J'écris les deux nombres ainsi qu'il suit :

	36^t	4^p	6°	8^l
	6	3	4	6
	220	3	4	0
Pour 3 pieds . . .	18	2	3	4
Pour 4 pouces. . .	2	0	3	0 $\frac{4}{9}$
Pour 6 lignes . . .	0	1	6	4 $\frac{5}{9}$
Produit	241	1	4	9

et je dis 6 fois 8 font 48 lignes ou 4 pouces que l'on retient ; 6 fois 6 font 36 pouces et 4 de retenue font 40, ou 3 pieds 4 pouces, j'écris 4 et je retiens 3 ; 6 fois 4 font 24 et 3 de retenue font 27 ou 4 toises 3 pieds , j'écris 3 pieds et je retiens 4 toises ; 6 fois 6 font 36 et 4 de retenus font 40 , j'écris o et je retiens 4 ; 6 fois 3 font 18 et 4 de retenus font 22 que je pose.

Il reste à multiplier par 3 pieds, qui est la moitié d'une toise ; si on multipliait par une toise on aurait 36^{lt}, 4^{tp}, 6to, 8^{tl}, par conséquent une $\frac{1}{2}$ toise donne la moitié de ce résultat ; ainsi la moitié de 36 est de 18 , celle de 4 est de 2 , etc. De même 4 pouces n'étant que le $\frac{1}{9}$ de 3 pieds, ne doit donner que le $\frac{1}{9}$ du produit obtenu pour 3 pieds, qui sera de 2^{l}, o^{p}, 3°, o^{l}, $\frac{4}{9}$; on aura de même pour les 6 lignes, en observant qu'elles ne sont que le $\frac{1}{8}$ de 48 , et ne doivent donner que le $\frac{1}{8}$ du produit précédent , qui est 1^{p}, 6°, 4^{l} $\frac{5}{9}$.

Additionnant ensuite tous ces produits ensemble , j'ai pour total 241^{lt}, 1^{tp}, 4to, 9^{tl}.

Une pièce de terre a 54 perches de long sur 17 de large , combien contient-elle ?

Je multiplie la longueur par la largeur et le produit par la hauteur. (*Voy.* le n°. 232 et l'article précédent), où il y a plusieurs applications.

Toisé des solides. Pour les parallélipipèdes, on multiplie la longueur par la largeur, et le produit par la hauteur , sera la solidité demandée , (*Voyez* pour tous les solides la sixième leçon.)

Combien coûterait une pièce de bois de $4^{m}5o^{c}$

à 28^f 70^c le mètre ? On multipliera ces deux nombre l'un par l'autre , et le produit sera 129^f 15^c.

Déterminer combien contient d'arpents une pièce de terre de 58 perches de longueur sur 18 de largeur. L'arpent contient 100 perches et la perche 20 pieds. Opération :

$$58 \text{ perches de long,}$$
$$\text{sur } 18 \text{ perches de large.}$$

$$464$$
$$58$$

Réponse 10$^{arp.}$ 44$^{perch.}$

Combien coûteront les 10 arpents 44 perches, à 15 francs la perche ? Exemple et opération :

$$\text{Multipliez les } 1044 \text{ perches}$$
$$\text{par} \ldots \ldots 15 \text{ francs.}$$

$$5220$$
$$1044$$

Réponse. . . 15660 francs.

PROPORTIONS ET PROGRESSIONS ARITHMÉTIQUES.

Dans toute proportion arithmétique , la somme des extrêmes est égale à celle des moyens. Dans la proportion arithmétique 4·6:7·9 ; 2 est le rapport, 4+9 ou 13, somme des extrêmes. =6+7 ou 13, somme des moyens.

Trouver le quatrième terme d'une propor
tion, dont les trois autres sont connus. 5· 7: 9·
11 ou 11 ·7: 9·5.

Les trois termes 3, 7, 9 *d'une proportion*
étant donnés, et 7 *étant l'un des moyens,*
trouver l'autre moyen. J'ajoute les extrêmes 3,9,
et de leur somme 12 je retranche 7; le reste 5
sera le moyen. Voilà la proportion :

$$3· 5: 7·9, \text{ou } 9·5: 7·3.$$

PROPORTIONS ET PROGRESSIONS GÉOMÉTRIQUES.

Dans toute proportion géométrique, le pro
duit des extrêmes est égal au produit des moyens.
Par exemple, dans la proportion 8 : 16 : : 6 :
12, 8 × 12 ou 96, produit des extrêmes,
= 16 × 6 ou 96, produit des moyens. Et dans
cet autre : 15 : 5 : : 6 : 2 ; 15 × 2 ou 30, produit des extrêmes, = 5 × 6 ou 30, produit des
moyens.

Trouver le quatrième terme d'une proportion
géométrique dont les trois autres sont connus.
Exemple : 4 : 8 : : 12 : 24, ou 24 : 8 : : 12 : 4.
Si je connais les trois termes 5, 15, 21 d'une
proportion géométrique, et 15 étant l'un des
moyens, je cherche l'autre, en multipliant les
extrêmes 5, 21 l'un par l'autre ; je divise par

15 le produit 105 , le quotient 7 sera le moyen cherché. De sorte que la proportion est

$$5 : 7 :: 15 : 21, \text{ ou } 5 : 15 :: 7 : 21.$$

DE LA RÈGLE DE TROIS.

La règle de trois se réduit à trouver un terme d'une proportion , dont les trois autres termes sont donnés. On distingue deux règles de trois : la première est dite *directe*, et l'autre *inverse*.

La règle est directe lorsque les termes correspondants vont du *plus* au *plus*, ou du *moins* au *moins*. Elle est inverse , lorsque les termes correspondants vont du *plus* au *moins*, ou du *moins* au *plus;* ses règles sont simples ou composées.

Exemple : 25 ouvriers ont fait 32 toises ou 32 mètres d'ouvrage, combien 50 ouvriers en feront-ils dans le même temps? (Cette règle est directe.)

$$25^{\text{ouvriers}} : 50^{\text{ouvriers}} \text{ (1), ou } 25 : 50 :: 32^{\text{to}} :$$

$$x = \frac{32^{\text{to}} \cdot 50}{25} = \frac{1600^{\text{to}}}{25} = 64^{\text{to}}.$$

---

(1) On substitue au rapport 25 ouvriers, le rapport 25 : 50, etc.

On peut abréger, en divisant par 25 les deux termes du rapport 25 50, et l'on aura $1 : 2 :: 32^{\text{to}} : x =$

$$\frac{32 \times 2}{1} = 64^{\text{to}},$$

Cinq hommes ont travaillé 8 jours, ils ont fait 42 toises d'ouvrage ; combien 10 hommes, en travaillant pendant 16 jours, en feront-ils ? Cette règle est composée, je la réduis à une règle de trois simple, en disant : 5 hommes qui travaillent pendant 8 jours, sont la même chose que 8 fois 5 hommes, ou 40 hommes qui travaillent pendant un jour ; de même, 10 hommes qui travaillent pendant 16 jours, sont la même chose que 16 fois dix hommes, ou 160 hommes qui travaillent pendant un jour. La question précédente se change en celle-ci : 40 hommes ont fait 42 toises d'un certain ouvrage, combien 160 hommes en feront-ils dans le même temps ?

Cette règle est directe, et donne 40 : 160,

$$\text{ou } 1 : 4 :: 42^{to} : x = \frac{42^{to} \times 4}{1} = 168^{to}.$$

On peut disposer les nombres comme il suit :

$$5^h \quad 10^h \quad 42^{to}.$$
$$8^h \quad 16^h$$

$$40^h : 160^h$$
$$\text{ou } 40 : 160 :: 42^{to} : x = 168^{to}.$$

Le nombre 168 est le terme cherché ; car deux fois plus d'hommes dans deux fois plus de

temps doivent faire quatre fois plus d'ouvrage:
or le nombre 168 toises est quadruple de 42
toises.

RÈGLE DE SOCIÉTÉ.

La règle de société est une opération par laquelle on partage un nombre en parties proportionnelles à des nombres donnés; elle sert,
dans la société, à répartir un gain, une perte,
proportionnellement à la mise de chaque associé.

Exemple: deux personnes ont formé une société; l'un a mis 100 francs et l'autre 200 francs;
ils ont gagné 2200 francs, que leur revient-il à
chacun?

Chaque gain particulier doit être proportion-
nel à chaque mise particulière; on aura cette
proportion :

La première mise : premier gain : :
La deuxième mise : deuxième gain.
La somme des mises : la somme des gains.

:: { La première mise : premier gain.
   { La deuxième mise : deuxième gain.

La règle de société se réduit à une règle de
trois, dont le premier terme est la somme des
mises; le second, la somme des gains; le troisième, chaque mise particulière.

On aura pour quatrième terme la part de chaque associé. J'aurai donc :

$$300 : 1200 :: \begin{cases} 100 : x = \dfrac{100 \times 1200}{300} = 4000. \\[2ex] 200 : y = \dfrac{200^f \times 1200}{300} = 800. \end{cases}$$

Trois négociants ont mis dans le commerce un fonds de 724 fr.; l'un 412 fr., l'autre 208 fr., et le dernier 104 fr.; ils ont perdu 1472 fr. Quelle est la perte de chacun?

Je fais la règle de trois suivante;

$$724 : 1472 :: \begin{cases} 412^f : x = \dfrac{412^f \times 1472}{724} = 837^f\,66^c. \\[2ex] 208^f : y = \dfrac{208^f \times 1472}{724} = 422^f\,88^c. \\[2ex] 104^f : z = \dfrac{104^f \times 1472}{724} = 211^f\,46^c. \end{cases}$$

$$\overline{\qquad\qquad 1472^f\,00^c.}$$

On vérifie cette règle en prenant la somme des gains particuliers, ou des pertes particulières; cette somme doit être égale au gain total ou à la perte totale.

LEÇON DEUXIÈME.

DE L'ARPENTAGE, DES MESURES AGRAIRES, CONVERSION DES ANCIENNES MESURES EN NOUVELLES ET RÉCIPROQUEMENT (1).

L'arpentage est l'art de mesurer les terrains, c'est-à-dire de prendre les dimensions de quelques portions de terres, de les décrire ou de les tracer sur une carte et d'en trouver l'aire ; on peut diviser ce travail en trois parties.

La première consiste à prendre les mesures et à faire les observations nécessaires sur le terrain même ; la seconde à mettre sur le papier ces mesures et ces observations ; la troisième à trouver l'aire du terrain.

La première partie est proprement ce qu'on appelle l'arpentage ; la seconde est l'art de lever ou de faire un plan ; la troisième est le calcul du toisé.

La mesure métrique est uniforme pour toute la France ; le mètre est l'unité fondamentale du système ; le mètre multiplié par 10 donne un

______

(1) Voir la mesure des surfaces, septième leçon.

décamètre, par 100 un *hectomètre*, par 1000 un *kilomètre*, et divisé par 10 il devient un décimètre; par 100 un centimètre; par 1000 un millimètre. Chaque mesure reçoit un nom qui caractérise la place qu'il occupe dans les mesures agraires.

HECTARE, ou *arpent métrique*. Il contient 10,000 mètres carrés, et vaut un arpent de 96 perches des eaux et forêts;

L'hectare a 10 décamètres de côté ou 100 ares de superficie.

ARE, ou *perche métrique carrée*. Il vaut 100 mètres carrés; c'est un centième de l'hectare ou de l'arpent métrique; il équivaut à une perche et $9^6/_{100}$ de perche de l'arpent des eaux et forêts; il remplace les perches, verges, cannes carrées, lattes, chaînes, cordes et autres mesures.

L'are a un décamètre de côté ou 100 mètres carrés de superficie.

CENTIARE ou *mètre carré*, il est égal à un carré qui aurait un mètre de côté; il est le centième de l'are, le dix-millième de l'hectare.

Les mesures de superficie ordinaire sont le *mètre carré*, le *décimètre* ou *palme carrée*, le *centimètre carré* ou *doigt carré* et le *millimètre carré* ou *trait carré*, et remplace la toise, le pied, le pouce, la ligne carrés, dans toutes les opérations connues sous le nom de toisé ou quadrature.

Le *mètre carré* contient 100 décimètres carrés; le décimètre carré contient 100 centimètres carrés et le centimètre carré 100 millimètres carrés.

On place dans l'ordre des mesures superficielles les grandes mesures géographiques, tel que le *myriamètre carré*, ou la lieue métrique carrée qui est une étendue superficielle égale à un carré de 10,000 mètres de côté, et le *kilomètre carré* ou *mille carré*, qui est égal à un carré de 1000 mètres de côté.

Mesures anciennes (1).

ARPENT. Étendue de terrain qui contient 100 perches carrées, c'est-à-dire 10 perches de longueur et 10 perches de largeur.

Perche. Elle a de longueur 3 toises ou 18 pieds, 9 toises carrées.

Toise. Elle a une toise de chaque côté.

---

(1) Les mesures anciennes varient suivant les différentes provinces ou les différentes coutumes, c'est à celui qui arpente dans un pays, d'en prendre connaissance chez le juge de paix ou le maire du lieu.

Il existe un bon ouvrage sur les mesures autrefois en usage dans beaucoup de villes de la France, chaque province avait une quantité de mesures et de dénominations différentes. Ceux qui auraient besoin de les connaître pourront consulter le recueil qu'en a fait M. Gattey, et qui a pour titre *Tables des rapports des anciennes mesures agraires avec les nouvelles.*

TABLE COMPLÈTE DES MESURES DE LONGUEUR, DE SOLIDITÉ ET DE CAPACITÉ POUR PARIS SEULEMENT.

	mètres.
La *petite lieue* de 2000 toises en myriamètres	o 3898
La *lieue commune* de 25 au degré, *id.*	o 4444
La *lieue commune* de 20 au degré, *id.*	o 5556
L'*aune* vaut en mètre	1 1848
La *toise* id.	1 94904
Le *pied* vaut en décimètre. . .	3 2448
Le *pouce* vaut en centimètres. .	2 7070
La *ligne* vaut en millimètres . .	2 2558
La *perche* de 18 pieds vaut en mètres	5 8471
— de 18 pieds 4 pouces, *id.* .	5 9554
— de 19 pieds 4 pouces, *id.* .	6 2802
— de 19 pieds 6 pouces, *id.* . .	6 3344
— de 20 pieds, *id.*	6 4968
— de 22 pieds, *id.*	7 1465

Mesures de superficie.

La *toise* carrée vaut en mètres carrés.	3 79874
Le *pied* carré vaut en décimètres carrés.	10 55206

Le *pouce* carré vaut en centimètres carrés 7 32782
La *ligne* carrée vaut en millimètres carrés 5 08876

Mesures agraires.

La *perche carrée* de 18 pieds,
vaut en mètres carrés. . . . . }
Et l'*arpent* de 100 perches, à 18   34   189
pieds, vaut en ares. . . . . . }

La *perche carrée* de 18 p. 4°.,
vaut en mètres carrés. . . . . }
Et l'*arpent* de 100 perches, 18   35   466
pieds 4°. vaut en millim. carrés. }

La *perche carrée* de 19 pieds 4°
vaut en mètres carrés. . . . . }
Et l'*arpent* de 100 perches à 19   39   441
pieds 4°, vaut en ares. . . . . }

La *perche* de 19 pieds 6°, vaut
en mètres carrés. . . . . . . }
Et l'*arpent* de 100 perches à 19   40   125
pieds 6°, vaut en ares . . . . }

La *perche carrée* de 20 pieds,
vaut en mètres carrés. . . . . }
Et l'*arpent* de 100 perches à 20   42   208
pieds, vaut en ares. . . . . . }

La *perche carrée* de 22 pieds
vaut en mètres carrés. . . . . }
Et l'*arpent* de 100 perch. à 22 p.   51   072
ou des eaux forêts, vaut en ar. }

Mesure de solidité.

La *toise* cube vaut en *mètres* cubes ou *stères* 7 403887

Le *pied* cube vaut en *décimètres* cubes. 34 2773

Le *pouce* cube vaut en *centimètres* cubes 19 8364

La *ligne* cube vaut en *millimètres* cubes 11 479

La *solive* cube vaut en *décimètres*. 1 02832

La *corde* des eaux et forêts vaut en *stère* 3 839

Mesures de capacité pour les grains.

Le *muid* de 12 setiers vaut en *kilogrammes*. 1 872

Le *setier* de 12 boisseaux vaut en *hectolitres* 1 560

Le *boisseau* de 16 litrons vaut en *décalitres* 1 300

Mesures de capacité pour les liquides.

Le *muid* de 288 pintes vaut en *hectolitres* 2 682

Le *setier* de 8 pintes vaut en *décalitres*. 0 745

La *pinte* vaut en *litre*. 0 9313

Observations.

Si l'on désirait connaître la valeur d'une fraction ou sous-espèce, dont le rapport ne se trouve pas dans cette table, il n'y a autre chose à faire qu'à diviser le nombre qui exprime la valeur de l'unité par le dénominateur de la fraction donnée.

Supposons, par exemple, que l'on veuille connaître la valeur d'une toise pied en mètres carrés.

Une toise pied est le sixième d'une toise carrée dont la valeur en mètres est de 3. 79874 : on divisera ce dernier nombre par 6 ; le quotient 0,63312 sera la valeur d'une toise pied.

On connaîtra le rapport inverse, c'est-à-dire la valeur d'une mesure nouvelle en mesure ancienne correspondante, en divisant l'unité par le nombre qui exprime en mesure nouvelle la valeur de la mesure ancienne dont il s'agit.

De l'emploi des mesures et de leurs expressions correspondantes.

Pour exprimer une longueur ancienne de 5 1^P 6°, par exemple, on pouvait dire aussi 8^t 3^P 6° ; pour exprimer 5 1 décimètres on dit 5^m et $^1/_{10}$. On disait 50 pouces au lieu de 4^P 2° ; on dit 425 centimètres pour une longueur de 4^m 25 cent.

Pour exprimer en mesures métriques une quantité correspondante à 4 toises 3 pieds 6 pouces 2 lignes (1), on dira 8 mètres 9375 millimètres, si c'est le décimètre que l'on choisit pour unité, on dit 89 décimètres et 37 centimètres.

Pour la vente des terres. On les vendait à l'arpent, on en évaluait les fractions en perches; on les vend maintenant à l'hectare, les petites parties s'expriment en ares.

Voici quelques explications des tables ci-après pour la réduction des pieds et des mètres, avec une application pour trouver la comparaison des mesures agraires.

Premier exemple. On demande la valeur en ares d'une mesure agraire qui contient 95 perches carrées, la chaîne qui sert à l'arpentage, mesurée en mètre, ayant de longueur métrique 5, 314.

Faites le carré de 5. 314 en multipliant ce nombre par lui-même, vous aurez pour la valeur d'une perche carrée en *centiares*, ou mètres

---

(1) On prendra dans la table des réductions ci-après n°. 2.

$$\text{Pour } \begin{array}{l} 4\,\text{t.} = 7.\ 7961 \\ 3\,\text{p.} = 0.\ 9741 \\ 6\,\text{o} = 0.\ 1624 \\ 2\,\text{l.} = 9.\ 0045 \\ \hline 8.\ 9375 = 4\,\text{t. } 3\,\text{p. } 6\text{o } 2\,\text{l.} \end{array}$$

carrés 28. 239, multipliez ce nombre par 95, vous aurez pour produit 2682. 705, et par conséquent la valeur de cette mesure en ares, sera : 26. 827.

Deuxième exemple. Soit à convertir en ares une mesure de cent huit perches carrées, la perche linéaire étant de 16 pieds 4 pouces 2 lignes.

Prenez dans la table nº. 2 , la valeur de
16 pieds   5. 1974
celle de 4 pouces o. 1083
celle de 2 lignes o. oo45
                   ─────────
total. . . 5. 3102

Ou bien , en supprimant les décimales-superflues, 5. 31, faites le carré de ce nombre 5. 31 en le multipliant par lui-même , vous aurez pour la valeur d'une perche carré en *mètres carrés,* 3o. 454.

Si l'on ne connaît pas la valeur de la perche linéaire en pied de roi , mais seulement en une mesure du pays, au moins on saura quelle est la valeur locale en mètres ou parties de mètre ou bien en quel rapport elle est avec l'ancien pied de roi, et dans tous les cas on fera l'opération comme il va être expliqué par un nouvel exemple.

Troisième exemple. Soit à convertir en ares une mesure agraire dont la contenance est de 154 verges carrées, la verge linéaire étant de 27 pieds locaux, dont la longueur est de 11 pouces 3 lignes du pied de roi.

Prenez dans la table nº. 2, la valeur de 11

pouces	o 2978
plus celle de 3 lignes	o 0067

total. . . o 3045

Multipliez ce nombre o. 3045 par 27, vous aurez pour produit 8. 2225, ou simplement en supprimant les décimales superflues : 8. 2225.

Multipliez ce nombre par lui-même vous aurez pour la valeur d'une verge carrée en mètres carrés : 67. 6095. Multipliez ensuite ce dernier nombre par 154, nombre de verges donné, le produit 10411. 863 sera en mètres carrés la valeur de la mesure dont il s'agit, en reculant le point décimal de deux places vers la gauche, vous aurez en ares : 104119.

Il peut arriver que l'on ne connaisse la mesure ancienne qu'il s'agit de réduire en nouvelle, que par le nombre de toises ou de pieds carrés qu'elle contient, alors on fera usage de la table nº. 2 comme il suit.

Quatrième exemple. Il est question de réduire

en ares une mesure dont la contenance est de 42534 pieds carrés.

On prend dans la table n°. 4, la valeur de

40000 pieds carrés	4220. 8251
celle de 2000	211. 0413
celle de 500	52. 7603
et celle de 34	3. 5877

total. . . 4488. 2144 sera en *mètres carrés* ou centiares, la valeur de la mesure donnée, en rapprochant le point décimal de deux places vers la gauche, vous aurez pour la valeur en ares : 44. 882.

Cinquième exemple. Soit encore une mesure agraire dont la contenance est de 1256 toises carrées.

On prendra dans la table n°. 4 la valeur de

1000 toises carrées	3798. 7425
celles de 200	759. 7485
celles de 52	212. 7296

la somme sera en m. carr. 4771. 2206

Et par conséquent en ares : 47. 712.

Convertir les arpents d'ordonnance de 22 pieds pour perche en hectares, on fera usage de la table n°. 5.

Soit proposé de réduire 113 arpents 16 perches, on prendra dans la table

pour 100 arpents	51^h 04
pour 10	5 10
pour 3	1 53
pour 16 perches (1)	0 08
total en arpents	57 75

Réduire 17 hectares en arpents de 18 pieds la perche, on prendra dans la table n°. 6.

pour 10 hectares	29 arp. 27
pour 7 *id.*	20 49
total en arpents	49 76

---

(1) Pour réduire 16 perches on prendra dans la même table,

pour 10	5. 10
pour 6	3. 06
Le nombre 16 produit	8. 16

On avance la virgule de deux chiffres et on place 0,08 au-dessous des autres produits.

N°. 1er.

NOMENCLATURE des mesures avec leur valeur réciproque.

NOMS SYSTÉMATIQUES.	VALEUR.
MESURES ITINÉRAIRES.	
Myriamètre	10,000 mètres.
Kilomètre	1000 mètres.
Décamètre	10 mètres.
Mètre	*Unité fondamentale des poids et mesures.* Dix-millionième partie du quart du méridien terrestre.
MESURES DE LONGUEUR.	
Décimètre	10e. de mètre.
Centimètre	100e. de mètre
Millimètre	1000e. de mètre.
MESURES AGRAIRES.	
Hectare	10,000 mètres carrés.
Are	100 mètres carrés.
Centiare	1 mètre carré.
MESURE DE CAPACITÉ *pour les liquides.*	
Décalitre	10 décimètres cubes.
Litre	Décimètre cube.
Décilitre	10e. de décimètre.
MESURES DE CAPACITÉ *pour les matières sèches.*	
Kilolitre	1 mètre cube ou 1000 décimètres cubes.
Hectolitre	100 décimètres cubes.
Décalitre	10 décimètres cubes.
Litre	Décimètre cube.

NOMS SYSTÉMATIQUES.	VALEUR.
MESURES DE SOLIDITÉ.	
Stère	Mètre cube.
Décistère	10e. de mètre cube.
POIDS.	
Millier	1000 kilogram. (poids du tonneau de mer).
Quintal	100 kilogrammes.
Kilogramme	Poids de l'eau sous le vol. du décim. cube, à la température de 4° au-dessus de la glace.
Hectogramme	10e. du kilogramme.
Décagramme	100e. du kilog.
Gramme	1000e. du kilog.
Décigramme	10000e. du kilog.

N°. 2.

RÉDUCTION *des toises, pieds, pouces et lignes en mètres et décimales du mètre.*

tois.	mètres.	pied.	mètres.	po.	mètres.	lig.	mètres.
1	1,9490	1	0,3248	1	0,0271	1	0,0023
2	3,8981	2	0,6497	2	0,0541	2	0,0045
3	5,8471	3	0,9745	3	0,0812	3	0,0067
4	7,7961	4	1,2994	4	0,1083	4	0,0090
5	9,7452	5	1,6242	5	0,1354	5	0,0113
6	11,6942	6	1,9490	6	0,1624	6	0,0135
7	13,6433	7	2,2738	7	0,1895	7	0,0158
8	15,5923	8	2,5997	8	0,2169	8	0,0180
9	17,5413	9	2,9235	9	0,2436	9	0,0203
10	19,4904	10	3,2484	10	0,2707	10	0,0226
11	21,4394	11	3,5732	11	0,2978	11	0,0248
12	23,3884	12	3,8980	12	0,3248	12	0,0271
13	25,3375	13	4,2229	13	0,3519	¼	0,0005640
14	27,2866	14	4,5477	14	0,3790	⅓	0,0007520
15	29,2356	15	4,8726	15	0,4061	½	0,0011230
16	31,1847	16	5,1974	16	0,4332	⅔	0,0015039
17	33,1337	17	5,5223	17	0,4602	¾	0,0016919

Nº. 3.

RÉDUCTION *des mètres en pieds, pouces, lignes et décimales de la ligne.*

Mètres.	Pieds.	Po.	Lignes.	Mètres.	Pieds.	Po.	Lign.
1	3.	0.	11,296	100	307.	10.	1,6
2	6.	1.	10,593	200	615.	8.	3,2
3	9.	2.	9,888	300	923.	6.	4,8
4	12.	3.	9,184	400	1231.	4.	6,4
5	15.	4.	8,480	500	1539.	2.	8,0
6	18.	5.	7,776	600	1847.	0.	9,6
7	21.	6.	7,072	700	2154.	10.	11,2
8	24.	7.	6,368	800	2462.	9.	0,8
9	27.	8.	5,664	900	2770.	7.	2,4
10	30.	9.	4,960	1000	3078.	5.	4,0
20	61.	6.	9,92	2000	6156.	10.	8
30	92.	4.	2,88	3000	9235.	4.	0
40	123.	1.	7,84	4000	12313.	9.	4
50	153.	11.	0,80	5000	15392.	2.	8
60	184.	8.	5,76	6000	18470.	8.	0
70	215.	5.	10,72	7000	21549.	1.	4
80	246.	3.	3,68	8000	24627.	6.	8
90	277.	0.	8,64	9000	27706.	0.	0
				10000	30784.	5.	4

déci.	pi.	po.	lignes.	cent.	po.	lignes.	mill.	lignes.
1	0.	3.	8,3296	1	0.	4,4330	1	0,4433
2	0.	7.	4,6592	2	0.	8,8659	2	0,8866
3	0.	11.	0,9888	3	1.	1,2989	3	1,3299
4	1.	2.	9,3184	4	1.	5,7318	4	1,7732
5	1.	6.	5,6480	5	1.	10,1648	5	2,2165
6	1.	10.	1,9776	6	2.	2,5978	6	2,6598
7	2.	1.	10,3072	7	2.	7,0307	7	3,1031
8	2.	5.	6,6368	8	2.	11,4637	8	3,5464
9	2.	9.	2,9664	9	3.	3,8966	9	3,9897
10	3.	0.	11,2960	10	3.	8,3296	10	4,4330

N°. 4.

TABLE pour convertir les toises et pieds carrés en mètres carrés.

	Pieds carrés en mèt. carrés.	Toises carrées en mètr. carrés.		Pieds carrés en met. carrés.	Toises carrées en mèt. carrés.
1	0,1055	3,7987	11	1,1607	41,7862
2	0,2110	7,5975	12	1,2662	45,5849
3	0,3166	11,3962	13	1,3718	49,3837
4	0,4221	15,1950	14	1,4773	53,1824
5	0,5276	18,9937	15	1,5828	56,9811
6	0,6331	22,7925	16	1,6883	60,7799
7	0,7386	26,5912	17	1,7939	64,5786
8	0,8442	30,3899	18	1,8994	68,3774
9	0,9497	34,1887	19	2,0049	72,1761
10	1,0552	37,9874	20	2,1104	75,9749

N°. 5.

Réduction des arpents en hectares et des hectares en arpents	
Arpents de 100 perches carrées, la perche de 18 pieds linéaires.	**Arpents de 100 perches carrées, la perche de 22 pieds linéaires.**
Arpens. Hectares.	Arpents. Hectares.
1 0,342	1 0,510
2 0,683	2 1,021
3 1,025	3 1,531
4 1,367	4 2,042
5 1,708	5 2,552
6 2,050	6 3,062
7 2,392	7 3,573
8 2,733	8 4,083
9 3,075	9 4,593
10 3,417	10 5,104
100 34,166	100 51,038

Nº. 6.

Réduction des hectares en arpents de 18 pieds la perche.		Réduction des hectares en arpents de 22 pieds la perche.	
Hectares.	Arpents.	Hectares.	Arpents.
1	2,927	1	1,959
2	5,854	2	3,919
3	8,781	3	5,878
4	11,707	4	7,837
5	14,634	5	9,797
6	17,561	6	11,756
7	20,488	7	13,715
8	23,415	8	15,677
9	26,341	9	17,634
10	29,260	10	19,593
100	292,687	100	195,931

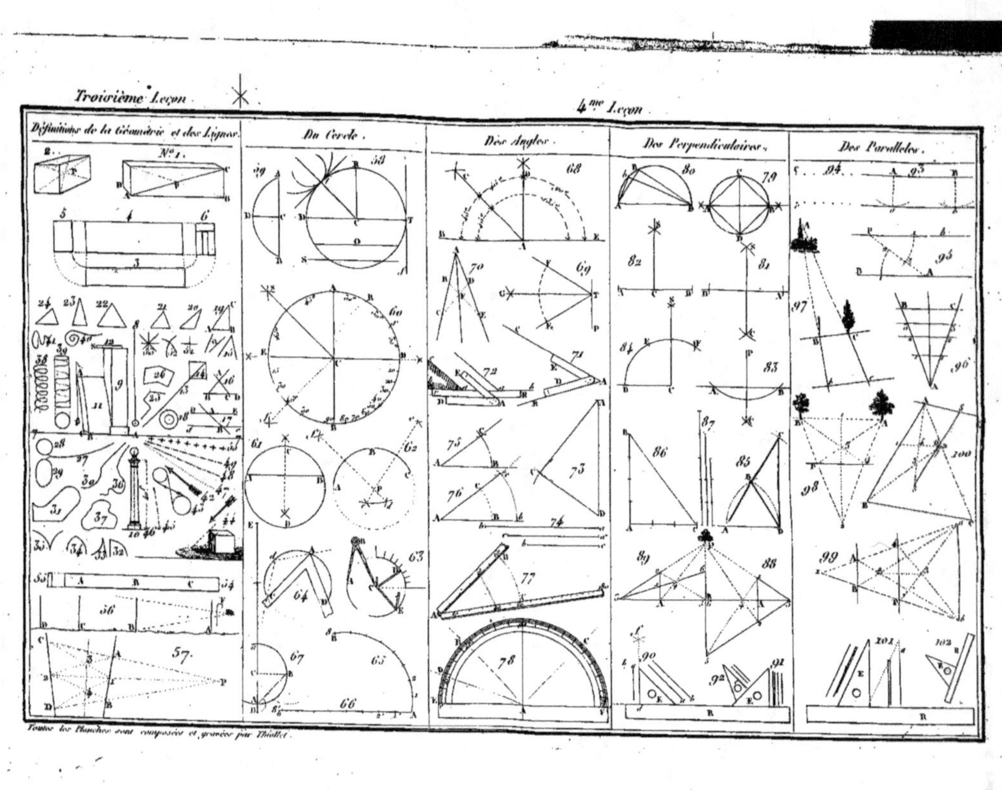
Définitions de la Géométrie et des Lignes.
Du Cercle.
Des Angles.
Des Perpendiculaires.
Des Parallèles.

LEÇON TROISIÈME.

(PLANCHE 1.)

DÉFINITION DE LA GÉOMÉTRIE , DU CERCLE , DES PERPENDICULAIRES , DES PARALLÈLES ET DES ANGLES.

N° 1. On entend par *géométrie*, la connaissance des propriétés et la mesure de l'étendue. L'étendue a trois dimensions : longueur AB, largeur AD , et hauteur BC , qu'on nomme aussi épaisseur ou profondeur. Avec deux de ces dimensions on forme les surfaces, et avec les trois dimensions on forme les cubes et les parallélipipèdes n° 2. Chaque ligne n'a d'autre dimension que la longueur. Tout corps qui réunit les trois dimensions est un solide.

La ligne droite AB est une longueur sans largeur ; elle est la plus courte distance d'un point à un autre.

Avec deux dimensions AB, BC on forme les parallélogrammes rectangles. Les n°s. 3 , 4 et 5 sont des rectangles.

Deux lignes qui traversent un parallélogramme et qui vont du sommet d'un angle au sommet de celui qui lui est opposé, tel que **AC**, divisent la surface en deux parties égales, et leur rencontre détermine le centre de la figure, tel que **P**.

N°. 2. Deux lignes qui traversent un parallélipipède et qui partent d'un angle à l'autre opposé, déterminent le centre de gravité du solide, tel que **P**.

Des projections.

N°. 3 à 6. Pour figurer les corps d'une manière intelligible et à la portée de tout le monde, on représente les figures ainsi qu'il suit : le plan n°. 3, que l'on nomme projection horizontale, et qui détermine les deux dimensions du plan et tous les mouvements et sinuosités qui peuvent y être indiqués.

On place au-dessus, et à plomb du plan, l'élévation n°. 4, qu'on nomme *projection verticale*, à laquelle on donne la hauteur que doit avoir l'élévation. La vue par bout, n°. 5, détermine la largeur et la hauteur du solide, qui peut être une maison ou un autre édifice quelconque ; on la fait de manière à représenter les objets qui ne pourrait être visibles sur l'autre face. Souvent l'élévation et la vue par bout ne suffisent pas pour rendre, d'une manière intelligible, tous les solides ; alors on emploie une troisième figure verticale, n°. 6, que l'on nomme *coupe*, et que l'on prend sur le plan à l'endroit le plus convenable pour rendre les profils et tous les détails qui ne pourraient être aperçus sans cela.

On a le soin de disposer, si la feuille de papier le permet, l'élévation au-dessus du plan, la coupe et profils sur la même ligne que l'élévation.

Des lignes.

On peut diviser les lignes sous le rapport du dessin et sous le rapport de la géométrie :

Sous le rapport du dessin on distingue la ligne blanche ou occulte : c'est celle que l'on fait avec une pointe ou un crayon avant d'être mise à l'encre ; la ligne noire, ou pleine, lorsqu'elle est marquée à l'encre dans toute sa longueur : la ligne ponctuée tient lieu de ligne blanche ; on l'exprime par des points ; il y en a de différentes espèces.

Les lignes géométriques sont de deux espèces, ligne droite et ligne courbe. Nous allons les décrire :

Les lignes droites sont toutes de même espèce.

N°. 7. Ligne horizontale, c'est une droite parallèle à la surface des eaux tranquilles, ou ce qui est la même chose au plan horizontal.

N°. 8. Ligne verticale, c'est une droite perpendiculaire à la surface des eaux tranquilles, ou au plan horizontal. La direction du fil à plomb est une verticale.

N°. 9. *A plomb ou verticale*. Un solide est à plomb lorsqu'il est perpendiculaire à l'horizon. L'arête du solide qui est dans un même plan que le fil à plomb, ou qui se dégauchit parfaitement avec ce fil, est dit à plomb ; on peut mettre un solide à plomb sans que le fil à plomb soit en contact avec ce corps, il suffit que son arête ou sa surface soit parallèle à ce fil à plomb.

N°. 10. Les solides, tels que les cylindres ou colonnes, les cônes ou pains à sucre, sont à plomb lorsque les axes de ces solides sont dans la direction verticale. Une sphère est d'à plomb sur un plan lorsque le centre et le point de contact sont dans une même verticale.

N°. 11. *Des talus*. Lorsqu'un plan ou la face d'un solide n'est pas à plomb, elle est en talus ou en sur plomb. La ligne AB n'étant pas parallèle au fil à plomb AP est dite en talus, et la surface de ce plan est dite inclinée.

Le *sur plomb* est opposé au talus. La droite AC, qui laisse un vide avec le fil à plomb AP, qui est en contact au point A seulement, est en sur plomb.

N°. 12. *Porte à faux*. C'est un solide qui ne repose qu'en partie sur le support, n°. 9 ; tous les objets en saillie ou plus larges que leurs supports sont en porte à faux.

N°ˢ. 13 et 14. *Ligne oblique*. Celle qui s'écarte de la situation horizontale ou verticale, telle que la diagonale 14. Une ligne oblique qui tombe sur une droite forme avec elle un angle obtus et un angle aigu, et la somme de ces angles est égale à deux angles droits (*Voyez* nᵒ. 68).

Nᵒ. *a. Lignes divergentes.* Deux lignes qui suivent une direction contraire sont divergentes. Les lignes sont divergentes du côté où elles vont en s'écartant, et convergentes du côté opposé.

Nᵒ. 15. *Angle.* Deux lignes obliques qui se rencontrent forment un angle ; ainsi on appelle angle l'ouverture formée par deux lignes qui se rencontrent à un même point.

Nᵒ. 16. *Observation sur les angles.* L'angle BAC est formé par les lignes droites ou côtés AB, AC qui se rencontrent au sommet A. On désigne ordinairement un angle par trois lettres ; alors la lettre placée entre les deux autres désigne le sommet. Quelquefois on se contente d'indiquer la lettre du sommet seulement. Les angles sont rectilignes lorsque leurs côtés sont des lignes droites (*Voyez* nᵒˢ. 32 et 35).

Un angle n'est pas l'espace compris entre ses côtés, mais bien l'inclinaison que ces côtés ont, l'un par rapport à l'autre, n'importe la longueur des côtés, pourvu que leur direction ne change pas. Tout angle peut être mesuré par les degrés et parties de degrés compris dans l'arc décrit de son sommet comme centre, et renfermé entre les deux côtés de l'angle.

N°. 17. *Lignes parallèles.* Ce sont deux droi-tes, situées dans le même plan qui ne peuvent se rencontrer à quelque distance qu'on les sup-pose prolongées. Ainsi les lignes DE, *de*, qui sont parallèles, ne formeraient point d'angle en-tre elles si elles étaient prolongées.

Une ligne droite AB, qui coupe des paral-lèles, se nomme *sécante* (*Voyez* le n°. 93 et suivant).

N°. 18. Deux ou plusieurs cercles ou cour-bes, qui ont le même centre, sont dits *concen-triques.*

N°s. 19 à 24. *Des triangles.* Trois lignes qui se rencontrent et renferment un espace qu'on nomme triangle. Si les trois côtés d'un triangle sont des lignes droites, on l'appelle triangle rec-tiligne. Si les côtés sont courbes, on l'appelle curviligne. Si le triangle est composé de lignes droites et de lignes courbes, le triangle est ap-pelé mixtiligne. Le triangle est toujours supposé plan. Un triangle a trois angles, trois côtés. Les trois angles d'un triangle, pris ensemble, valent deux angles droits, ou 180, (*Voyez* an-gles, n°s. 68 et suivants). Un triangle peut avoir trois angles aigus ; mais il ne peut avoir qu'un seul angle droit, ou un seul angle obtus.

Hypoténuse. C'est dans un triangle rectangle le côté opposé à l'angle droit, ou le plus grand côté du triangle, tel que AC.

Le triangle se distingue par la différence de ses angles ou de ses côtés.

N°. 19. Triangle *rectangle*. Il a un angle droit.

N°. 20. Triangle *ambigone* ou *obtus angle*, est celui qui a un angle obtus.

N°. 21. Triangle *oxygone*. Il a trois angles aigus.

N°. 22. Triangle *équilatéral*. Il a ses trois côtés égaux.

N°. 23. Triangle *isocèle*. Il a seulement deux côtés égaux.

N°. 24. Triangle *scalène*. Il a ses trois côtés inégaux.

Des figures de quatre côtés. Les figures de quatre côtés reçoivent des dénominations particulières de la qualité de leurs angles et du rapport de leurs côtés.

Le *carré* (n°. 14) est une figure de quatre côtés égaux et de quatre angles droits.

Le *rectangle* (n°. 3) est un carré long qui a ses angles droits, et seulement ses côtés opposés égaux.

Le *parallélogramme* (n°. 3) a ses côtés opposés parallèles. Le losange est un parallélogramme qui a ses quatre côtés égaux.

Le *trapèze*. Le trapèze régulier a deux côtés égaux et les deux autres inégaux, mais parallèles : l'irrégulier a ses quatre côtés inégaux, dont deux sont parallèles.

N°. 25. *La ligne brisée* est un assemblage de

droites formant des angles sans se réunir, en figure fermée.

N°. 26. Le *polygone* est un assemblage de droites formant une figure fermée.

N°. 27. *Ligne courbe*. On ne peut mener qu'une ligne droite par deux points donnés, tandis que l'on peut faire passer plusieurs courbes par ces deux points donnés. La courbe peut être formée d'une portion de cercle, d'ellipse ; une courbe est dite à simple courbure, lorsque toutes ses parties sont dans un même plan, tel est le cercle ; la courbe est à double courbure, lorsque toutes ses parties ne sont pas dans un même plan, tel est la courbe de la vis.

Une courbe peut être tracée à la main, en suivant une suite de points donnés ; alors on la nomme *ligne tatée*.

N°. 28. Le *cercle*. C'est l'espace renfermé par la circonférence décrite d'un seul centre placé au milieu dé la figure (*Voyez* les N°s. 58 et suivants).

N°. 29. *Ellipse*. C'est une des sections coniques : on obtient cette courbe en coupant obliquement, et non parallèlement à la base, un cône droit ou un cylindre (*Voyez* les n°s. 163 et 179).

N°. 30. *Ligne mixte*, formée de lignes droites et de lignes courbes.

N°. 31. *Mixtilignes*, figure terminée en partie par des lignes droites et par des lignes courbes.

N°s. 32 et 33. *Angle mixtiligne ;* il est formé par une ligne droite et une ligne courbe.

N°s. 34 et 35. *Angle curviligne ,* lorsque les côtés sont courbes.

N°. 36. *Ligne sinueuse, tortueuse ,* telles que les lignes qui servent à tracer le cours des rivières , la forme des côtes, etc.

N°. 37. *Figure curviligne.* Espace terminé par des lignes courbes. Lorsque les lignes courbes ne sont pas régulières , on les nomme figures sinueuses.

N°s. 38 et 39. *Ligne hélice.* C'est celle qui tourne en vis autour d'un cylindre , qui a pour base un cercle.

N°. 40. *Ligne spirale.* Courbe qui se meut uniformément autour d'un point fixe , et fait plusieurs révolutions en s'éloignant de ce point. Cette courbe est dans un même plan.

N°. 41. On nomme aussi spirale , l'hélice ou vis tracée sur le cône ; cette courbe ainsi que l'hélice cylindrique , est à double courbure.

N°. 42. *Direction.* Deux lignes sont directement l'une vis-à-vis de l'autre quand elles font partie d'une même ligne droite. On indique la direction par une flèche dont le dard est tourné du côté de la direction. On s'en sert pour marquer le courant des rivières; la direction de l'aiguille aimantée est pour exprimer le nord sur un plan topographique, etc.

N°. 43. La *flèche dessinée* sur une des deux

lignes tangentes aux deux cercles, indique la direction du mouvement que ces cercles et ces lignes doivent avoir.

N°. 44. Dans les arts on a besoin d'indiquer, sur des épures, la direction de la lumière, suivant un angle donné. On se sert pour ce moyen d'une flèche que l'on dessine suivant l'angle et la direction donnés. On la dessine souvent en projection horizontale et en projection verticale, lorsque ce dessin comporte ces deux projections. La figure ne donne que la projection verticale. (*Voyez* les n°s. 325 et suivants).

Des lignes ponctuées. Celles qui sont interrompues par des espaces égaux en parties tracées. Il y en a de différentes espèces, en raison du service auquel on les applique ; dans tous les cas, elles se dessinent à l'encre et non au crayon. Les points doivent être fins, serrés, et bien nourris d'encre.

N°. 45. La ligne ponctuée, qui sert à indiquer une direction ou à faire voir le point de départ et le point d'arrivée, se fait avec des points longs et non ronds. On forme quelquefois un petit crochet aux extrémités.

N°. 46. *Ligne ponctuée*, qui indique où commence et où finit la longueur de la cote de 40 *pieds* pour la hauteur de la colonne, y compris la base et le chapiteau seulement.

N°. 47. *Ligne ponctuée à point rond.* On l'emploie pour exprimer des objets cachés et recouverts par d'autres. Elle exprime les corps suspendus, ou indique la place d'un objet enlevé.

N°s. 48, 49 et 5o. *Trait ou ligne ponctuée.* Dans des opérations où l'on met en usage beaucoup de lignes ponctuées, on les compose de petites lignes et de points ronds, suivant la nécessité. Les axes d'un plan peuvent être tracés comme le N°. 48 ou 49; on trace aussi des limites, des contours et des divisions de plan avec ces lignes. Les contours des provinces et des grands états se tracent sur les cartes avec des lignes composées de points ronds et de points longs, souvent mêlés de petites croix; souvent on n'emploie que ces dernières pour former la ligne.

N°. 51. *Des intersections.* On appelle ainsi le point où deux lignes, deux plans se coupent. L'intersection de deux plans est une ligne droite. Le centre d'un cercle est dans l'intersection de deux de ses diamètres; le point central d'une figure de quatre côtés est le point d'intersection de ses deux diagonales.

N°. 52. Si de deux points comme centre et avec le même rayon, on décrit deux arcs, leur intersection détermine un point également éloigné des deux centres, c'est ce qu'on appelle faire une section.

N°. 53. Dans les opérations du dessin, où l'on fait des perpendiculaires, on doit conserver l'intersection de ces deux lignes, et ne jamais faire croiser les autres lignes qui doivent passer par ce point. Lorsque plusieurs rayons partent d'un même point, ils ne doivent pas se réunir à ce point : toutes ces lignes pourraient se confondre, et l'on ne retrouverait plus le centre dont on a besoin.

N°. 54. *Règle et ligne droite.* Si sur le papier, on trace des lignes droites au moyen de règles, les règles doivent être bien droites ; ce qui est très-difficile à obtenir. Elles doivent être larges de 2 pouces au moins, de 4 à 5 lignes d'épaisseur, et de bois bien sec, afin d'être moins sujettes à se tourmenter ; les meilleures sont en bois de fer, d'ébène, de poirier ou de pommier.

Pour s'assurer si la règle est droite, on tire une ligne bien fine avec une pointe ou un tire-ligne, ou on fait seulement trois points en se servant de l'épaisseur de la règle, un au milieu et les deux autres aux extrémités de la règle, tels que les points ABC ; ensuite on renverse la règle, de manière que le bout placé en A se trouve en B, et l'on tire de nouveau une ligne très-fine le long de la règle. Si cette nouvelle ligne se confond avec la première ligne, ou que les trois points se trouvent exactement confondus avec l'arête de la règle, c'est une preuve de la bonté de la règle.

N°. 55. La *règle.* Son profil doit être sans chanfrein, pour conduire avec plus d'exactitude le tire-ligne ou le crayon : il n'est même pas nécessaire, pour tirer des lignes avec la plume, d'avoir un chanfrein. Ainsi, la règle doit être épaisse et à vive arête.

N°. 56. *Tracer des lignes droites sur le terrain.* Lorsqu'il s'agit de tracer une ligne droite sur le terrain entre deux points AD fort éloignés, mais visibles l'un de l'autre, il suffit de marquer un certain nombre de points dans la même direction. Pour y parvenir, on plantera au point A un jalon (1) qu'on aura soin de mettre bien à plomb; au moyen du fil à plomb F (*voyez* le n°. 301), on en fixera un autre dans la direction de la même manière au point B, en sorte que le jalon fixé au point B couvre à l'œil l'objet placé en D, ce qui donnera les points ABD en ligne droite. On continuera au point C.

Prolonger une ligne droite sur le terrain. Soient AB la distance et la direction données : on placera à ces points deux jalons, et l'on en placera successivement d'autres aux points CD, et à des intervalles convenables, en sorte que le jalon fixé au point A, couvre à l'œil la file de tous les autres, qui seraient, par conséquent, tous dans un même plan et sur une même ligne droite. Pour mesurer la ligne droite sur le terrain *voyez* le n°. 326.

____

(1) *Voyez* le n°. 305.

N°. 57. *Deux droites* AB, CD *situées dans un même plan étant données, tracer une troisième droite qui passe par l'intersection des deux premières.* On place sur la première droite trois jalons A1B, on prendra à volonté le point P, puis on placera sur la seconde ligne trois autres jalons C2B, le premier dans la direction de AP, le second 2 dans la direction de 1P, et le troisième dans la direction de BP. Les jalons 3 et 4 placés dans la direction A2, C1 et B2, D1 détermineront la situation de la droite demandée.

LEÇON QUATRIÈME.

(PLANCHE 1).

DU CERCLE, DES ANGLES, DES PERPENDICULAIRES
ET DES PARALLÈLES.

Nº. 58. Le cercle est une figure plane renfermée par une seule ligne, et au milieu de laquelle est un point C qu'on nomme centre, qui est également éloigné de tous les points de la circonférence. On obtient l'aire d'un cercle en multipliant la circonférence par le quart du diamètre (*voyez* nº. 202). Les lignes les plus remarquables qui rencontrent la circonférence du cercle, sont :

Le diamètre DT. C'est une ligne droite qui passe par le centre d'un cercle, et qui est terminée de chaque côté par la circonférence. Le diamètre est la plus grande de toutes les *cordes*.

Rayon RC. C'est le demi-diamètre du cercle, ou la ligne tirée du centre du cercle à la circonférence ; tous les rayons RC, CD, CT sont égaux.

Corde O. Ligne droite qui se termine par chacune de ses extrémités à la circonférence du cercle, sans passer par le centre.

3.

Sécante. La ligne S qui coupe le cercle, est une sécante.

Tangente au cercle. Ligne T qui le rencontre extérieurement, et qui le touche sans le couper. La tangente n'a qu'un seul point de commun avec la circonférence du cercle ; la tangente est toujours perpendiculaire au rayon qui passe par le point de contact. On ne peut mener qu'une seule ligne droite tangente au cercle au même point T : on peut mener plusieurs circonférences tangentes à un même point *t*.

N°. 59. *Arc*. Portion quelconque de la circonférence du cercle ABD. La ligne AB est la corde, la ligne DC se nomme flèche ; toute perpendiculaire sur le milieu d'une corde passe par le centre du cercle, et par le milieu de l'arc sous-tendu par la corde.

N°. 60. *De la division du cercle*. Toute circonférence, grande ou petite, se divise en 360 parties égales, qu'on nomme *degrés ;* chaque degré se divise en 60 parties égales, qu'on appelle *minutes ;* chaque minute se divise en 60 parties égales, qu'on nomme *secondes*. On représente le degré par ᵈ ou °, la minute par ce signe ', la seconde par celui-ci '' ; en sorte que pour marquer 29 degrés 45 minutes 31 secondes, on écrit : 29°,45',31''.

Pour diviser le cercle, on élève deux perpendiculaires AB, ED, qui passent par le centre C : elles diviseront la circonférence en quatre, chacune de 90°. Si des centres A et E on fait une section en S, la droite qui passera par SC divisera l'angle ACE en deux parties égales de 45°; si des points D et A comme centre avec le rayon DC, on coupe l'arc AD aux points R et *r*, on aura divisé l'arc en trois parties, chacune de 30°. Le rayon porté six fois sur la circonférence, la divise en 6 parties égales, chacune de 60°.

N°. 61. *Déterminer le centre d'un cercle.* On mènera une corde quelconque AB. On élève une perpendiculaire sur le milieu de la corde, ce qui donne un diamètre; si l'on divise le diamètre en deux, on aura le centre demandé. On peut aussi mener une seconde corde, et élever au milieu une perpendiculaire qui coupera la première en un point qui sera le centre du cercle.

N°. 62. *L'arc* ABC *étant donné, trouver le centre* P *qui puisse servir à finir le cercle.* Des points A, B, C, comme centres, soient faites deux intersections *f, d, c, e*. Les droites, qui passeront par *f d* et *c e*, se couperont en un point P, qui déterminera le centre d'un cercle, lequel sera la continuation de l'arc donné.

Ce problème est le même que celui de faire passer une circonférence par trois points qui ne sont pas en ligne droite; ou, encore, que celui de décrire un cercle qui passe par trois points donnés.

N°. 63. *On décrit les cercles ou les courbes de deux manières,* soit par un mouvement continu ou par plusieurs points. Le premier est plus prompt ; mais des obstacles forcent souvent d'employer d'autres moyens.

Le cercle sera décrit par un mouvement continu , si une des pointes **A** d'un compas trace de suite la courbe ; la pointe, placée au centre **C** , ne fait pas changer de place au sommet de l'angle **B** , qui est la charnière du compas par où la main le tient et le fait tourner.

On se sert du compas pour les opérations du papier ; on se sert aussi, sur le papier, d'un compas à verge pour tracer les cercles qui ont plus d'un pied de rayon.

Dans la pratique , on se sert aussi d'un cordeau **CE** , soit double ou simple : dans ce dernier cas, il porte aux extrémités deux boucles ou deux anneaux ; l'un en **C** , pour tourner autour du centre ; et l'autre en **E** , pour placer le stylet. Ce procédé est moins exact que ceux déjà cités ; vu que la corde se lâche ou se serre suivant la chaleur ou l'humidité , ou que l'on donne plus ou moins de tension à la corde.

On se sert aussi du simbleau **CD** (règle portant à ses extrémités un petit cran ou un anneau pour bien pivoter autour du centre **C** , et pour maintenir le stylet **D**) , soit pour tracer des cercles horizontalement ou verticalement, pour servir à poser des pierres en tour creuse ou en tour ronde , ou pour obtenir la même retombée des claveaux d'une voûte. Pour tracer des cercles concentriques, on percera une série de trous dans l'axe de la règle, et à des distances convenables aux opérations que l'on veut faire.

N°. 64. *Tracer un cercle ou un arc de cercle, passant par trois points donnés* C, A, D, *sans connaître le centre.* On réunira deux règles CA AD sous l'angle CAD ; fixant deux pointes, l'une en C et l'autre en D, et plaçant au crayon au sommet de l'angle A des deux règles, si l'on fait tourner celles-ci de manière à ce qu'elles rasent toujours les points fixés, le sommet A décrira un arc de cercle.

Si l'on prend trois nouveaux points sur l'arc tracé, dont deux soient le restant de l'angle à tracer, et de manière que son sommet soit du côté opposé à celui du point A, il décrira l'autre segment de cercle qui complète le cercle entier. Il peut arriver que l'on soit obligé de tracer un cercle dont le centre ne soit pas visible, ou qu'on ne puisse s'en servir ni faire heureusement cette application.

N°ˢ. 65 et 66. *Déterminer une ligne droite égale en longueur à une courbe.* Soit la courbe donnée AB ; on prendra à volonté une ouverture de compas, assez petite pour que l'arc ne diffère pas sensiblement de sa corde, tel que A1 que l'on portera jusqu'au bout de la courbe B, il restera une petite quantité B8 : on aura compassé huit parties, plus B8.

On tracera une droite indéfinie A*b*, n°. 66,

sur laquelle on portera les huit divisions, plus la petite portion restante **B8** : on aura la droite **A8** égale à l'arc **A8**.

N°. 67. *Développement suffisamment exact du cercle dont* **ABa** *est la moitié ou la demi-circonférence.* On mènera une droite, sur laquelle on portera trois fois le diamètre **A***a*, plus la cinquième partie de la corde **AB** : on aura **DE** égal à-peu-près à la circonférence, dont le rayon est **CB**.

Des angles.

Deux lignes qui se rencontrent laissent entre elles une ouverture plus ou moins grande, qu'on appelle *angle*. L'angle est *rectiligne*, lorsque les lignes qui le forment sont droites ; l'angle est *curviligne*, lorsque les lignes qui le forment sont courbes.

Les lignes qui forment l'angle se nomment *côtés* de l'angle, et le point où elles se rencontrent s'appelle *sommet*. Les lignes **AB** s **AC** sont les côtés de l'angle, et le point **A** en est le sommet.

N°. 68. Pour concevoir la formation de l'angle rectiligne dont il est ici question, il faut se représenter qu'une ligne **CA** était couchée sur la ligne **AB** ; et qu'ensuite la ligne **CA** s'est écartée de cette dernière ligne de la quantité **CB**, égale à 45°, tandis que le point **A**, sommet de l'angle, n'a pas bougé. La mesure naturelle de l'angle est donc l'arc compris entre les côtés et qui a pour centre le point A.

Supposons AB prolongé en E, on aura les angles EAC et BAC, ainsi deux angles, dont l'un sera plus grand que l'autre. Un angle qui a pour mesure un arc moindre que le quart de la circonférence, tel que BAC, se nomme *aigu,* et CAE angle *obtus,* parce qu'il a pour mesure un arc de cercle plus grand que le quart de la circonférence. Il aura pour mesure 133°, complément de 45° de l'angle aigu. Une ligne CA, qui tombe sur une autre ligne BE, fait avec cette dernière deux angles, qui, pris ensemble, valent toujours 180°, moitié de la circonférence.

On a donné le nom d'angle *droit* à celui qui est mesuré par un arc de 90°, égal au quart de la circonférence; BAD, DAE, sont deux angles droits.

N°. 69. *Diviser l'angle* ETF *en deux parties égales.* Du centre T on formera à volonté l'arc EF : de ces deux points, comme centre, on fera l'intersection G. La droite, qui passera par l'intersection G et le sommet de l'angle T, divisera l'angle en deux parties égales.

N°. 70. Diviser l'angle CAE en deux parties égales (opération à faire sur le terrain). On prendra à égale distance du point A deux points D et B; on portera une même dimension de D en E et de B en C; on placera un point F dans la diagonale **DC**, **EB**; la droite **AF** partagera l'angle en deux parties égales.

N°. 71. *Les points* **BAC** *étant donnés sur le terrain, lever l'angle qu'ils forment entre eux.*

On tendra un cordeau qui touchera **CAB**, et au moyen d'une sauterelle (1), que l'on ouvrira à volonté, jusqu'à ce que ses côtés soient en contact avec les deux branches du cordeau. On transportera cet angle sur le papier, au moyen de l'instrument qui servira de règle pour le tracer.

On peut également relever un angle sur un plan, et le rapporter sur le terrain.

N°. 72. *Usage de la sauterelle pour la levée des angles solides.* Soit *c a b*, l'angle à mesurer; les deux règles étant parallèles, on obliquera le côté inférieur d'une des règles contre le côté *b a*, et on fera mouvoir l'autre côté, jusqu'à ce qu'il touche également le côté de l'angle dans toute la longueur de la règle.

Si le côté de l'angle à mesurer était irrégulier, il faudrait appliquer contre toutes les ondula-

---

(1) La sauterelle est composée de deux règles assemblées par un de leurs bouts en charnière, de sorte que ses deux branches sont mobiles, pour pouvoir prendre toute sorte d'angles et les rapporter sur un plan quelconque. La sauterelle, qu'on appelle aussi fausse équerre, sert encore à mesurer et à construire des angles : cet instrument rapporte les angles sans qu'on ait besoin de se servir du rapporteur.

tions de la surface une grande règle , de manière à ce qu'elle embrassât un plus grand espace , et balançât les saillies et les cavités qui n'auraient pu être embrassées par la branche de la saute-relle. Cette branche DA s'appliquera contre la règle R*r*.

On peut mesurer les angles intérieurement et extérieurement.

N°s. 73 et 74. *Construire un angle ou un triangle, les lignes ab, ac, cb, étant don-nées, soit sur le papier; soit sur le terrain.* On prendra avec un compas les distances *bc, ca;* la distance AD étant égale à *ad*, on portera les deux ouvertures de compas de D en C et de A en C. L'intersection C formera l'angle, et les sommets A et D le triangle demandé.

N°s. 75 et 76. *Construire un angle égal à un angle donné.* Soit BAC 76, l'angle donné; on formera avec un compas l'arc BC; on formera sur la droite AB 75, l'arc BC; on prendra la corde BC 76, que l'on portera de B en C 75; la droite AC formera l'angle demandé.

N°. 77. *Compas de proportion.* Instrument de mathématiques, qui sert à trouver les propor-tions entre les quantités de même espèce, comme entre lignes et lignes, surfaces et surfaces.

Ce compas consiste en deux règles de métal, jointes ensemble par un clou et une charnière, en sorte que leur mouvement soit égal et uni-forme, elles ont ordinairement 6 pouces de long,

6 à 7 lignes de large, sur lesquelles on trace six sortes de lignes, savoir : la ligne des parties égales, celle des plans et des polygones ; de l'autre côté, la ligne des cordes, celle des solides et celle des métaux, etc.

Usage de la ligne des cordes. Cette ligne est ainsi nommée parce qu'elle comprend les cordes de tous les degrés du demi-cercle. Soit proposé de faire à l'extrémité A, n°. 76 de la ligne A *b*, un angle de 40°. Je décris du point A un arc indéfini, dont je porte le rayon à l'ouverture de 60 à 60° sur la ligne des cordes, parce que le rayon d'un cercle est toujours égal à la corde de 60° du même cercle ; je prends ensuite l'ouverture de la corde de 40°, et je la porte de *b* en *c* sur l'arc *b* A *c* ; enfin je tire, par le point A *c*, la droite qui donne l'angle de 40°.

N°. 78. *Du rapporteur dans la mesure et la formation des angles.* Mesurer l'angle EAB sur le papier : on appliquera le centre du *rapporteur* (1) sur le sommet de l'angle, et le rayon *e* A de l'instrument sur le côté EA du même angle ; on remarquera sur le limbe du rapporteur, à quel

------

(1) Le *rapporteur* est un demi-cercle de cuivre ou de corne, divisé en 180°. Le centre A de l'instrument est désigné par l'intersection de deux droites perpendiculaires. Les 180° se comptent de droite à gauche et de gauche à droite réciproquement ; ils sont marqués par des chiffres sur le bord de l'instrument.

degré l'autre côté **AB** coupe la circonférence. Si, par exemple, on trouve 40°, l'angle **EAB** est un angle de 40°.

Construire un angle de 17° sur la droite **EA.** On posera la droite *e* **A** de l'instrument sur la droite **EA** marquée sur le papier ; puis, avec la pointe d'un crayon ou celle d'un compas que l'on posera au droit de **D** qui correspond à 17°, sur le rapporteur, on marquera ce point et le centre **A**, qui aura été donné d'avance : la droite, qui passera par ces deux points, formera l'angle de 17° avec **EA.**

Il en sera de même pour former l'angle de 45° **CAF**, ou de 135° **EAC.**

Des perpendiculaires.

N°. 79. Si l'on divise la circonférence d'un cercle en quatre parties égales, tels que **ACBD**, et que l'on mène deux droites, par les points **AB** et **CD**, elles formeront quatre angles droits, et ces droites seront perpendiculaires l'une à l'autre.

Si par le centre d'un cercle on mène une droite elle déterminera le diamètre du cercle, tel que **CD**. Si des points **C** et **D** comme centre on décrit deux intersections **A** et **B**, la droite qui passera par les deux intersections sera perpendiculaire à la droite **CD.**

N°. 80. Tous les angles inscrits sur le même

arc **ABD**, **A*b*D**, et appuyés sur le diamètre **AD**, sont des angles droits, et ils ont tous pour mesure la demi-circonférence.

N°. 81. *Élever une perpendiculaire au milieu d'une ligne* **AB**. Des points **A** et **B** pris pour centres, et d'une ouverture de compas quelconque, décrivez successivement deux arcs qui se coupent en **S** et **C**; la ligne qui passera par **SC** sera perpendiculaire à **AB** et la partagera en deux parties égales.

N°. 82. *Élever une perpendiculaire du point* **C** *sur la droite* **AB**. Soit **C** pris pour centre : faites avec la même ouverture de compas les deux arcs **A** et **B**. Des points **A** et **B** pris pour centres et avec une même ouverture de compas plus grande que **AC**, décrivez deux arcs qui se coupent en un point **S**. La droite, qui passera par **S** et **C**, sera perpendiculaire à **AB**.

N°. 83. *D'un point* **P** *situé hors de la droite, abaisser une perpendiculaire à la droite* **AB**. Du point **P**, avec la même ouverture de compas, décrivez un arc qui coupera la droite **A** et **B** et des points **A** et **B** pris pour centres décrivez deux arcs qui se coupent en **C**. La droite, qui passera par **P** et **C**, sera perpendiculaire à **AB**.

N°. 84. *Élever une perpendiculaire à l'extrémité de la droite* **CD**. Du point **C**, comme centre, faites à volonté l'arc **DEF**; du point **D**, portez le rayon **DC** de **D** en **E** et de **E** en **F**, chacune égale au rayon **DC** et des points **E** et **F** comme centres et avec la même ouverture de compas, faites deux arcs qui se coupent en S. La droite qui passera par S et C, sera perpendiculaire à CD.

Opérations sur le terrain sans instruments.

N°. 85. *Élever une perpendiculaire à l'extrémité d'une ligne, au moyen d'un cordeau, d'une perche ou jalon.* On construira le triangle équilatéral, ABD, dont les trois côtés sont égaux, puis on portera sur le prolongement de AB une longueur égale à AB; les points C et D détermineront la perpendiculaire à AD que l'on peut prolonger au besoin.

Nᵒˢ. 86 et 87. *Même problème.* Le triangle rectangle étant formé par trois longueurs, telles que ABC, dont l'une aura trois dimensions, l'autre quatre, et la troisième cinq; ces trois lignes rapprochées par leurs extrémités, formeront un triangle rectangle en A, et la perpendiculaire à l'extrémité des lignes Ac, AB. Sur le terrain on prolongera l'angle en plaçant des jalons dans la direction de AB et de AC.

N°. 88. *Du point P inaccessible, abaisser une perpendiculaire à AB.* Avec les moyens déjà connus, avec l'équerre (n°. 298 ou 299), on élevera une perpendiculaire 1 et 2 sur AB; on placera des jalons aux points 1 et 2 et à égale distance du point A; on placera un troisième jalon dans la direction de AB et de 1P; un quatrième à l'intersection de 2P et de AB; un cinquième dans le prolongement de 4, 1 et de 2, 3; un sixième sur AB, dans la direction de 5P; on aura 5, 6 perpendiculaire à AB et égal à 6P; on aura à la fois la perpendiculaire et la distance de P à 6. Si le terrain ne permettait pas de s'éloigner en dehors de la droite AB, on ferait l'opération suivante :

N°. 89. *D'un point P inaccessible, abaisser une perpendiculaire sur* AB. On prendra à volonté un point sur AB, et l'on élevera une perpendiculaire, sur laquelle on prendra deux distances égales A, 1 et 1, 2; on mettra deux jalons, 1 et 2; on placera un troisième jalon dans la direction AB et 2P; un quatrième à l'intersection de AP et 1, 3; un cinquième sur AB dans l'alignement de 4, 2; un sixième dans les directions de 5P et de 4, 3; on aura 6 et 5 perpendiculaire à AB, et moitié de PB (1).

N°. 90. *Sur le papier élever une perpendiculaire au moyen de l'équerre* (2). Ce moyen

---

(1) J'ai emprunté à l'ouvrage de M. Servois, professeur de mathématiques aux écoles d'artillerie, plusieurs problèmes très-intéressants, et tous applicables aux opérations géométriques que l'on exécute sur le terrain. Voir, pour les démonstrations, l'ouvrage intitulé : *Solutions peu connues de différens problèmes de Géométrie-pratique.*

(2) Équerre, instrument en bois dur, de la forme

rès-expéditif, mais peu juste, fait qu'on ne doit jamais se servir de l'équerre pour élever des perpendiculaires, comme on a souvent, à tort, l'habitude de le faire; il vaut mieux se servir des moyens nos. 81 et 82. La perpendiculaire, élevée au moyen du compas et de la règle, est beaucoup plus exacte; l'équerre servirait avec beaucoup d'avantage, à mener des parallèles à d'autres déjà faites, si l'on veut, par les points $a\,b\,c$, tracer des lignes parallèles. La droite $d\,f$ étant tracée et perpendiculaire à la droite formée par la règle, on mènera des parallèles à cette droite df, en ajustant le côté de l'équerre sur cette droite, ou en faisant glisser l'équerre le long de la règle; on peut aussi tracer les lignes avec le grand côté de l'équerre, qui ordinairement, est coupé suivant un angle de 45°, dont on a souvent besoin dans les opérations du dessin.

N°. 91. On se sert souvent, pour de petites opérations, de deux équerres, lorsqu'on ne veut pas déranger sa règle et son équerre E; on en place une seconde e que l'on fait couler contre le grand côté ou sur la perpendiculaire, suivant le besoin. Ce moyen pratique est suffisamment juste pour les opérations graphiques qui n'exigent pas une grande précision.

---

du triangle E, avec un trou vers le milieu pour la prendre et la faire mouvoir avec plus de facilité; il faut, pour s'en servir, une règle R.

N°. 92. Pour vérifier une équerre, il faut l'appliquer contre une règle et tracer une ligne bien légèrement, puis tourner l'équerre et voir si le même côté qui a été tourné sens dessus dessous coïncide avec la ligne déjà tracée.

Des parallèles.

N°. 93. *Mener une parallèle à la droite* **AB**. Des points A et B comme centres, faites à volonté deux arcs *a* et *b*; la droite tangente aux deux arcs sera la parallèle demandée.

N°. 94. Deux droites parallèles sont partout également éloignées l'une de l'autre ; une perpendiculaire à l'une de ces parallèles est perpendiculaire à l'autre, et toutes ces perpendiculaires sont égales entre elles; ainsi dans une avenue d'arbres formée par deux rangées parallèles, la distance entre les arbres correspondants est partout la même.

N°. 95. *Par un point donné* **P**, *mener une parallèle à AB*. Du point P on mènera la droite quelconque AB, puis on fera l'angle AP *b*, suivant le n°. 75, égal à PAB; la droite P *b* qui passera par P et 1 sera parallèle à AB, puisque l'angle P 1, 2 est égal à l'angle A 1, 2.

Opérations sur le terrain sans le secours d'instruments.

N°. 96. On mènera des parallèles en portant

des divisions égales de part et d'autre, à partir du sommet d'un angle, tel que A 1, 2, 3, B. A 1, 2, 3, C, et en réunissant les deux points de divisions opposés par une droite BC 3, 3, etc., on aura autant de parallèles.

N°. 97. Sur le terrain, on mènera des parallèles en prenant deux alignements, B *b*, C *c*, sur un même objet, tel que le clocher A, qui en est éloigné de plusieurs lieues. Les droites seront d'autant plus sensiblement parallèles, que les points BC en seront à une plus grande distance. Si l'on fait C *c*, B *b* à égale distance, on aura CB et *b c* parallèles entre elles, ainsi que B *b* et C *c*.

N°. 98. *Par le point* P, *mener une droite parallèle à* AB. On placera au milieu de AB un jalon 1 ; un deuxième jalon à volonté sur le prolongement de PB ; un troisième à la rencontre de 1 2 et AP ; un quatrième sur le prolongement de 3 B et de A 2 ; la droite 4 P sera la demandée.

N°. 99. *Par un point* P, *mener une parallèle à deux parallèles* AB, *a b*. On marquera deux points sur les deux droites, de manière que le premier jalon 1 soit dans la direction de 1 A *a*, 1 B*b*; un deuxième à la rencontre de A *b* et B *a* ; un troisième sur la direction de 2 1 et P *a* ; un quatrième sur la direction de 3 *b* et *a* 1. Les points 4 et P seront sur une parallèle à AB et à *a b*. (La droite *a b* peut être inaccessible).

N°. 100. *Par un point* A, *mener une paral-lèle à* BC *inaccessible*. On placera à volonté deux jalons, 1 et 2, dans la direction de AB et AC ; un troisième à l'intersection de 1 C , 2 B ; un quatrième à l'intersection des diagonales A 3 et 1 , 2 ; on fera 4,5 égal à 4 A , et 6,4 égal à 4,1 ; on en placera un septième à l'intersection de 2,3 et de 6,5 , on prolongera 5,7 et l'on fera 7,8 égal à 7,5 ; on aura 8A parallèle à BC , et 8,5 parallèle à AB.

N°. 101. *Au moyen de l'équerre mener des parallèles sur le papier*. Une ligne *a* étant don-née, on ajustera un des côtés de l'équerre de manière à ce qu'il coïncide avec cette ligne ; on accotera la règle R sur l'autre côté de l'équerre E ; l'on fera glisser légèrement l'équerre le long de cette règle, en appuyant un peu dessus : on fera glisser l'équerre autant de fois qu'on aura besoin de mener de parallèles à *a*.

N°. 102. La règle et l'équerre peuvent chan-ger de position et prendre telle direction qu'on jugera convenable ; il suffit d'ajuster l'équerre et de mettre la règle au-dessous pour la faire glisser comme on vient de le dire.

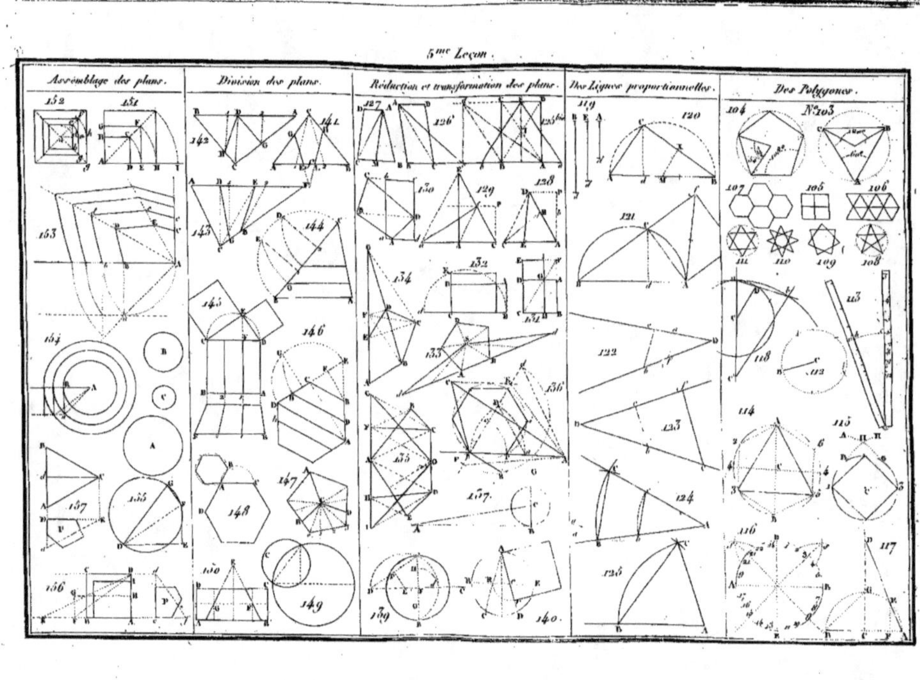

Assemblage des plans.
Division des plans.
Réduction et transformation des plans.
Des Lignes proportionnelles.
Des Polygones.
N.º 103

LEÇON CINQUIÈME.

DES POLYGONES, DES LIGNES PROPORTIONELLES,
RÉDUCTION ET TRANSFORMATION DES PLANS,
DIVISION DES PLANS, ASSEMBLAGE DES PLANS.

Des polygones réguliers.

On distingue ces polygones suivant le nombre de leurs côtés.

NOMBRE des côtés.	NOMS des figures.	ANGLES des figures.	SOMME des angles.	ANGLES intéri^{es}.
III	Triangle.	60	180°	120
IV	Quadrilatère.	90	360	90
V	Pentagone.	108	540	72
VI	Hexagone.	120	720	60
VII	Heptagone.	128 $^3/_7$	900	51 $^3/_7$
VIII	Octogone.	135	1080	45
IX	Hénexagone.	140	1260	40
X	Décagone.	144	1440	36
XI	Undécagone.	147 $^3/_{11}$	1620	32 $^8/_{11}$
XII	Dodécagone.	150	1800	30

N°. 103. *Règles pour calculer les angles des polygones réguliers.* En commençant par le triangle, on divisera 360° par 3, nombre de côtés ; on aura 120 pour l'angle intérieur, et 60° pour l'angle de figure.

Pour le carré, on divisera 360 par 4, on aura 90° pour chacun des deux angles.

N°. 104. *Pour le pentagone,* on divisera 360 par 5 ; on aura pour l'angle intérieur, 72° ; pour l'angle de figure, on soustrait 72 de 180, ce qui donne 108°. Il en sera de même pour tous les autres polygones. *Exemple pour l'hexagone :*

$$
\begin{array}{c|c}
360 & \begin{array}{l} 6 \\ \hline 60 \end{array}
\end{array}
\qquad
\begin{array}{l}
180 \\
60 \\
\hline
120
\end{array}
$$

Pour trouver la somme totale des angles d'un polygone quelconque, multipliez le nombre de côtés par 180^d, otez de ce produit le nombre 360, le reste est la somme cherchée.

Inscrire un polygone régulier dans un cercle, au moyen du rapporteur : soit pris pour exemple un triangle équilatéral. Le côté **AB** étant donné, et les angles calculés, on placera le centre d'un rapporteur aux extrémités de la ligne, comme on le voit en **A**, n°. 78 ; on marquera avec une pointe ou un crayon, la division 60 et 30 ; si on veut avoir la direction du centre du polygone, on tracera une droite qui passera par

A et la division 3o, pour l'angle extérieur, on mènera une droite qui passera par le point A et la division 6o, la droite AC et AB formera l'angle de 6o°, la droite CD terminera le triangle demandé.

Parmi les polygones réguliers qui peuvent s'adapter les uns aux autres sans laisser aucun vide, il n'y a que trois polygones qui soient susceptibles d'un arrangement parfait; ce sont le triangle équilatéral, le carré et l'hexagone.

N°. 1o5. *Du carré*. Le carré, à lui seul, peut couvrir une aire sans laisser de vide.

N°. 1o6. *Du triangle*. Le triangle équilatéral peut également couvrir une aire.

Le triangle rectangle isocèle étant la moitié du carré; il convient au même usage; il est même susceptible de former de fort belles combinaisons dans les compartiments, en prenant deux teintes différentes. Le carré et le triangle sont également susceptibles de s'unir.

N°. 1o7. Les hexagones sont également susceptibles d'arrangement parfait.

Les seuls polygones dont les côtés sont susceptibles d'être parcourus ou tracés sans interruption, sont :

N°. 1o8. L'étoile à cinq pointes.

N°. 1o9. L'heptagone à sept pointes.

N°. 11o. L'octogone à huit pointes.

Les autres figures de polygones ne sont que des triangles superposés, tels que le numéro suivant :

N°. 111. Hexagone formé par deux triangles équilatéraux.

De l'inscription des polygones réguliers dans le cercle, au moyen de la règle et du compas.

N°s. 112 et 113. *Du compas de proportion pour tracer les polygones.* Sur les deux jambes du compas on a tracé une ligne que l'on nomme ligne des polygones, parce qu'elle renferme les côtés homologues du polygone régulier inscrit dans un même cercle, depuis le triangle équilatéral marqué par le nombre 3 sur chaque jambe du compas de proportion et dont on suppose le côté divisé en mille parties égales, jusqu'au dodécagone exprimé par le nombre 12.

Pour inscrire un pentagone régulier dans un cercle donné, on prendra avec le compas ordinaire la longueur du rayon CB du cercle, on appliquera de part et d'autre sur la ligne des polygones du compas de proportion, de 6 à 6 ; on aura alors le côté de l'hexagone régulier inscriptible au même cercle dans lequel il s'agit d'inscrire un pentagone régulier. La ligne du compas de proportion ainsi ouvert, on prendra la distance des nombres 5 à 5, on aura alors la longueur du côté du pentagone.

Pour avoir l'heptagone, on prendra la distance des nombres, 7 à 7, et de 8 à 8 pour avoir l'octogone.

On se conduira d'une manière semblable pour inscrire tout autre polygone régulier dans un cercle donné.

N°. 114. *Tracer géométriquement les différents polygones, au moyen de la règle et du compas.* Le rayon CB ou AC étant donné, si on le porte six fois sur la circonférence, on aura déterminé l'hexagone régulier, dont A 2 sera le côté. Si on double l'arc A 2, la corde double A 3 sera le côté du triangle équilatéral inscrit. Deux diamètres perpendiculaires diviseront le cercle en quatre parties égales, dont les cordes A 4, B 4, sont les côtés du carré.

N°. 115. *Avec le compas seulement, déterminer sur la circonférence du cercle, quatre points perpendiculaires entre eux, ou diviser la circonférence d'un cercle en quatre parties égales.* Si l'on porte le rayon trois fois sur la circonférence IBG3, et que, les points I et 3, comme centre avec un rayon égal à IG, soient décrits les arcs GA, BH, on aura la corde CE égale à la quatrième partie de la circonférence du cercle.

N°. 116. *Diviser une circonférence de cercle en vingt-quatre parties égales avec la même ouverture de compas.* On élevera deux perpendiculaires AB, DE, de leur intersection C comme centre, on décrira avec le rayon CA donné, la circonférence ADBE, des centres ADBE. Avec le même rayon on décrira les intersections S s jusqu'à la rencontre de la circonférence, elles détermineront les points de divisions 22 et 14 ; 20 et 4, 2, 10, 8 et 16. Les droites qui passeront par les points SC, *s*C diviseront la circonférence aux points 3, 9, 15 et 21, de ces derniers points comme centre, et avec la même ouverture de compas on décrira les points 23, 7, 5, 13, 11, 19 et 1, 17, qui avec les points ADBE diviseront la circonférence en vingt-quatre parties égales.

N°. 117. *Trouver le centre d'un octogone,* AB *étant donné pour côté.* On élevera, au milieu de AB, une perpendiculaire, et, du rayon CB, on décrira le demi-cercle BGA ; on fera CF égal à la moitié de la corde BG ; la perpendiculaire FE à AB déterminera la position du rayon DA en menant la droite par les points AE.

N°. 118. *Règles pour tous les polygones quelconques.* (Exemple pour le dodécagone.) La ligne AB étant prise pour côté du polygone, avec un rayon quelconque CD, on décrira un cercle dans lequel on formera le dodécagone ou le polygone demandé. Supposons que D*a* en soit le côté, on le prolongera au besoin, pour porter AB de *a* en *b*; on mènera par *b* une parallèle à CD ; elle déterminera le centre du cercle C, dans lequel on inscrira le polygone demandé.

Des lignes proportionnelles considérées dans le cercle.

N°. 119. Lignes droites pour servir aux n°s. 120, 122 et 123.

Nº. 120. *Trouver une moyenne proportion-
nèlle entre deux droites* A*d et* B*d.* Il faut joindre
en une ligne droite AB les deux droites A*d* et B*d*;
puis du point M, milieu de AB, pris pour centre, décrire la demi-circonférence ABC, et élever au point *d*, de jonction, des deux lignes
données, la perpendiculaire *d*C : elle sera la
moyenne proportionnelle demandée.

Toute perpendiculaire C*d*, abaissée d'un point
C de la circonférence sur le diamètre AB, est
moyenne proportionnelle entre les deux parties
A*d* et B*d* de ce diamètre.

Nº. 121. *Application du* nº. 120 *aux échelles, pour les grandir ou diminuer en proportion.
On propose de trouver une figure semblable à
une autre, de manière que la surface de celle-
ci soit à la surface de celle que l'on demande
dans un rapport donné.*

On prendra sur une ligne droite deux parties
A*d*, *d*B qui soient entre elles dans le rapport
donné, et sur le milieu AB on décrira un demi-
cercle; du point *d* on élevera l'ordonnée *d*C, et
l'on tirera les cordes AC, CB, on portera sur la
corde BC l'échelle BX de la première figure; et,
par son extrémité X, on mènera une parallèle à
la corde AC : la parallèle XM sera l'échelle demandée.

*Construire une échelle superficielle double
d'une autre.* Par échelle double on entend une
échelle telle que les figures construites d'après

4.

cette échelle aient une aire double de celles cons-truites semblablement sur l'échelle simple. Sup-posons que la corde AC soit d'un nombre déter-miné de l'échelle, on construira le carré AC *e f*. La diagonale A *f* sera l'échelle demandée, que l'on divisera en un même nombre de parties que l'échelle AC a été supposée en avoir.

Faire une échelle moitié de celle donnée AC. La moitié de la diagonale A *f* sera la grandeur demandée.

Construire une échelle qui soit le tiers d'une autre. Soit AB l'échelle proposée ; on divisera cette ligne en trois parties égales ; de l'une de ces divisions *d*, on élevera la perpendiculaire *d*C, qui coupe le demi-cercle en C : la corde CB sera l'échelle demandée.

Pour avoir une échelle le quart d'une autre, il faut diviser l'échelle donnée en deux parties égales.

Faire une échelle quatre fois plus grande qu'une autre. Il faut doubler l'échelle connue ; elle donnera le quadruple de celle donnée.

N°. 122. *Trouver une quatrième proportion-nelle à trois droites données* Ad, Bd, Ed, n°. 119. On formera un angle quelconque ; puis, à partir du sommet de l'angle D, on fera D*b* égal à la droite B*d*, et sur l'autre jambe de l'angle, on fera D*a* égal à la droite A*d*, et D*e* égal à E*d;* on mènera, par le point *a*, une droite parallèle à *e b ;* on aura *b f* quatrième proportionnelle.

N°. 123. *Trouver une troisième proportion-*
nelle à deux droites données B *d*, E *d*. On forme
l'angle comme dans la figure précédente, et l'on
porte la droite E *d* de D en *c*, la longueur B *d*
de D en *b* et de *b* en C ; du point C, on mène
une parallèle à *c b ;* la distance de *c f* sera la
demandée.

N°. 124. *De l'angle de réduction.* L'angle ou
l'échelle de réduction est un triangle isocèle
dont les côtés AB, AC sont en proportion déterminée avec la base CB ; au moyen de ce
triangle, on peut réduire et grandir suivant
des échelles données.

Construction de l'angle de réduction. Sur
une ligne AB on portera tel nombre que l'on
voudra de parties d'une échelle sur une ligne
AB, 30 parties par exemple, et du centre A
on décrira l'arc BC ; on portera sur l'arc, de B
en C, 30 parties de l'autre échelle ; de l'intersection C, on mènera une droite AC ; elle formera le triangle ABC, ou l'angle AC, AB
demandé ; au moyen de cet angle, on pourra
réduire une échelle ou un plan à une autre
dimension donnée. Pour l'application, *voyez*
n°. 121.

N°. 125. *Construction de l'angle pour gran-*
dir. Soient pris AB ou 30 parties de la petite
échelle, que l'on portera sur une ligne droite
en décrivant l'arc BC ; du point B, on portera
la corde BC égale à 30 parties de la grande

échelle ; on aura l'angle ABC demandé. Pour l'application, *voyez* n°. 121.

Réduction ou transformation des plans.

N°. 125 *bis. Propriété du parallélogramme.* La diagonale AC le divise en deux triangles égaux ; les deux diagonales divisent le parallélogramme en quatre triangles équivalents. L'intersection I des deux diagonales donne le centre de la figure et le centre de gravité. La parallèle, qui passera par l'intersection I des diagonales, divisera le parallélogramme en deux parallélogrammes équivalents.

Deux parallélogrammes ABCD, BAC d, qui ont même base et même hauteur, sont équivalents : d'où il suit que deux triangles ABD, A d C, compris entre les mêmes parallèles BB, D c, sont équivalents. *On peut donc décrire, sur une ligne donnée, une infinité de triangles différents dont les aires sont égales.*

Avec cette figure et cette démonstration, on peut obtenir la solution des problèmes suivants : *décrire un triangle isocèle* ABS, *équivalent au triangle rectangle* ABC, en prenant S, milieu de DC, pour sommet, et AB pour base.

On réduira en triangle le parallélogramme ABCD, *en doublant la base, soit de* B b *ou de* A a, on *aura* a b S *ou* AB c d, égal à ABCD. On réduira de la même manière les triangles en parallélogrammes.

Lorsque deux figures ont la même aire, sans pouvoir être placées l'une sur l'autre, les figures sont équivalentes, mais non pas égales.

N°. 126. *Réduire en triangle le parallélogramme ABCD.* On prolongera BC, et on fera Cc égal à BC; la droite Ac déterminera le triangle ABc équivalent au parallélogramme ABCD.

Il en sera de même pour réduire le parallélogramme en triangle.

N°. 127. *Réduire en triangle un quadrilatère, ou réduire le triangle ABC en quadrilatère.* Du point M, milieu de BC, on mènera MA et sa parallèle CD : le quadrilatère AMCD sera équivalent au triangle ABC.

N°. 128. *Abaisser le triangle AED à la hauteur Ab.* On mènera, par le point b, une parallèle à AC ; on prolongera AE, et l'on fera DC parallèle à BE : on aura BCA équivalent à ADC.

N°. 129. *Le triangle AEC étant donné, l'abaisser à la hauteur P.* Par le point P, soient menées une parallèle à AC et une droite Ae; du point E, une parallèle à Ae, jusqu'à la rencontre du prolongement de AC; la droite $a\,e$ formera le triangle C$a\,e$ égal à ACE.

N°. 130. *Réduire le quadrilatère ABCD en parallélogramme rectangle.* Par les points A et C soient menées les parallèles à DB, et du milieu de BD la perpendiculaire $b\,a$, et par le point D une parallèle à $b\,a$; on aura le rectangle $a\,b\,c\,d$ égal à ABCD. En raisonnant de la même manière, on réduira les quadrilatères en parallélogrammes, les trapèzes en triangles, dont le sommet est donné; on réduira les triangles en polygones, etc., etc.

N°. 131. *Le parallélogramme* ABCD *étant donné on propose de l'alonger de* C *en* E. Au point E on formera le rectangle EFBC; on mènera la diagonale FC, elle coupera AD en G : de ce point G on mènera une parallèle à CE, on aura le parallélogramme HCEI égal à ABCD.

Réduire le parallélogramme ABCD *à la largeur* HC. Par le point H, on mènera la parallèle à AB; et par les points CG, la diagonale CF jusqu'à la rencontre de AB prolongé; le point F donnera la hauteur du parallélogramme HCEI.

N°. 132. *Décrire un carré égal au parallélogramme* ABCD. On prolongera BC et CD, on fera C d égal à CD; et, sur le diamètre B d, on décrira le demi-cercle B d E. La hauteur CE sera le côté du carré demandé.

N°. 133. *Décrire un triangle égal au pentagone régulier* ABD. Sur AB prolongé, on portera deux fois AB de chaque côté; on mènera les droites d S, on aura le triangle d S d égal au pentagone.

N°. 134. *Réduire le pentagone* ABCDE *en triangle sur le côté* AB. On prolongera EA, et l'on mènera au point D la parallèle à CE, on aura le triangle CFE égal à CDE, et le quadrilatère ABCF sera égal au pentagone. Du point C soit menée une parallèle à BF, on aura le triangle ABG égal au quadrilatère ABCF.

N°. 135. *Réduire le pentagone ABCDE en trapèze, et ensuite en triangle, dont l'angle supérieur soit en* O. Du point B et du point E on fera la parallèle à CA et à DA, on aura le trapèze HDCF égal au pentagone. Soit fait le triangle DHI égal au triangle AHD, et GFC égal à FAC, on aura le triangle OGI égal au pentagone. (On peut varier la hauteur du triangle AO, et placer le sommet où l'on voudra.)

N°. 136. *Décrire un hexagone régulier, égal au triangle* ABC. Les angles de chacun des six triangles, dont se compose l'hexagone, étant de 60°., on formera sur la base AB le triangle équilatéral ABd, dont les angles sont de 60°.; on tracera les côtés BD et a D par l'angle C, on mènera une parallèle à AB; on aura déterminé le point E à la rencontre de BE. On prendra la sixième partie de EB., que l'on portera de B en F sur le prolongement de BD. On décrira le demi-cercle d RF sur d F, pris comme diamètre; du point B on élevera la perpendiculaire BR, on aura BR pour rayon et côté de l'hexagone demandé. Si par le point P on mène une parallèle à BD, on déterminera l'angle BPi de 120°, qui appartient à l'hexagone; on aura le centre du cercle du polygone, en portant BR de B en C.

Observation. Le triangle ABE est égal au triangle ABC, la ligne BR est moyenne proportionnelle entre B*d* et BF; le triangle BP*c* est le sixième de l'hexagone, de même que le triangle BFA est la sixième partie du triangle ABE.

Pour réduire le triangle ou tout autre polygone, il faut former le triangle *a*BD comme il convient au polygone désiré, et diviser BE en autant de parties que doit en avoir le polygone; puis en porter une des parties de B en F.

N°. 137. *Décrire un triangle dont la surface soit à très-peu près la même que celle d'un cercle donné.* Soit CB, le rayon du cercle donné, on mènera la tangente AB égale au développement de la circonférence suivant la méthode du n°. 67 ou 65; on mènera la droite AC, et on aura le triangle demandé.

N°. 139. *Décrire une ellipse égale à un cercle donné.* Le diamètre du cercle AB, et le grand axe CD de l'ellipse, étant donnés perpendiculairement l'un à l'autre, on mènera la droite AD, et, à son milieu, la perpendiculaire PE; on fera E*d* égal à ED; *d*F sera le petit axe de l'ellipse, que l'on portera de F en H et de F en G. Connaissant les deux axes DC et GH de l'ellipse, on la tracera par un des moyens donnés n°. 178.

Même figure. *Décrire un cercle égal à une ellipse donnée.* Le grand et le petit axe de l'ellipse étant donnés, on cherchera une moyenne proportionnelle entre les lignes CD et HG, que l'on portera de **F** en **A** : on aura le rayon du cercle demandé.

N°. 140. *Décrire un carré qui soit équivalent à un cercle.* On tracera les deux diamètres **AF**, **BE** perpendiculaires entre eux ; on portera le quart du rayon de **F** en **E**, et de **F** en **C**. On tracera les cordes **AC**, **AD** ; on fera *cr* égal à *c* **R**, on aura **A** *r* pour côté du carré demandé, **A** *r* sera égal au quart de la circonférence à un 5000e près.

Division des plans.

N°. 141. *Partager le triangle ABC en trois parties égales, par des lignes tirées à l'un des angles.* On divisera la base **AB** en trois parties égales 1 et 2 ; par ces deux points on mènera des droites 1 **C**, 2 **C** ; elles formeront le partage demandé.

Même problème, les lignes étant dirigées au point **F** *milieu de* **AB**, le triangle étant déjà divisé en trois parties aux points 1 et 2, on mènera par le point **F** une parallèle à 1 **C** et à 2 **C** ; on mènera les droites **FC**, **FH**, elles diviseront le triangle en trois parties **AFG**, **FGCH**, **FHB**.

Si le triangle **ABC** avait 120 mètres de surface, chaque figure en contiendrait quarante.

N°. 142. *Partager le triangle ABC en trois parties égales, par des lignes tirées au point* **D**. On mènera la droite **DC**, et, après avoir divisé la base **AB** en trois parties égales, on mènera aux points 1 et 2 les parallèles à DC, on aura GH par ces deux points; on mènera les droites HD, DG; elles feront le partage demandé par les triangles AGD, BDH, et le trapèze DHCG.

N°. 143. *Partager en trois parties égales le triangle AFC, les points de division DE étant donnés à volonté sur la base AF.* On divisera AF en trois parties 1 et 2. Si on mène, par les points 1 et 2, des parallèles à DC, EC, on aura les droites BL, GD, qui diviseront le triangle en trois parties égales, c'est-à-dire que BEF est égal à G, DEB et CADG égal à BEF.

N°. 144. *Partager le triangle ABC en trois parties égales, par des lignes parallèles à la base AB.* On divisera BC en trois parties égales aux points 1 et 2; de ces points on élèvera des perpendiculaires jusqu'à la rencontre du demi-cercle; et du point C, comme centre, on décrira les arcs DF, EG, et, par les points FG, on mènera des parallèles à AB. Elles diviseront le triangle ABC en trois parties égales.

N°. 145. *Le carré ABCD étant donné, le diviser en trois parties égales.* Soit divisé AB en trois parties égales aux points 1 et 2; on mènera, par ces points, des droites parallèles aux côtés. Elles diviseront le carré en trois rectangles égaux.

Si on voulait trois carrés semblables au lieu de trois parallélogrammes, on ferait sur CD le demi-cercle CED, on prolongerait la droite F en E : la corde DE sera le côté d'un carré égal aux parallélogrammes, et le tiers du carré ABCD; la corde EC donnera le côté d'un carré double du premier, ou des deux tiers de ABCD. Il en sera de même de l'hexagone suivant et du cercle n°. 149.

N°. 146. *Partager l'hexagone régulier en quatre parties égales, par des lignes parallèles aux côtés de l'hexagone.* On réduira en triangle le quadrilatère ABCD, moitié de l'hexagone, en prolongeant AB et DC en E ; par le point B, on mènera une parallèle à AC, on élèvera une perpendiculaire sur DF et à son milieu ; et du centre E, avec un rayon égal à EG, on décrira l'arc GH, et par le point H, une parallèle à AB; elle divisera le quadrilatère en deux ; on portera DH de D*h*, pour avoir la division du pentagone entier.

N°. 147. *Partager en trois parties égales un pentagone régulier, par des lignes tirées du centre.* On divisera chaque côté du pentagone en trois parties égales ; on mènera par trois des divisions de cinq en cinq : les rayons AC, BC et DC diviseront le pentagone demandé.

N°. 148. *Application de ce que l'on vient de dire*, n°. 145 à 147. Si l'on fait le demi-cercle ABC sur un des côtés de l'hexagone, et que l'on prolonge AD, on aura AB pour le côté de l'hexagone qui sera le quart de l'hexagone, n°. 148.

N°. 149. *Faire un cercle dont l'aire soit en rapport donné avec l'aire d'un autre cercle.* Le cercle n°. 149 est triple du cercle **C**, puisqu'il est construit suivant la portion n°. 145.

N°. 150. *Diviser le parallélogramme* **ABCD** *en quatre parties égales par des lignes dirigées au point* **E**. On mènera une parallèle au milieu de **DA** et de **CB**, que l'on coupera en quatre parties égales **GF** ; les droites qui passeront par **EF**, **EG**, diviseront le parallélogramme comme il a été demandé.

Assemblage des plans, les agrandir ou les diminuer, les retrancher les uns des autres.

N°. 151. *Doubler le carré* **ABCD**. On prolongera **AD**, **AB** et la diagonale **AC** ; du centre **A** on décrira l'arc **CE** ; la distance **AE** est le côté du carré demandé **EFG** : du centre **A**, soit décrit l'arc **FH** on aura **AH** pour côté du carré double de **EFG** et quadruple de **ABCD**, en continuant, on aura **IA** pour le côté d'un carré double de **AH**, et ainsi de suite.

N°. 152. *Doubler un carré ou le retrancher d'un autre, les figures étant concentriques.* On mènera deux diagonales ou carrés dont *b c* est le côté, du centre *a* on abaissera une perpendiculaire sur *b o*, puis on fera *a c* égal à *a c* ; par le point *e* on mènera une parallèle à *b c*, la droite *f g* sera le côté d'un carré double du pre-

mier. Si on continue on construira autant de
carrés que l'on voudra, ils seront dans la même
proportion.

N°. 153. *Doubler, tripler, quadrupler, etc.,
le polygone* ABCD. Par un des angles tels que A,
on prolongera les droites AB, AD, AC, AE;
on élèvera la perdendiculaire B *a* égale à AB;
du centre A on décrira l'arc *a b*, et du point *b*
on mènera la parallèle à BD, de *d*, le parallèle à DE, etc.; on aura le pentagone semblable au premier. En continuant ainsi, on obtiendra toutes les autres proportions demandées.

N°. 154. *Multiplier la surface d'un cercle,
autant qu'on voudra, en parties proportionnelles.* On prolongera le rayon AR hors du cercle, et, du point R, on élèvera la perpendiculaire R *a* égal à AR, et du centre A, avec un
rayon égal à A *a*, on décrira un cercle dont
l'aire sera double de l'aire du cercle donné, et
ainsi de suite.

N°. 155. *Décrire un cercle égal à trois cercles
donnés* ABC. On formera l'angle droit avec les
droites DE, EF, l'une égale au diamètre du
cercle A, et l'autre à celui du cercle B; on fera
FG égal au diamètre C, et perpendiculaire à
FD; on aura GD pour diamètre du cercle demandé.

N°. 156. *Retrancher du carré* ABCD *l'aire du
polygone* P. On réduira le carré en triangle ADE,
au moyen du n°. 127, et le plan P, en triangle

au moyen du n°. 134 et de la hauteur du triangle AD ; on fera EF égal à *e f* ; on aura le triangle EFD égal à la figure P ; on formera sur AF le parallélogramme FGHA, égal au triangle.

N°. 157. *Retrancher du triangle* ABC *l'aire du polygone* P. Par le sommet C on mènera une parallèle à la base AB ; on réduira le polygone E en triangle, dont la hauteur sera DE, au moyen du n°. 134 ; on fera A *d* égal à D *a* ; on aura le triangle AC *d*, équivalent au polygone P, et par conséquent le triangle 3C*d* sera le reste demandé.

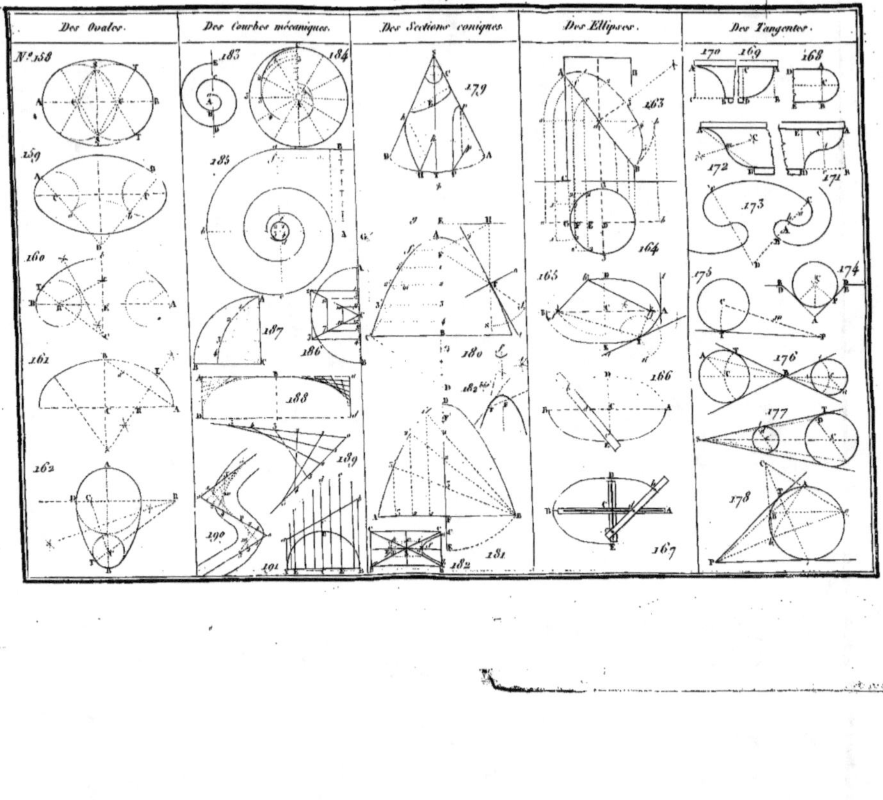

Des Ovales.	Des Courbes mécaniques.	Des Sections coniques.	Des Ellipses.	Des Tangentes.

N.º 158. — 159. — 160. — 161. — 162.

183. — 184. — 185. — 186. — 187. — 188. — 189. — 190. — 191.

179. — 180. — 181. — 182.

163. — 164. — 165. — 166. — 167.

168. — 169. — 170. — 171. — 172. — 173. — 174. — 175. — 176. — 177. — 178.

LEÇON SIXIÈME.

DES OVALES, DES ELLIPSES, DES TANGENTES, DES SECTIONS CONIQUES ET DES COURBES MÉCANIQUES.

Des ovales et des anses de paniers.

N°. 158. *Tracer un ovale géométrique.* Le grand axe AB seulement étant donné, on fera deux cercles avec un rayon égal au tiers de AB. Les intersections SS détermineront les centres du segment de cercle qui termine l'ovale en TT, dont les points tangents sont terminés par les cordes SC prolongées.

N° 159. *Les deux cercles* Aa, Ab *étant donnés, décrire un ovale.* On peut satisfaire aux conditions d'une infinité de manières par le même principe. Des centres CC, faites les droites CD égales entre elles. On les prolongera en AB; du centre D, avec le rayon AD, on terminera l'arc AB, qui sera tangent aux deux premiers cercles.

N°. 160. *Tracer l'ovale en anse de panier.* La longueur AB, et la hauteur *b* E étant données, on décrira, aux extrémités du grand axe AB, un premier cercle dont le rayon sera moindre que la hauteur bE. On prendra sur le petit axe br égal à BR, et sur la droite Rr; on élèvera la perpendiculaire jusqu'à la rencontre du petit axe prolongé, ce qui déterminera le centre du cercle TB, complément de l'anse de panier. Avec le même rayon CT on terminera l'autre côté.

Cette figure est une des plus belles et des plus utiles dans la pratique. On voit que le petit cercle peut se tracer plus ou moins grand suivant le besoin.

N°. 161, *Construction géométrique de l'anse de panier à trois centres*. Le triangle rectangle ABC étant donné, on portera la différence des deux demi-axes AC et BC de B en a, et l'on élèvera sur Aa la perpendiculaire Tr; on aura les centres aux intersections des rayons R r placés sur le grand et le petit axe. Le rayon RA décrira le premier, et le rayon rT décrira le deuxième.

N°. 162. *Tracer la courbe de l'ovale avec plusieurs cercles, la hauteur* AB *étant donnée.* On décrira un premier cercle avec un rayon égal au tiers de la hauteur AB; un deuxième cercle, avec un rayon moitié du premier; puis on portera le petit rayon cB sur le grand diamètre de D en C des points Cc. On élèvera la perpendiculaire jusqu'à la rencontre du grand diamètre prolongé en R : on aura le centre d'une courbe tangente aux deux cercles en D et T, et dont le rayon est RT.

Des ellipses.

L'ellipse est une des cinq sections coniques ; elle ressemble à l'ovale ; mais elle en diffère. On obtient cette figure en coupant un cône droit ou un cylindre par un plan qui traverse obliquement l'un ou l'autre de ces solides, c'est à dire non parallèlement à la base.

Cette courbe a deux axes inégaux, le centre d'une ellipse est le point C, n° 166, dans lequel se coupent les deux axes. Les deux foyers seront démontrés au n° 165.

N°s. 163 et 164. *Tracé de l'ellipse, au moyen d'une section faite dans un cylindre.* Soit le cylindre AHBC en projection verticale et dont le cercle n°. 164 est la projection horizontale, et AB la section faite dans cette première figure ; soit pris à volonté sur le cercle des points G 1, 2, 3, et que par chacun de ces points on mène des parallèles à l'axe D a, D d et d 3 ; les parallèles à D d rencontreront la droite en $d\,e\,f$. Si l'on fait $a\,b$, n° 164, égal à AB avec tous les points de divisions qui se trouvent dessus, on aura pour grand axe de l'ellipse AB, $a\,b$, et pour petit axe 3, 3 ou d 3 égal à D 3. Par les points $f\,e\,d$ soient élevées les perpendiculaires d 3, e 2,

f 1, égales a D3, E2, F1 ; on aura les points A1, 2 à B pour points de la demi-ellipse sur le grand axe AB ; et, dans la projection horizontale, les points 3, 2, 1, a, détermineront aussi des points de la demi-ellipse.

N°. 165. *Tracer un ellipse sur le terrain avec un cordeau.* AB est le grand axe , et DE le petit axe. On portera la distance CB, égale au demi-grand axe de D en f ; ce qui détermine les deux points f et f qu'on nomme foyers ; on plantera deux piquets en ces points ; ensuite on prend une corde égale en longueur au grand axe , on fixe une extrémité de cette corde en f ; et l'autre extrémité au second foyer f ; on tendra la corde avec un troisième piquet b ; on fera mouvoir ce piquet dans la corde, et il tracera sur le terrain une courbe qu'on nomme ellipse.

La même opération peut se faire sur le papier ou remplacer le cordeau par un fil et le piquet mobile par un crayon.

Déterminer la tangente à l'ellipse, aux points A *et* T *donnés sur la courbe elliptique.* Les foyers ff étant déterminés ainsi qu'on vient de le dire au n°. 165 , du premier point A, on élèvera une perpendiculaire à AB ; la droite At sera la tangente du point T. Soient menées aux foyers les droites fT, on divisera l'angle fTf en deux points T ; et la perpendiculaire Tt, à cette ligne , sera la tangente demandée.

Normale. La ligne **T** *n*, élevée perpendiculairement sur la tangente, est une normale; elle
divise l'angle *f* **T** *f* en deux parties égales.

N°. 166. *Tracer l'ellipse sur le papi*er. (Ce
procédé est le plus utile, et celui qu'on doit
mettre de préférence en pratique). Il suffit de
connaître les deux axes **AB** et **DE**, et de marquer sur une règle ou une bande de papier,
trois points *c d b*, égal **C D B**; puis on fera glisser la bande de papier, de manière à ce que
c d soient, l'un sur le grand axe, et l'autre sur
le petit. A chaque mouvement que l'on fera faire
à *c d*; le point *b* donnera un nouveau point de
l'ellipse, et la ligne qui passera par tous les points
déterminés par *b*, sera l'ellipse. Les points *d c*,
étant en contact avec les axes **AB**, **DE** seront
des points de la courbe demandée.

N°. 167. *Tracer une ellipse au moyen d'un
instrument connu et mal désigné sous le nom de
compas elliptique.* Cet instrument est composé
d'un branche carrée de métal ou de bois bien
dressé, auquel sont ajoutées trois boîtes en cuivre *c d b*; elles sont mobiles et à queue d'aronde
ou à épaulement. La coulisse *b* peut porter une
pointe, un tire-ligne ou un porte-crayon, suivant l'usage que l'on en voudra faire; deux règles de métal ou de bois, portent dans le milieu
de leur largeur une rainure de la forme de l'é-
paulement que l'on aura donné aux boîtes *c d*;
les deux règles sont assemblées en croix, et les

coulisses bien perpendiculaires l'une à l'autre. On fixera les boîtes suivant les axes de l'ellipse, n°. 166.

Des tangentes.

La tangente est une ligne perpendiculaire au rayon d'un cercle, n°. 58; on mène des tangentes à toutes les courbes; pour les ellipses et autres, *voyez* les n°s. 165, 180, et particulièrement 178.

N°. 168. *Mener un cercle tangent à deux droites parallèles* DA, EB. On élèvera la perpendiculaire BA, que l'on divisera en deux parties égales au point C; l'arc décrit avec le rayon BC sera tangent aux deux droites données.

N°. 169. *Les parallèles* AC, BD *étant données, décrire un arc tangent au point* D. On élèvera la perpendiculaire DC, et la courbe décrite avec le rayon CD, sera la demandée.

Il y a deux solutions du même problème.

N°. 170. *Deux parallèles étant données, décrire un arc tangent au point* A. On formera un carré où l'on abaissera la perpendiculaire AC sur CB; le rayon CA décrira la courbe demandée.

N°. 171. *Deux parallèles étant données, décrire une moulure avec deux arcs de cercle tangents.* On formera le rectangle ABDE; on mènera une droite parallèle à AB, et, au milieu de AE, on aura les rayons CA et *c* D, qui décriront les deux courbes tangentes au point *t*.

N°. 172. *Les points AB étant donnés, mener deux arcs tangents passant par ces deux points.* On mènera la droite AB ; on marquera le milieu *m*, et, avec le rayon *m* A, *m* B, on formera les intersections C *c*, qui serviront de centre pour tracer les deux courbes.

N°. 173. *Condition des tangentes ; la droite* B *b* *étant donnée, décrire un demi-cercle qui passe par ces deux points.* On en prendra le milieu au point A, et le rayon AB décrira le demi-cercle demandé.

Avec un rayon b a, *décrire un demi-cercle tangent au point* b. On prolongera B *b* indéfiniment, on portera sur cette droite *b a*, et l'on décrira l'arc *b* C demandé.

Du point C, *avec un rayon* CD, *décrire un cercle tangent au point* C. On prolongera indéfiniment CB, sur lequel on portera CD, et, du centre D, on décrira l'arc C *c*, tangent au point C ; si la longueur de l'arc a été déterminée en *c*, il faudra tirer le rayon *c* D, sur lequel on recommencera à placer de nouveau les centres des cercles qu'il faudra décrire.

Avec le rayon DC, on peut mener de deux manières au point C l'arc C *c* ; car, si l'on portait le rayon DC sur le prolongement de *b* C, au lieu de le porter sur le prolongement CB, on aurait la courbe en dehors au lieu de l'avoir en dedans.

N°. 174. *L'angle* **BAD** *étant donné, mener un cercle tangent au point* **P.** De ce point on élèvera la perpendiculaire sur **AD** ; le centre du cercle sera sur cette ligne, et l'intersection de la droite, qui divisera l'angle en deux, n°. 69, déterminera le centre du cercle dont **CP** est le rayon.

N°. 175. *Par un point* **P**, *mener une droite tangente à un cercle.* Du centre **C** et du point **P** on mènera une droite, dont on prendra le milieu *m ;* de ce point, avec un rayon égal à *m***C** on décrira l'arc **CT** ; le point **T** sera le point de contact de la tangente qui passera par le point **P**.

N°. 176. *Mener une tangente à deux cercles donnés.* Ce problème a deux solutions ; la première est de faire passer la tangente intérieurement des deux cercles ; des centres **C** *c* soient menées deux parallèles opposées **AC**, *c a ;* la droite **A** *a* coupera l'axe **C** *c* au point **B** ; de ce point, comme centre, avec un rayon **BC**, soient faits les arcs **CT** *e t ;* on aura les points de contact **T** *t* par où il faudra faire passer la droite tangente.

N°. 177. *Mener une tangente extérieurement à deux cercles.* Du centre **C** *c* soient menées deux parallèles jusqu'à la rencontre de la circonférence **D** *d ;* de ces deux points soit menée une droite jusqu'à la rencontre de la droite qui passe par les centres des cercles, on aura le point S pour point de concours des tangentes T *t*.

N°. 178. *Méthode générale et simple pour mener une tangente à une section conique, par un point pris au dehors de cette courbe, sans faire usage du centre, des foyers, des directrices, des axes, etc.; opération de la règle.*

On ne va faire qu'une seule application au cercle (1).

Soit P le point donné; on coupera la courbe par deux sécantes AP, *a* P, qui concourent au même point; on tracera les cordes A *b*, *a* B, et l'on prolongera les cordes A *a*, B *b*; le point C, où elle se croise avec la rencontre des cordes A *b*, B *a*, donnera la direction de la droite C *t*, ainsi qu'elle déterminera rigoureusement les points de tangente T *t*.

La corde T *t* étant donnée, on déterminera le point de concours P des tangentes TP, P *t*, en formant *a* C *b*, dont le sommet se trouve sur le prolongement de T *t*; le prolongement des cordes AB, *a b*, déterminera le point P.

---

(1) Pour plus de développement et de démonstration de ce beau problème, voir le Mémoire de M. Brianchon, *Journal de l'Ecole Polytechnique*, tom. 4.

Des sections coniques.

N°. 179. Le cône est un solide qui a pour base un cercle, qui se termine par le haut en une pointe qu'on nomme *sommet*. Le cône est engendré par le mouvement d'une droite SA, qui tourne du point immobile S, et qui touche, par son autre extrémité, la base ou la circonférence d'un cercle ATB. On appelle *axe du cône* la droite tirée de son sommet au centre de sa base.

Les sections coniques sont des lignes qui naissent de la section d'un cône par un plan.

Si l'on coupe un cône droit par un plan ST qui passe par le sommet et vienne rencontrer le centre de la base, la section sera un *triangle*.

Si le plan coupant est parallèle à la base du cône, la section sera un *cercle* C.

Si le plan est incliné à la base du cône, et qu'il en coupe les côtés opposés, la section sera une *ellipse* E.

Si le plan coupant continue à s'incliner à la base du cône, de manière qu'il devienne parallèle à l'un des côtés du cône H*hh*, la section sera une *parabole*.

Si le plan coupant est parallèle à l'axe, tel que P*pp*, on aura une *hyperbole* : voilà les cinq générations des sections coniques. Le triangle et

le cercle ayant été décrits, ainsi que l'ellipse,
on n'en parlera plus.

N°. 180. *Parabole*, courbe, dont chaque
point est également éloigné d'un point fixe **F**,
qu'on nomme *foyer*, et d'une ligne droite **EH**
aussi fixe, qu'on appelle *directrice*. Si l'on tire
de chaque point pris sur la courbe, tel que f,
une perpendiculaire à la directrice g**H**, cette
perpendiculaire sera égale à la ligne f**F**, qu'on
appelle *rayon vecteur*. Ainsi, pour avoir chaque
point de la parabole, on divisera l'axe **AB** en un
nombre quelconque de parties; et par tous les
points 1,2,3,4 on mènera des perpendiculaires
à **AB**; on prendra **E**1, **E**2, que l'on portera de
F1′, **F**2′, etc.; les points **A**f1′, 2′, 3′, **C**, seront des points de la parabole.

Tracer une parabole, la hauteur **AB** *et la
largeur* **BC** *étant données.* On vient de voir que
les opérations étaient toutes assujetties au foyer.
Il faut donc commencer par déterminer le point
F; soient menées la droite **AC** et sa perpendiculaire **CD**; on prendra le quart de **BD** pour la
distance **AF** et **AE**: ces deux points étant connus, on opérera comme on vient de voir.

Mener une tangente à la parabole, le point
T *étant donné.* On mènera par ce point une
parallèle **TH** à l'axe, jusqu'à la rencontre de la
directrice **EH**; du point **H** on mènera la droite
HF et la perpendiculaire **T**t, sur cette ligne **FH**

sera la tangente, et la perpendiculaire T *n* sur T *t* la normale.

Autre moyen. Du point T soit menée la droite F *f*, passant par le foyer et le point T ; de ce point T soit menée une parallèle à l'axe AB. La droite T *t*, qui divisera l'angle TS *f* en deux, sera tangente à la courbe.

N°. 181. *Hyperbole.* Pour tracer cette courbe, DF et FA ou FB étant donnés, on divisera AF et FD en un même nombre de parties 1,2,3 ; puis par les divisions sur AF on mènera des parallèles à FD, et par les points de divisions sur DF, les droites avec le point B, jusqu'à la rencontre des parallèles à FD ; on aura les points D 1′ 2′ 3′ A, pour points de la courbe hyperbolique.

Déterminer le foyer de l'hyperbole, les points DFB *étant donnés.* Du milieu de DF, comme centre, on décrira le cercle BE ; on prendra FC, moitié FE, que l'on portera de D en F′ ; le point F′ sera le foyer de l'hyperbole.

N°. 182. Les foyers de l'hyperbole F *f*, sont deux points situés dans le plan de la courbe, et qui jouissent de la propriété suivante ; la différence des distances de chaque point de la courbe aux deux foyers est toujours la même. Chacune de ces distances se nomme rayon vecteur. Nous savons que dans l'ellipse, la somme des deux rayons vecteurs est constamment de même grandeur ; dans l'hyperbole, c'est la différence qui est constamment de même grandeur.

Les points de l'hyperbole qui sont sur la ligne des foyers, se nomment les sommets de la courbe, tels sont dans la figure 182, les points D et *d*; la distance D*d* se nomme le premier axe; la différence des rayons vecteurs est donc constamment égale au premier axe. Le milieu de cet axe est le centre de la courbe. L'hyperbole a deux tangentes qui passent par le centre et qui ne touchent l'hyperbole qu'à l'infini, ces tangentes se nomment asymptotes; les droites SC, SB sont des asymptotes. Les asymptotes et les sommets étant donnés, tracer les foyers : par les points DS*d*, on mènera des perpendiculaires à l'axe; elles détermineront les points *ii*, par la rencontre des perpendiculaires avec le côté du cône; on mènera des parallèles à l'axe; du point *e*, comme centre avec le rayon *e*D, on fera l'arc D*h* et du point *h* on abaissera la perpendiculaire *h*F; le point F sera le *foyer* demandé.

N°. 182 *bis. Mener une tangente à l'hyperbole.* La position des foyers F*f* étant connue, et, s'ils ne l'étaient pas, on les déterminerait comme à la figure précédente; et, le point de tangente T étant donné sur la courbe, on formera l'angle ET*f*, que l'on divisera en deux (n°. 69). Cette droite T*t* sera la tangente demandée.

Des courbes mécaniques et géométriques.

Les courbes *mécaniques* sont celles que l'on décrit par deux mouvements séparés, qui ne dépendent pas l'un de l'autre. Les courbes *géométriques* sont celles qui se décrivent à la règle et au compas. Le cercle et l'ellipse ayant été traités, on n'en parlera pas.

N°. 183. *Spirale tracée au compas.* Soient pris à volonté, sur une droite, le rayon A *a*, et décrit le demi-cercle *a* B du centre *a*, avec un rayon double du premier ; on décrira l'arc BC ; du centre A avec le rayon AC, l'arc CD ; ainsi de suite, autant que l'on voudra faire de courbes autour du centre.

N°. 184. *Spirale d'Archimède.* Elle peut faire plusieurs tours sur elle-même, et autour du point où elle commence. Supposons que AC soit donné pour rayon ; on décrira le cercle, et on le divisera en un même nombre de parties égales qu'on aura mises sur AC. On mènera des rayons par tous ces points de divisions sur le cercle ; et du point A, comme centre, on mènera des arcs par tous les points faits sur AC. La rencontre des ordonnées avec les rayons détermineront les points de la courbe ; si le rayon AC est divisé en douze, et le cercle de révolution en douze aussi, on tracera la courbe par douze points de C 1,2,3, à A, au moyen d'une règle flexible, ou d'un pistolet qui pourrait faire la courbe de raccordement.

Nº. 185. *Tracer une spirale à plusieurs révolutions.* Cette courbe est connue sous le nom de *volute.* Soit donnée la hauteur **AB**, ou l'œil *e d*, on divisera **AB** en huit parties égales, dont une fera le diamètre de l'œil : si c'est *e d* qui soit donné, on portera sept diamètres et demie au-dessus des deux droites *a* **C**, *b* **A**, qui se coupent à angle droit au centre de la volute. A la rencontre des perpendiculaires avec le cercle, on mènera quatre cordes et deux droites perpendiculaires entre elles, et dans la diagonale des premières. Elles détermineront les points 1,2,3,4, qui serviront de centres ; le premier a pour rayons 1,*a*, le second 2,*b*, le troisième 3,2, etc.

Si l'on divise 1,3 ou 2,4, on aura les centres des autres courbes qui termineront la spirale.

On tracera un contour intérieur de la volute, en prenant pour centre le tiers de chacune des divisions comprises entre 1,2 ou 3,4; la hauteur du côté *a f* aura la huitième partie de **AB**.

Nº. 186. *Autre tracé plus en grand de l'œil de la volute, qui donne plus distinctement les chiffres.* Le diamètre de l'œil **AB** étant donné, comme dans la figure précédente, on formera le carré 1,2,3,4. Du diamètre du cercle, soit du côté droit ou du côté gauche, suivant la nécessité, on mènera les diagonales 2**C**, 3**C**, et l'on divisera le côté du carré 1,4 en six parties égales, et, par ces points, on mènera des parallèles au côté 1,2. On aura les points 1 à 12, comme autant de centres pour décrire la volute, comme on l'a fait à la figure précédente.

N°. 187. *Quadratrice.* La construction de cette courbe se fait en divisant le quart du cercle AB donné, en autant de parties qu'on voudra. On divisera le rayon AC en même nombre de parties égales, et, pour tous ces points, on mènera des parallèles à BC ; et pour les divisions du cercle, on mènera les rayons et des parallèles, les points de la courbe demandée A1,2,3,4.

N°. 188. *Courbe composée de deux portions de parabole.* La distance AB et AD étant donnée, on divisera chacun des côtés en un même nombre de parties égales ; plus les distances AB et AD seront grandes, plus il faudra faire de divisions. On mènera des droites par tous les points de division correspondants ; les droites formeront une portion de polygone, dont les angles seront très-obtus, ce qui donne l'aspect d'une courbe. Si la figure est grande, il sera facile de faire la courbe au moyen d'une règle flexible.

N°. 189. *Courbe de raccordement, que l'on fait avec des alignements. Les deux droites 5,o, o,5 étant données, on propose de tracer la courbe d'arrondissement de cet angle.* Soit pris 5,5 pour origine de la courbe d'arrondissement ; on divisera l'intervalle 5,0 en un nombre quelconque, quatre par exemple ; on mènera des droites par les points de division 1,5, 2,4, 3,3, etc. Les intersections de toutes ces droites donneront des points qui appartiendront à la courbe où l'on tracera la courbe tangente aux droites.

N°. 190. *Raccordement en zigzag.* Les angles 5,0, 0,3 étant donnés, ainsi que les points de tangente 5 P 3, on divisera, comme à la figure ci-dessus, les côtés 5,0, 0 P, en un même nombre de parties égales, et l'on mènera des droites à tous les points correspondants de chaque division sur 5,0, 0 P ; on fera la même opération pour P, 0,3. On aura aux intersections *m* des droites des points de la courbe d'arrondissement.

Dans le tracé des routes, où il faut maintenir une largeur parallèle à la courbe, on peut mener des parallèles à cette courbe sans avoir besoin de former un nouveau zigzag, soit que l'angle sur lequel on a opéré soit l'angle intérieur ou l'angle extérieur ; l'angle donné peut être l'axe comme dans la figure.

N°. 191. *Au moyen d'un demi-cercle ou d'un segment de cercle, construire un arc alongé, ou ce qu'on appelle courbe rampante.* Soit le demi-cercle ABD ; on mènera autant de perpendiculaires que l'on voudra sur le diamètre AB ; on prolongera ces parallèles jusqu'à ce qu'elles coupent, à une certaine hauteur, la largeur ab donnée ; on prendra toutes les hauteurs comprises entre la demi – circonférence et le diamètre, tel que **CD**, que l'on portera de c en d ; il en sera de même des autres hauteurs comprises entre **AB**. La courbe qui passera par les points $a\,c\,d\,b$ sera l'arc demandé.

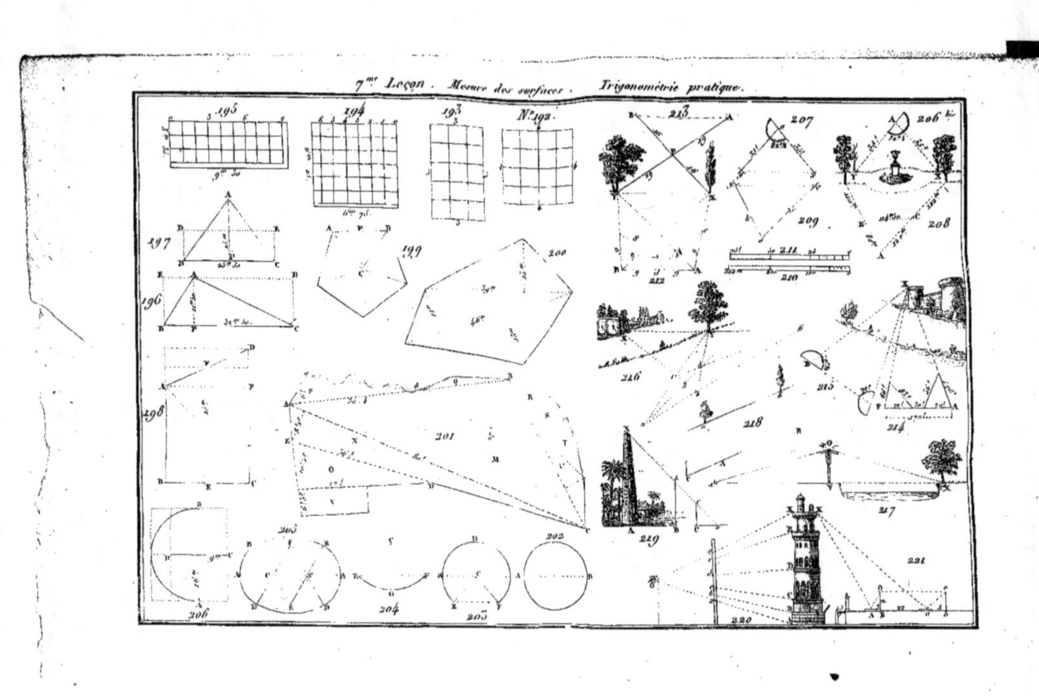

LEÇON SEPTIÈME.

DE LA MESURE DES SURFACES. (1)

La surface est une figure qui n'a que deux dimensions, longueur et largeur.

La surface rectiligne est comprise entre des lignes droites.

La surface curviligne est comprise entre des lignes courbes.

L'aire d'une surface est le nombre de mètres carrés, ou de toises carrées qui est contenu dans cette surface.

Que le mètre ou la toise soit pris pour unité de mesure de longueur, on voit qu'il faut connaître combien de fois le carré de mesure est contenu dans une surface donné ; ce qui s'obtient pour les *rectangles* et les *parallélogrammes*, en multipliant un côté par l'autre, 1,4,9,16,21, etc., sont appelés les carrés des surfaces qui ont pour unité de mesure 1,2,3,4,5, etc.

La surface des rectangles et des parallélogrammes est égal au produit de sa base par sa hauteur. On peut voir les avantages de la table

____

(1) Voir l'arpentage, deuxième leçon.

de multiplication, page 10, elle fait connaître en chiffre la surface dont les côtés n'excèdent pas le nombre 13. On peut l'augmenter, on aura les calculs tout faits. En voici des exemples.

N°. 192. *Pour avoir l'aire ou la surface d'un carré* dont le côté est 4 mètres, on multipliera 4 par 4, et on aura 16 mètres carrés pour la mesure de l'aire. La surface d'un rectangle quelconque est égal au produit de sa base par sa hauteur.

N°. 193. *Pour avoir la surface d'un rectangle ou parallélogramme*, il ne faut que multiplier la mesure d'un côté par l'autre ; dans cet exemple : 5 par 3, on aura 15 mesures carrées. De sorte que les rectangles de même hauteur sont entre eux comme leurs bases, et ceux qui ont même base sont entre eux comme leurs hauteurs.

La surface dont nous avons l'idée la plus claire, est celle dont les quatre côtés sont égaux, et les quatre angles droits ; donc la mesure naturelle des surfaces est le carré. C'est pour cela qu'on nomme *quadrature* l'évaluation des surfaces.

On peut voir que ces figures, qui ont un même circuit, ne sont point égales entre elles, puisque le carré a 16 parties de circuit, que le rectangle a aussi 16 parties, et que le produit du premier contient 16 parties, tandis que l'autre n'en contient que 15, comme le font voir les petites divisions tracées sur les deux figures. Enfin un carré qui aurait 12^m de côté, 48 de circuit, aurait 144^{mm} de surface, tandis qu'un rectangle, qui aurait 18^m sur 6, 48^m également de circuit, ne donnerait que 104^{mm} de surface.

N°. 194. *Déterminer la surface d'un rectangle dont les côtés sont de* 6,75 sur 6,25. On multipliera 6,75 par 6,25, on aura 42^{mm}, 18,75, dont on pourra retrancher les deux derniers chiffres de droite.

N°. 195. Déterminer la surface du rectangle qui a 9,30 de côté sur 3,35. L'on multipliera l'un par l'autre ; le produit sera 31^{mm}, 15,50.

N°. 196. *Mesurer la surface d'un triangle quelconque.* Le triangle ABC étant donné, du sommet A on abaissera sur la base BC la perpendiculaire AP, qui a 11,50 ; est la base DC de 32,50, on la multipliera par 5,75, moitié de la perpendiculaire ; on aura pour la surface 186,87.

Un triangle est égal à la moitié du produit de sa base par la hauteur ; car le triangle a la même base BC et la même hauteur AP que le parallélogramme BCDE. Or, un triangle quelconque est toujours la moitié d'un parallélogramme de même base et de même hauteur. En effet, si l'on tire une diagonale AC dans le parallélogramme ADPC, elle le partagera en deux triangles parfaitement égaux, puisqu'ils auront leurs trois côtés égaux. Donc le triangle est la moitié du parallélogramme.

N°. 197. *La démonstration de la figure pré-*

cédente peut servir à cette figure : on aura le triangle ABC égal au parallélogramme BCDE, AP, étant double de CE.

N°. 198. La surface d'un trapèze ayant deux angles droites B et C est égale au côté BC multiplié par la droite EF menée par le milieu de BC parallélement aux bases du trapèze, et en général l'aire d'un trapèze quelconque est égal à sa hauteur multipliée par la demi-somme de ses deux bases AB et CD.

N°. 199. *Mesurer la surface d'un polygone régulier.* Sa surface est égale au produit de la moitié de son périmètre par la perpendiculaire abaissée du centre sur un de ses côtés. Si, du centre C, on abaisse la perpendiculaire CP sur AB, on aura l'aire du triangle ABC, en multipliant ½ CP par AB, et on aura l'aire de tout le polygone, en prenant l'aire du triangle autant de fois que le polygone a de côtés.

N°. 200. *Mesurer la surface d'un polygone irrégulier.* On divisera la figure en autant de triangles que l'exigera le nombre de côtés du polygone, et on cherchera la surface de chaque triangle, comme au n°. 196.

N°. 201. *Trouver l'aire d'une figure irrégulière.* On divisera la figure en rectangles et en triangles, et l'on mesurera chacune de ces figures comme on l'a fait au n°. 196, et l'addition provenant du produit de tous ces triangles et rectangles sera l'aire demandée.

Exemples des opérations de calcul pour les figures **M**, **N**, **O**, **P**, *etc.* n°. 201.

BASE du TRIANGLE.		HAUTEUR de la perpendiculaire.		PRODUIT.		
	toises. pieds.		toises. pieds.	toises.	pieds.	po.
M	80	0	27	0	2160	0	0
N	80	0	8	2	666	4	0
O	36	0	10	4	384	0	0
P	30	4	6	0	184	0	0
Q	23	0	2	4	57	3	0
R	8	0	6	3	52	0	0
T	16	3	8	0	132	0	0
U	26	0	6	0	156	0	0
					3792	1	0
			La moitié....		1896	0	6
RECTANGLES.							
V	17	0	6	3	110	3	0
S	8	0	3	0	24	0	0
	Superficie totale.				2030	3	6

Lorsque le contour ou circuit sera très-irrégulier, et qu'il offrira beaucoup d'ondulations
telles que A *a b* BC, etc., il faudra faire passer
une droite telle que *a b*, de manière qu'elle laisse
d'un côté la valeur du terrain qu'elle retranche
de l'autre, afin d'avoir un triangle régulier ; on
fera l'opération le plus exactement possible. Il

est souvent plus avantageux de former des rectangles ; l'intelligence doit donner le moyen le plus convenable.

N°. 202. *Mesurer la surface d'un cercle.* Elle est égale au produit de la moitié de la circonférence par le rayon, ou, ce qui revient au même, au produit de la circonférence par la moitié du rayon. Le rapport de la circonférence est connu par approximation ; on a trouvé qu'un cercle qui aurait 7^m de diamètre, aurait à peu près 22^m de circonférence. Pour un cercle qui aurait 20^m de diamètre, on fera cette proportion : 7 est à 22 comme 20 est à 62 $^6/_7$. Si l'on multiplie 62 $^6/_7$ par 5, moitié du rayon, on aura 314 $^2/_7$ mètres carrés pour la surface du cercle.

Autre exemple :

Mesurer la surface d'un cercle dont le diamètre AB est de 28 pieds. Pour avoir la circonférence, il faut multiplier 28 par 22, et diviser le produit 616 par 7 ; le quotient 88 est le nombre de pieds que contient la circonférence. Pour avoir la surface, on multipliera 44, moitié de la circonférence, par 14, moitié du diamètre : on aura 616 pieds carrés pour surface du cercle.

Connaissant la circonférence d'un cercle de 88^t, en déterminer le diamètre. Pour avoir son diamètre, on fera la règle de trois, dont le premier terme est 22, le second 7, et le troisième sera la circonférence; le quatrième terme sera le diamètre demandé.

On multiplie 88 par 7, et l'on divise le produit 616 par 22; le quotient 28 sera le diamètre demandé.

N°. 203. *Mesurer le demi-cercle* ADB. On multipliera l'arc BD, moitié de la demi-circonférence, par le rayon CB; on aura l'aire demandée.

On trouvera l'aire du segment CEB, en multipliant le rayon CB par EBD, moitié de l'arc EDF; ou bien en multipliant tout l'arc EBDF par la moitié du rayon BC.

N°. 204. *Trouver l'aire du segment* EFG. On tirera au centre de l'arc les rayons EC, CF, et on cherchera l'aire comme au n°. précédent. On ôtera l'aire du triangle ECF; le reste sera l'aire demandée.

N°. 205. *Trouver l'aire de l'ovale géométrique.* On mesurera les secteurs ABCD, DFD, BEB, suivant les n°ˢ. 203 et 204. De la somme de ces quatre secteurs, on retranchera le lozange CECF qui est commun aux deux grands secteurs, et ce qui restera sera l'aire de l'ovale.

N°. 206. *Trouver l'aire d'une ellipse dont le grand axe est de 16 mètres et le petit de 9.* On multipliera le grand axe par le petit, le produit sera 144; ensuite on fera une règle de trois, dont le premier terme sera 14, et le second 11. On multipliera 144 par 11, on aura

1584, que l'on divisera par 14; on aura 113 1/7 pour l'aire de l'ellipse.

Autre exemple. Si le grand axe **AB** est de 15 pieds, et l'autre **BC** de 10, le produit sera 150, que l'on multipliera par 11; le produit sera 1650, que l'on divisera par 14; le quotient 117 6/7 pieds sera l'aire de l'ellipse. On n'a pas tracé l'ellipse, il suffit d'en connaître les axes. Pour le tracé, voir le n°. 165.

TRIGONOMÉTRIE PRATIQUE.

N°. 206 bis. *Déterminer la largeur XY qui ne peut être parcourue.* Jusqu'alors tous les moyens donnés sont de prendre l'angle, soit avec le graphomètre, n°. 367, soit avec la planchette, et de mesurer les côtés de l'angle **AX**, **AY**; puis en rapporter sur le papier les dimensions que l'on a trouvées sur le terrain, au moyen d'un rapporteur et d'une échelle, ainsi qu'il suit :

N°. 207. *Rapporter sur le papier le problème ci-dessus.* Au moyen du rapporteur, on formera l'angle de 80° 1/2 trouvé sur le terrain, et au moyen de l'échelle, n°. 211, on donnera les 35 toises trouvées sur le côté **AX**, et 35 toises pour le côté **AY**; on aura $x\,a\,y$, égal à **XAY**, et, au moyen de l'échelle, on aura la valeur de **XY**.

N°. 208. *Même problème.* Voici le moyen que je propose, et qui peut être mis en pratique avec autant et même plus d'avantages, dans bien des circonstances, puisqu'il ne faut pas d'instruments, et qu'il donne autant d'exactitude que le rapporteur. Aucun auteur n'a encore donné ce moyen, et c'est le 20 novembre 1823 que je l'ai mis en pratique pour la première fois. Voici son avantage :

Mesurer la ligne XY, *dont les extrémités sont seules accessibles.* Par un point donné, comme A, on placera à volonté le point B et C dans la direction de AX et AY ; on mesùrera AB et BY, AC et CX, de plus, la base ou la transversale BC, pour avoir l'écartement de l'angle XAY, et on aura tout ce qu'il faut pour construire ou rapporter cette figure sur le papier.

N°. 209. Au moyen d'un compas et de l'échelle, n°. 210, on construira l'angle $b\,a\,c$ égal à ABC, dont les côtés ont été relevés sur le terrain. On ajoutera les côtés de BY en $b\,y$, et de CX en $c\,x$, dans la direction de $a\,b$ et $a\,c$; on aura $x\,y$ demandé, que l'on mesurera de la même manière, et avec la même échelle qui a servi à rapporter le dessin.

N°. 210. *Echelle de mètres.* Pour sa construction, *voyez* le n°. 289 et suivants.

N°. 211. *Echelle de toises.* Pour sa construction, *voyez* le n°. 287 et suivants.

N°. 212. *Sans instrument, mesurer l'intervalle* XY *inaccessible.* Soient pris à volonté deux points A et B ; on formera à chacun de ces points les angles ABY, ABX, que l'on mesurera comme au n°. précédent. On en fera autant au point A pour avoir les angles BAX, BAY. On vérifiera les ouvertures d'angles XAB, en mesurant la transversale *c d ;* cette vérification exige un peu plus de temps, mais ces petits soins ne seront points perdus pour l'exactitude.

Les cotes et les lignes d'opérations tracées sur la figure donnent les moyens de mesurer un angle seul ou deux angles à la fois, YBX, XBA.

Au moyen de l'échelle et du compas on construira les angles, comme on le fait n°. 209, aux points A et B placés à 18 mètres l'un de l'autre, comme on l'aurait levé sur le terrain ; de manière que, l'angle BYX étant fait, il sera coupé par l'angle AXY aux points *x y*, qui seront les points demandés, dont on trouvera l'intervalle au moyen de l'échelle. Plus les côtés A*d*, A*c* seront grands, plus l'opération sera juste.

N°. 213. *Mesurer sur le terrain même et sans instrument, l'écartement de* XY *qui ne peut être parcouru.* Soit pris à volonté un point tel que P ; on mesurera la distance XP que l'on trouve ici de 19 mètres. Pour cet exemple, on les portera de P en A sur le prolongement de **PY** ; on fera **PB** égal à **PX**, qui est dans cet exemple de 16 mètres, que l'on portera de **P** en **B** ; on aura **AB** égal à **XY**, que l'on n'a pu parcourir.

N°. 214. *D'un point* **P**, *déterminer la distance de* **X** *inaccessible de ce point.* On fera cette opération sans instruments, en prenant un second point **A**, et en mesurant les deux angles **XAP**, **XPA**, comme on l'a fait au n°. 208. La longueur de la base **AP** étant mesurée, on aura tout ce qu'il faut pour construire sur le papier les angles que l'on aura levés sur le terrain. L'échelle qui aura servi à proportionner la base **AP**, déterminera la ligne **PX**. Voilà les applications du problème 208, qui n'emploie d'autre instrument que la toise, ou le mètre, ou la chaîne, ou toutes autres mesures connues.

N°. 215. *Même opération avec le graphomètre.* Le point étant donné, on trouvera sa distance au point **X**, en mesurant sur le terrain une base **PB**, ce qui se fait en plaçant un graphomètre à l'extrémité **P** ; on fait placer un jalon à l'autre extrémité **B** ; on mesure **BPX**, on portera le graphomètre en **B**, et on placera un jalon au point **P**, on mesurera l'angle **PBX** ; on connaîtra le troisième angle par la connaissance des deux premiers. On mesurera la base **P** et **B**, et l'on aura tout ce qu'il faut pour construire un triangle qui ait le même rapport d'angles et de côtés.

Au moyen du rapporteur, on formera sur le papier les deux angles, avec le même nombre de degrés trouvé sur le terrain. L'échelle qui aura servi à proportionner la base **PB**, servira à mesurer **PX**, longueur demandée.

Pour plus grand développement, *voyez* les opérations du graphomètre, n°. 353 à 375.

N°. 216. *Déterminer la largeur de la rivière* **XY**, *au moyen de jalons seulement.* On placera à volonté un premier jalon ; un deuxième dans la direction du premier et du point **Y** ; un troisième dans la direction du premier et de **X** ; un quatrième dans la direction de X 3, de manière que 4 et 3 soient égaux à 3 et 1 ; on en placera un cinquième à la rencontre de 4 **Y** et de 2,3 ; un sixième au prolongement de 1 et 5 et de 2 et 4. Les points 6 et **Y** détermineront un écartement égal à **XY**.

N°. 217. *Mesurer la largeur de la rivière* **XY**, *les terrains* **X** *x étant de niveau, soit dans le prolongement de* **XY**, *ou perpendiculairement à cette ligne.* On placera un piquet ou un fil à plomb **OY** de 1^m, 30 à 1^m, 50 de hauteur ; puis, au moyen d'une sauterelle, n°. 71, que l'on appliquera contre et au sommet du piquet tel que en **O**, on formera l'angle **OXY** que l'on portera du côté du terrain de niveau, de manière à faire l'angle OxY égal à **OXY** ; on mesure la distance Yx, elle sera égale à **YX**.

N°. 218. *Au moyen de l'équerre déterminer la distance de* ab *inaccessible*. On placera un jalon à volonté, tel que **C** ; on marchera dans la direction **CA** jusqu'à ce que le point **A** soit le sommet de l'angle droit **CA**d ; on placera un jalon en **A**, et l'on marchera dans le prolongement de **AC**, jusqu'à ce que le point **B** se trouve le sommet de l'angle droit **AB**b ; on aura **AB** égal à ab.

En se servant de l'équerre, n°. 3oo, elle abrégera beaucoup plus que l'équerre n°. 298.

Cette opération détermine le point **A** perpendiculaire à ab, et **AB** détermine une parallèle à ab.

N°. 219. *Déterminer, au moyen des piquets, la hauteur* **AX**. On prendra deux morceaux de bois dont l'un est double de l'autre en hauteur, on les placera de manière que l'intervalle **CB** soit égal à **C**c, et que cb soit dans la direction de **X** ; on prolongera bc en x, et on aura la ligne x**A** égale à **AX**.

N°. 220. *Pour avoir la hauteur d'une tour ou d'un clocher dont le pied est accessible*, on placera verticalement, à une certaine distance de l'objet, une règle xa, ou l'on se servira d'un corps à plomb qui peut se rencontrer aux environs ; on marquera sur une des arêtes le passage des rayons visuels, par lequel on voit la hauteur et toutes les divisons d'étages que l'œil apercevra ; les parties comprises entre xa seront entre elles comme les parties comprises entre XA.

Si on mesure la hauteur AB qui doit être accessible et supposée de 3 mètres de hauteur, on aura sur la règle la hauteur ab de 3 mètres, que l'on pourra diviser de manière à servir d'échelle pour les dimensions de toutes autres parties.

Nº. 221. *Même problème, au moyen de l'angle de réflexion et du calcul.* Soit posée au point A et sur un terrain de niveau, une petite glace également de niveau (la glace peut être remplacée par de l'eau mise dans un trou ou dans un vase) ; le spectateur se placera de manière à voir dans l'eau, ou dans la glace, le sommet de la tour ; puis on mesurera exactement la hauteur BO, l'œil étant supposé en O et de 4 parties et la hauteur DA de 3, et la distance AY de 48 ; on fera la règle de trois directe :

$$
\begin{array}{r}
48 \\
4 \\
\hline
\end{array}
$$

$$
\begin{array}{r|l}
192 & 3 \\
12 & 64 \\
\hline
00 &
\end{array}
$$

on aura 64 pieds pour la hauteur XY.

Si le pied de la tour n'était pas accessible et qu'il ne fût pas possible de mesurer AY, il faudrait toujours exécuter la première opération, à l'exception de la mesure de AY; on ferait une autre station dans la même direction, en plaçant un autre miroir en a, où l'œil du spectateur apercevrait le point X; on mesurerait encore ba, bo devant rester de la même hauteur que dans la première opération. Les côtés étant 32 de Aa et ab de 5, on multipliera la hauteur de l'œil qui est de 4 par la distance des deux miroirs qui est de 22; on aura 128, que l'on divisera par la différence de AB à ab qui est 2, la distance ab étant 5; on aura 64 pour la hauteur XY.

———

LEÇON HUITIÈME.

DE LA CUBATURE DES CORPS SOLIDES, DES DÉ—VELOPPEMENTS DE SURFACE, DE LA CUBATURE DANS LES DÉBLAIS ET REMBLAIS.

On a déjà vu, n°. 1 à 6, que les corps solides sont composés d'étendue en longueur, largeur et épaisseur; on compte cinq corps parfaitement réguliers (1) : l'hexaèdre, le tétraèdre, l'octaèdre, le décaèdre et l'icosaèdre.

N°. 222. L'hexaèdre ou cube est terminé par six faces, ou plans carrés et égaux.

---

(1) Il y a trois raisons qui limitent le nombre des solides réguliers. La première est que pour former un angle solide il faut au moins trois angles plans; car il est évident que si on n'en prenait que deux, il resterait un vide entre ces deux plans.

La seconde est qu'il faut que les angles plans, qui forment l'angle solide d'un corps régulier, appartiennent à un polygone régulier.

La troisième est que la somme des angles plans qui forment un angle solide est toujours moindre que 300°.

8.ᵐᵉ Leçon. De la Cubature des Corps solides, qui ont pour base.
Corps réguliers.
un Cercle.
un Pentagone.
un Triangle.
un Quarré.

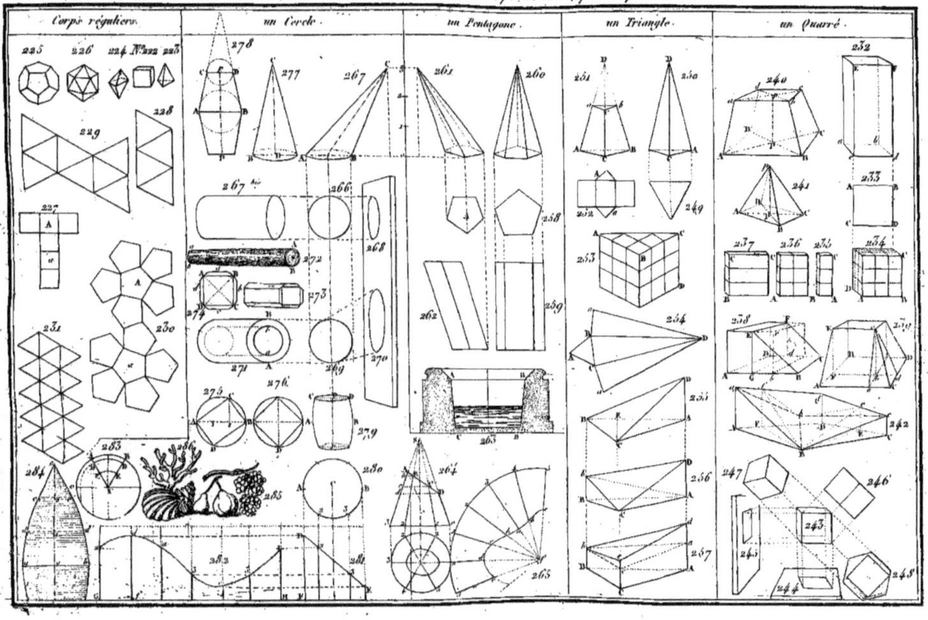

Nº. 223. Le tétraèdre est terminé par quatre triangles équilatéraux de même grandeur.

Nº. 224. L'octaèdre est contenu sous huit triangles égaux et équilatéraux.

Nº. 225. Le dodécaèdre est compris sous douze pentagones réguliers et égaux.

Nº. 226. L'icosaèdre est de vingt surfaces triangulaires égales et équilatérales.

Comme il est utile d'exécuter ces différents polyèdres, et de s'en rendre compte pour le toisé, voici la manière de s'y prendre pour les développer. On commence par tracer la figure sur un carton ou du fort papier, puis on en découpe les contours, et on coupe avec une règle et un canif la moitié de l'épaisseur du carton, le long des lignes qui séparent chaque plan ; enfin on joint les côtés qui doivent se toucher, pour les coller.

Nº. 227. *Développement du cube*. Il faut tracer six carrés, dont A sera la base inférieure, et *a* la base supérieure.

Nº. 228. *Pour le tétraèdre*, les quatre triangles équilatéraux peuvent être tracés dans un seul qui aurait pour côté deux dimensions du triangle.

Nº. 229. *Pour l'octaèdre*, tracer huit triangles équilatéraux. La disposition du tracé peut être disposée d'une autre manière ; mais cela ne fait rien aux conditions.

Nº. 230. Le *dodécaèdre*. Il faut douze pentagones; on peut les réunir et en tracer cinq dans un grand; les côtés du grand serviront de côtés à deux des pentagones inscrits, et ils se réuniront au centre sur les cinq faces de celui qui doit servir de base.

N°. 231. *L'icosaèdre*. Il faut vingt triangles équilatéraux disposés en trois rangs.

Principes de la mesure des solides.

La solidité d'un prisme quelconque, est égale au produit de la surface de la base, par la hauteur de ce prisme.

La solidité d'un cylindre quelconque est égale au produit de la surface de sa base par sa hauteur.

La solidité d'une pyramide triangulaire est égale au produit de la surface de sa base par le tiers de sa hauteur (le cône comme la pyramide).

La solidité de la sphère est les deux tiers de la solidité du cylindre circonscrit.

La solidité de la sphère est égale à sa surface multipliée par le tiers du rayon, ou bien à quatre fois la surface d'un grand cercle multiplié par le tiers du rayon.

Observations sur la toisé des solides.

On mesure les solides par mètres ou par toises cubes, et par parties de mètres ou de toises cubes.

Le mètre cube a 10 décimètres de hauteur, sur 10 de largeur et 10 d'épaisseur. Pour avoir sa solidité en parties de mètre, il faut multiplier la largeur par la hauteur, et le produit par la longueur ; ainsi, 10 par 10 donnent 100, et 100 multiplié par 10 donnent 1000 décimètres cubes que contient le mètre cube ; chaque décimètre se subdivise en centimètres ou en millimètres, etc.

Il en sera de même pour la toise cube, elle contient 216 pieds cubes.

Le pied cube contient 1728 pouces cubes.

Le pouce cube se partage en 1728 lignes cubes.

La ligne cube se divise en 1728 points cubes, etc.

N°. 232. *Trouver la solidité d'un parallélipipède, qui aurait* (1) *6^t 5^p 8° de long* F d, *sur 5^t 4^p 6° de large* EF, *et 4^t 3^p 9° d'épais-*

---

(1) La figure n'est là que pour guide, et pour faire voir les trois dimensions du corps.

seur a c. Pour faire l'opération, on peut réduire les trois dimensions en pouces, et on écrira :

$$500^{\text{pouces}}$$

à multiplier par 414

____

ce qui donne pour produit. . 207000^{pp}
que l'on multiplie par 333

____

ce qui donne. . . . . 68931000^{ppp}

que l'on divisera par 1728 : il vient pour quotient $3989 \, 0^{\text{ppp}} \, 100^{\text{ppp}}$.

Divisant 39890^{ppp} par 216, on trouve $184^{\text{ttt}} \, 146^{\text{ppp}}$.

Ainsi la solidité du parallélipipède proposé est de $184^{\text{ttt}} \, 146^{\text{ppp}} \, 1080^{\text{ppp}}$.

On peut aussi évaluer les solides de la manière suivante :

On conçoit la toise cube divisée en six parallélipipèdes égaux, qui ont une toise carrée de base sur un pied de hauteur, et que l'on nomme *pied de toise cube*, ou *toise-toise-pied*.

La toise-toise-pied se partage en douze parallélipipèdes, qui ont une toise carrée de base sur un pouce de hauteur, et qu'on nomme *pouce de toise cube*, ou *toise-toise-pouce*.

La toise-toise-pouce se divise en douze parallélipipèdes égaux, qui ont une toise carrée de base sur une ligne de hauteur, qu'on appelle *ligne de toise cube*, ou *toise-toise-ligne*, etc.

Ainsi,

1^{ttt} égale 216^{ppp}, ou 6^{ttp} ;

1^{ttp} égale 36^{ppp} ;

1^{ttp} égale 36^{ppp}, divisé par 12 égale 3^{ppp} ;

1^{ttl} égale 3^{ppp}, divisé par 12 égale $\frac{1}{4}^{ppp}$, ou 432 pouces cubes ;

1^{ttpl} égale 432^{ppp}, divisé par 12 égale 36^{ppp} ;

Cela posé, pour trouver la solidité du parallélipipède, qui a 6^{t} 5^{p} 8^{po} de long, sur 5^{t} 4^{p} 6^{po}. de large, et 4^{t} 3^{p} 9^{po} d'épaisseur, je prends d'abord la surface de sa base, ce qui me donne 39^{tt} 5^{tp} 7^{tpo}.

Maintenant je dis : si le parallélipipède proposé n'avait qu'une toise de hauteur, sa solidité serait évidemment exprimée par 39^{ttp} 5^{ttp} 7^{ttp}, mais la hauteur est de 4^{t} 3^{p} 9^{po} ; donc il faut répéter la hauteur 39^{ttt} 5^{tp} 7^{ttp} autant de fois que l'unité de toise est contenue dans 4^{t} 3^{p} 9^{po}, c'est-à-dire quatre fois pour 4^{t}, demi-fois pour 3^{p}, et le quart de cette moitié pour 9^{po}. Cela se réduit donc encore à la multiplication complexe par les parties aliquotes. Voici le tableau de l'opération :

39^{ttt}	5^{ttp}	7^{ttpo}		
4^{t}	3^{p}	9^{po}		

Produit de tout le multiplicande par 4,	156^{ttt}	0^{ttp}	0^{ttp}	0^{ttl}	0^{ttp}
	2	0	0	0	0
	1	2	0	0	0
	0	2	0	0	0
	0	0	4	0	0
Pour 3^{p}	19	5	9	6	0
9^{p}	4	5	11	4	6
	184^{ttt}	4^{ttp}	0^{ttp}	10^{ttl}	6^{ttp}

Pour réduire ce nombre en toises cubes, pieds cubes, pouces cubes, etc., il faut écrire alternativement les nombres 36, 3, ¼ sous les parties de la toise, à commencer sous les toises-toises-pieds, et multiplier successivement chaque partie du nombre supérieur par le nombre inférieur correspondant. On aura soin de porter chaque produit des nombres 36, 3, ¼ au-dessous du premier de ces nombres, observant que lorsqu'en multipliant par ¼ il reste 1, 2 ou 3, il faudra écrire sous le nombre 36 suivant 432, ou 864, ou 1296 pour commencer une nouvelle colonne. Tout ceci va devenir sensible par l'exemple suivant :

184^{ttt}	4^{ttp}	0^{ttp}	10^{ttl}	6^{ttp}
	36	3	¼	
184^{ttt}	144^{ttp}			216^{pp}
	0			
	2			864
184^{ttt}	146^{ttp}			1080^{ppp}

Comme on l'a trouvé pour l'autre méthode.

N°. 233. *Observation.* La toise cube est un parallélipipède rectangle, qui a 6 pieds de large AB, 6 pieds de long AC, et 6 pieds de haut.

Des surfaces, multipliées par des lignes, produisent des solides.

Des toises carrées, multipliées par des toises simples, produisent des toises cubes.

Des toises simples, multipliées par des pieds courants sur toises, ou des toises carrées, multipliées par des pieds simples, produisent des pieds solides sur toises carrées solides courants sur toises.

Des toises simples, multipliées par des pieds carrés, produisent des pieds solides courants sur toises.

Des pieds simples multipliés par des pouces courants sur pieds, produisent des pouces solides sur pieds carrés.

Des pieds carrés multipliés par des pouces simples, produisent aussi des pouces solides sur pieds carrés.

Des pieds simples multipliés par des pouces carrés, produisent des pouces solides courants sur pieds.

Des pieds simples, multipliés par des pieds courants sur toises, produisent aussi des pieds solides courants sur toises.

Des pieds simples, multipliés par des pieds carrés, produisent des pieds cubes.

Des pouces simples, multipliés par des pouces carrés, produisent des pouces cubes.

La même chose est des pouces à l'égard des lignes.

Des surfaces.

Les surfaces des parallélogrammes sont entre elles en général, comme les produits des bases par les hauteurs.

Nº. 234. *Mesurer un cube de 3 pieds.* Il faut multiplier toute la base **AB**, **AD** par la hauteur **BC**. Exemple : 3 fois 3 font 9, que je multiplie par 3 ; le produit est 27 pieds cubes, égal à un huitième de toise cube.

Nº. 235. *Chercher la solidité du parallélipipède* **AB** *de* 1 *pied sur* 1 *pied, et* **AC** *de* 3 *pieds de long.* Le produit de la multiplication donne 3 pieds cubes, égal à la $\frac{3}{216}$ partie de la toise cube.

Nº. 236. La solidité du parallélipipède, qui a 2 pieds de base sur 1 pied, et 3 pieds de long, donnera 6 pieds cubes, ou la 36me. partie de la toise cube.

Nº. 237. La solidité d'un parallélipipède **AB** de 3 pieds sur **BC** de 3 pieds, et un pied d'épaisseur, donne 9 pieds cubes, $\frac{9}{216}$ de toise cube. Si la toise coûtait 216 francs, le solide **ABC** vaudrait 9 francs.

De la mesure des solides en mètres. Rien n'est plus simple et plus expéditif que le système décimal pour la mesure des surfaces et la mesure des solides. Si un prisme avait 70^{centim}. sur 80, et 7^{m}. de longueur, il faudrait multiplier 70 par 80, et le produit par 7 ; on aurait pour résultat 3^{mmm}, 92. Exemples pour trois autres solides donnés, dont les nombres sont, pour le premier 0,60 sur 0,72 et 8^{m} de longueur ; pour le deuxième 0,50 sur 0,40 et 6^{m} de longueur, etc.

72	50	1,20
60	40	60
43,20	20,00	72,00
8	6	1,30
3^{mmm},456	1^{mmm},2	21,60,00
		72,00
		93^{mm},6

On peut voir avec quelle facilité on opère à la première leçon d'arithmétique.

Nº. 238. *On propose de mesurer le prisme* ABCDEF. Par la droite EF je mène le plan EFG*d* perpendiculairement à la base ; le solide sera décomposé en un parallélipipède AGD*d*EF et en un prisme triangulaire EGB, C*d*F ; on prendra les deux solidités comme il a été dit aux nᵒˢ. 232 et 233.

7

N°. 239. *Déterminer la solidité du prisme* ABDE; on le décomposera ainsi qu'il suit : Le prisme quadrangulaire B*b*FE, les deux prismes triangulaires, dont le premier est AEF, A*a*, et le deuxième *cdb* et D*d*; puis la pyramide qui a pour base C*adb*, et pour hauteur *bc* on calculera pour chaque solide. Suivant la méthode n°s. 241 et 232, on additionnera les quatre produits qui donneront la solidité demandée.

N°s. 240 et 241. *Des pyramides* (1). Dans la pyramide régulière, tous les triangles latéraux AB*p*, BC*p*, sont égaux et isocèles, les côtés A*p*, B*p*, sont les arètes de la pyramide et sont aussi égaux, puisque les obliques sont égale-

---

(1) La *pyramide* est un solide terminé par un polygone quelconque qui lui sert de base, et par des faces triangulaires qui s'élèvent sur les côtés de la base et vont toutes se réunir en un même point qu'on appelle *sommet* P de la pyramide.

La perpendiculaire *p*P, abaissée du sommet sur le plan de la base, se nomme la hauteur de la pyramide.

La pyramide prend différents noms, suivant le nombre des côtés du polygone qui lui sert de base. Celle qui a pour base un triangle, s'appelle *pyramide triangulaire;* celle qui a pour base un quadrilatère, se nomme *pyramide quadrangulaire*, ainsi de suite.

Lorsque la base d'une pyramide est un polygone régulier, et que la perpendiculaire, abaissée du sommet de la pyramide sur le plan de la base, passe par le centre de cette base, la pyramide est dite régulière.

ment éloignées de la perpendiculaire $\mathbf{P}p$ (1) Si l'on donne 3ᵗ de côté à la base de la pyramide n°. 241, et qu'on lui suppose 6ᵗ de hauteur, elle aura 18ᵗᵗᵗ de solidité, puisque la règle générale est que *la solidité d'une pyramide quelconque est égale au produit de la surface de sa base, multipliée par le tiers de la hauteur.*

Deux prismes qui ont une égale hauteur et qui ont une même base, ou base égale, quelques différentes que soient les figures de ces bases, sont égaux en solidité.

Trouver la solidité d'une pyramide tronquée. Prenez l'aire de la grande base et ensuite l'aire de la petite base, cherchez une aire moyenne proportionnelle entre ces deux bases ; ajoutez ces trois aires ensemble ; multipliez la somme par le tiers de la hauteur du tronc, et vous aurez sa solidité.

Même problème avec son application. On cherchera la superficie du plan ABCD dont AB a 16ᴾ., et Bc de 5 ; le produit sera 80ᴾᴾ, on en fera autant pour le plan supérieur dónt ab a 10ᴾ et bc 3 ; le produit est 30ᴾᴾ. On ajoutera les deux sommes 80 et 30 , on aura 110.

On prendra la différence des côtés ab , AB

---

(1) L'éloignement de ces obliques est marqué par es lignes AP , BP tirées du centre du polygone aux arêtes.

qui est de 6, et la différence des côtés bc BC qui est 7. On multipliera ces deux différences l'une par l'autre, le produit sera 42^{PP}, que l'on soustraira du produit 110, le reste sera 68^{PP}. On prendra la moitié de 68, on aura 34 que l'on multipliera par la hauteur Pp, supposé de 10^P, le produit sera de 340^{PPP}. On multipliera le produit des deux différences 42 par le tiers de la hauteur Pp qni est 3^P 4°; le produit 140 pieds cubes, que l'on joindra au précédent, donnera 448 pieds cubes pour la valeur du solide.

N°. 242. *Pour avoir la solidité approchée d'un prisme dont la surface supérieure soit gauche* (application à la cubature des terrasses). Soit donné pour base un quadrilatère quelconque, ABCD, auquel on ajoute aux angles des hauteurs verticales toutes différentes, de manière que le plan supérieur aBcd soit gauche, puisque le corps n'aura que trois hauteurs inégales Aa, Dd, Cc.

Dans les déblais et remblais, où l'on a besoin de cuber les terres, il est rare que la surface supérieure des solides qu'on a à mesurer soit une surface plane; elle est le plus souvent gauche, et parmi les surfaces gauches il y en a très-peu qui soient engendrées suivant la même loi, mais comme on n'a pas besoin de chercher la solidité d'une manière très-rigoureuse, le moyen suivant doit, suffire. On aura égard aux observations du n°. 411 (*voyez* le n°. 258).

On considérera le point B comme le sommet d'une pyramide : de ce point on mènera les droites BE, BF, de manière à former des pyramides dont les bases seront des trapèzes. On formera autant de pyramides que l'on croira convenable et que l'exigera l'irrégularité de la surface gauche ; puis on cherchera la solidité de toutes ces pyramides, suivant le n°. 241 ; on aura la solidité demandée.

Si le quadrilatère avait quatre hauteurs différentes, il faudrait mener les droites fb, eb, et l'on aurait des prismes quadrangulaires, dont la base est Aa, Ff, et la hauteur AB, ab, dont la solidité s'obtient comme au n°. 238.

N°. 243. *Observation sur la projection des solides.* Lorsque le solide se projette sur un plan parallèle à la base, on a une de ses faces ; ou sur un plan donné, on obtient des projections différentes, dont il est utile de connaître les résultats dans bien des circonstances. Soit pris pour exemple un cube.

N°. 244. *Il offre la projection horizontale du cube ;* elle est égale à sa base, puisque le plan sur lequel se fait la projection est parallèle à cette même base.

N°. 245. Lorsque la projection d'une face se fait sur un plan vertical et parallèle à ce côté, la projection reste la même.

N°. 246. Lorsque la projection se fait suivant une parallèle à la diagonale d'une des faces, on obtient un rectangle égal à la projection de deux faces du cube, dont chacune des faces est moindre, dans un sens, que celles des numéros précédents.

N°. 247. Projection d'un cube sur un plan perpendiculaire à l'axe, et souvent par deux des angles ; ou, ce qui revient au même, soit élevé un cube sur un de ses angles, de sorte que la verticale passe par cet angle, et que par chacun des angles qui sont en l'aire on abaisse des droites parallèles à l'axe, la projection qui en résultera sera un hexagone régulier.

N°. 248. *Même projection que la figure précédente.* Elle fait voir que cette projection est la plus grande de toutes celles qu'offrent les projections du cube ; de sorte que l'on pourra percer une ouverture, par laquelle passera un autre cube égal au premier.

De la cubature des solides qui ont pour base un triangle.

N°s. 249 et 250. *Des pyramides.* On commence par chercher la surface du triangle, suivant le n°. 196, que l'on multiplie par le tiers de la hauteur.

N°. 251. *Déterminer la partie manquante*

d'une pyramide a b c D. On déterminera la solidité du tronc ABC , *a b c* , dont les bases sont parallèles , ce qui peut être utile pour mesurer les assises d'un pyramide composée de plusieurs morceaux. Il faut déterminer le point D sommet de la pyramide, puis on multipliera la surface de la base ABC par le tiers de la perpendiculaire , on aura le produit de la pyramide entière ABCD. Si l'on multiplie la surface supérieure *a b c* par le tiers de la hauteur de la perpendiculaire à la base *a b c* , on aura la valeur de la pyramide manquante. **Si** on soustrait ce produit du premier , on aura la solidité du tronc de pyramide ABC , *a b c* (*voyez* le n°. 240).

N°. 252. *Développement d'un prisme.* Il est composé de trois rectangles et de deux triangles dont A est la base inférieure , et *a* la base supérieure ; ce qu'il faut connaître pour la figure suivante.

N°. 253. *Déterminer la solidité du prisme à base triangulaire dont deux faces sont à angles droits , et ont chacun* 3^m *de hauteur et* 3^m *de côté.* La solidité de ce prisme est exactement la moitié d'un cube de 3^m de côté. Ainsi, si l'on multiplie, comme au n°. 234 , 3 par 3 , on aura 9 , qu'il faudra multiplier par 3^m de hauteur ; on aura 27^{mm} cubes, dont la moitié est de 13^{mmm} 50 pour la solidité demandée. Ce qui se trouve exprimé par les parallèles tracées sur la figure.

N°. 254. *Développement d'une pyramide.*

Elle est formée de trois triangles isocèles, qui ont même largeur à la base Ba, BC, Cc, et même sommet D. Le plan de la base est un triangle équilatéral.

N°. 255 *et suivants*. Un solide qui a pour base un triangle ABC, et qui n'a qu'une hauteur AD perpendiculaire à sa base, aura pour solide sa base, multiplié par le tiers de sa hauteur.

N°. 256. Si le même solide avait deux hauteurs AD, Bb, on mènera la diagonale Ab, qui divisera le solide en deux pyramides, à base triangulaire que l'on peut considérer comme ayant leur sommet au point C ; on aura la solidité de la première en multipliant l'aire de la base ABb par le tiers de la hauteur. Il en sera de même pour la pyramide dont la base est ADb. La somme des deux pyramides donnera la valeur du solide.

N°. 257. Si le même solide avait trois hauteurs différentes Ad, Bd, Ce, il faudrait faire passer par b un plan $b\,c\,a$ parallèle à la base, on aurait d'abord un prisme triangulaire, dont la base est ABC, et pour hauteur Bb, Aa, Cc, que l'on mesurera comme au n°. 253 ; de plus un solide de même nature que la figure 256. Donc la solidité du prisme entier est égal à la base, multipliée par le tiers de ses trois hauteurs.

Prisme triangulaire tronqué. Pour avoir le volume de ce solide, concevons par le point b, un plan bca parallèle à la base BCA ; le solide sera ainsi décomposé en deux autres, savoir : une pyramide quadrangulaire $bcad$, ayant son sommet en b et pour base $ecad$, et au prisme triangulaire bca, BCA ; on prendra les solidités comme il a été expliqué aux n⁰ˢ. 253 et 256.

De la cubature des solides, qui ont pour base un polygone quelconque.

N⁰ˢ. 258 à 262. Les solidités de deux pyramides qui ont une égale hauteur (n⁰ˢ. 266 et 261), sont entre elles comme leur base ; quelques différentes que soient les figures de ces bases, ces pyramides sont égales en solidité, suivant le n⁰. 241.

Deux prismes, 259, 260, qui ont une égale hauteur et qui ont une même base, ou bases égales, quelques différentes que soient les figures de ces bases, sont égaux en solidité.

La solidité d'un prisme quelconque, droit ou oblique, est aussi égale au produit de la surface de sa base, par la hauteur de ce prisme (*voyez* le n⁰. 232).

N⁰. 258. Pentagone qui sert de base au prisme 259, et à la pyramide 260 ; A est la base de la pyramide 261, et du prisme 262.

N⁰. 263. Mesurer un canal, ou le vide d'un bassin, dont les parois sont en talus, soit pour savoir combien il y a de terre à déblayer, ou pour connaître le contenu d'eau ; enfin, pour mesurer la solidité de la maçonnerie, qui forme les côtés du canal ou le tour du bassin.

Le vide **ABCD** peut être considéré comme un tronc de pyramide que l'on mesurera comme le n°. 240, ou comme des prismes (238 et 239), suivant la forme du canal ou du bassin ; les angles peuvent être saillants comme au n°. 239 ; s'ils sont rentrants, on tournera la figure, et l'on aura les mêmes résultats, soit pour le solide , soit pour l'excavation. On cherchera la solidité , en décomposant la figure en parallélipipèdes , en prismes et en pyramides.

Des solides qui ont pour base un cercle , et sont terminés par une surface courbe.

N°. 264 à 277. *Le cône*, n°. 264 , et un solide compris entre un cercle qui lui sert de base , et une surface courbe décrite par le mouvement d'une ligne droite , qui tourne autour du sommet S , et qui touche continuellement la circonférence du cercle ou la base.

Une ligne **CD** , tirée du sommet du cône , perpendiculairement sur le plan de la base **AB** (n°. 277), détermine la hauteur du cône.

N°. 265. *Développement du cône droit.* Soit divisée en un nombre de parties quelconques, la circonférence qui sert de base au cône : puis avec un rayon égal au profil S3 du cône, soit décrite du centre f la portion du cercle sur laquelle on portera les mêmes divisions marquées sur la base du cône 0,1,2,3,4,5 ; de manière que la courbe sera le développement du cercle, suivant le nº. 65 : on aura f, 5,4,3,2,1,0,5 pour développement du cône.

Si le cône était coupé par un plan oblique, tel que AD, on aurait une ellipse, dont le développement s'obtiendrait ainsi : On projettera sur la base du cône 0,3, les divisions faites sur la circonférence, comme l'indiquent les chiffres 0,1,2,3 ; par ces points, on mènera des droites au sommet sur les lignes 2,4 et 1,5, ces droites rencontreront AB en BC. Par les points B,C,D, on mènera des parallèles à la base jusqu'à la rencontre du profil du cône ; puis on prendra toutes les longueurs SA, Sb, Sc, Sd, que l'on portera de f en a, f en b, fe, fd, et l'on fera passer une courbe par tous les points a,b,c,d,e ; on aura le développement de l'ellipse et du cône tronqué.

Pour avoir la surface du cône droit, il faut multiplier la circonférence de la base par la moitié du côté S3 ; on multiplie la hauteur par la moitié de la circonférence.

Quand on parle de la surface des corps, soit prismes, cylindres, cônes ou pyramides, on entend le contour de ces solides, sans y comprendre les bases, à moins qu'on ne l'explique. Ainsi on dit la surface convexe d'un cône ou d'un autre solide.

N°. 266. *Cercle considéré comme base ou projection horizontale du cône, du cylindre et de la sphère.* On mesure la surface du cercle suivant le n°. 202.

N°ˢ. 267 et 277. *Solidité du cône.* Elle s'obtient comme les pyramides 260, 250, 241.

N°. 267 *bis.* La *solidité d'un cylindre quelconque, droit ou oblique, est égale au produit de sa base par sa hauteur.* Un cylindre est un prisme qui a pour base un polygone d'une infinité de côtés (n°. 259).

N°. 268. Lorsque le cercle se projette sur un plan parallèle à sa surface, il reste cercle ; si le plan est incliné, on obtient une ellipse.

N°. 269. La projection de la sphère est toujours un cercle. Dans la supposition où le plan de projection serait incliné par rapport aux rayons parallèles qui enveloppent la sphère, alors sa projection orthographique est une ellipse n°. 270.

La sphère est un corps terminé par une surface courbe dont tous les points sont également distants d'un point intérieur appelé centre, tous les rayons et tous les diamètres sont égaux en—

tre eux. Si l'on coupe une sphère par un plan, la section sera un cercle.

La *solidité de la sphère est égale* au produit de la surface de ce corps, par le tiers de son rayon ; ou la solidité de la sphère est égale au produit de la surface d'un de ses grands cercles, par les deux tiers du diamètre.

La *solidité de la sphère* est égale au quadruple de la surface d'un de ses grands cercles, multiplié par le tiers du rayon.

La *solidité de la sphère* est les deux tiers de la solidité du cylindre circonscrit, car la solidité du cylindre circonscrit est égale au produit de la surface de sa base, laquelle est un grand cercle de la sphère, par la hauteur de ce cylindre qui est égal au diamètre de cette même sphère.

La *surface d'une sphère est égale à la superficie convexe du cylindre circonscrit.* Il faut donc multiplier le diamètre par la circonférence ; le produit sera la surface de la sphère. Multipliant ensuite le tiers de cette surface par le rayon, on aura la solidité.

Exemple :

$$14^{\text{diamètre.}}$$
$$44^{\text{circonférence.}}$$
$$\underline{\qquad\qquad}$$
$$56$$
$$56$$
$$\underline{\qquad\qquad}$$
$$616^{\text{surface.}}$$

le ⅓   205 ⅓
multiplié par $7^{\text{rayons.}}$
$$\underline{\qquad\qquad}$$
$$1437\ \tfrac{1}{3}\ ^{\text{solidité.}}$$

Autre exemple :

Pour trouver la solidité du globe terrestre,
dont le diamètre est de 2865 lieues, il faut multiplier la surface de ce globe par le tiers du
rayon, la circonférence du grand cercle est de
9000 lieues; la surface du globe sera donc de
25,785,000 lieues carrées. Si l'on multiplie ce
dernier nombre par le nombre 477 ½, tiers du
rayon de la terre, on trouvera pour produit
12,312,337,500 lieues cubes, solidité de la
terre.

Pour le développement de la sphère, *voyez*
le n°. 283.

N°. 271. *Mesurer la solidité d'un tube.* On
mesurera l'aire du grand cercle AB et celui du

petit ab, suivant le n°. 202 ; on soustraira l'aire du petit cercle du grand ; la différence des deux cercles sera l'aire de la couronne, dont le diamètre est AB et la largeur Aa.

Si l'on multiplie cette différence par la hauteur, on aura la solidité demandée.

N°. 272. *Des bois en grume.* Dans la mesure des bois en grume, on prend avec un cordeau, ou avec une petite chaîne, la circonférence de l'arbre, dont le diamètre est AB à un bout et ab à l'autre bout ; on ajoute ces deux longueurs pour en prendre la moitié, qui sera le diamètre moyen de l'arbre ; on cherchera l'aire du cercle (n°. 222), que l'on multipliera par la longueur Aa. Le produit sera le demandé.

Pour les constructions militaires. Un ordre du ministre prescrit la manière de trouver la solidité du bois équarri, contenue dans un arbre en grume ; on procédera de la manière suivante :

On cherchera, comme ci-dessus, la circonférence moyenne, on prendra le cinquième de cette circonférence moyenne, et on le multipliera par lui-même ; le produit sera multiplié par la longueur totale de l'arbre ; ce dernier produit sera l'expression de la solidité du bois équarri que l'on aura tiré du bois en grume.

N°. 273. Cette figure fait voir la pièce de bois équarri, sortant de la forêt pour le toisé ; il faut prendre son équarrissage au milieu, ou mieux encore aux deux bouts, car il est rare qu'il soit égal aux deux bouts. Quand une pièce a deux grosseurs, il faut la mesurer à deux fois, chercher les solidités des deux prismes, et l'écrire séparément.

N°. 274. *Observations.* Quand on équarrit les bois dans les forêts, on ne fait qu'enlever l'écorce dans de certaines parties, de manière que le bout de la pièce de bois a la forme A b C d. Pour prendre les grosseurs, si la pièce est bien équarrie, comme ABCD, on mesure la hauteur AD et la largeur AB; mais il arrive rarement d'avoir une pièce de bois à vives arêtes dans toute sa longueur; il y a toujours des flaches, il manque souvent quatre arêtes, et il faut rabattre la moitié des flaches pour remplir les autres. Quand on prend ces mesures, il faut de la conscience et de la bonne foi de la part des experts ou des personnes qui mesurent, pour diminuer les flaches et rejetter l'aubier, ainsi que tout le mauvais bois, tel que A a B ou B b C.

La coupe indique le milieu de la longueur de la pièce de bois.

N°. 275. *Tirer d'un arbre la poutre de la plus grande résistance.* Pour résoudre ce problème, il faut déterminer des dimensions telles que le produit du carré, de l'un par l'autre, soit le plus grand produit possible.

Soit le diamètre ABCD dans lequel il s'agit

d'inscrire le rectangle ; on divise le diamètre AB en trois parties égales, 1,2 ; du point 2 on élèvera la perpendiculaire 2 C, jusqu'à la rencontre de la circonférence en C ; on formera l'angle ACD que l'on répétera en BDA ; on aura le rectangle ABCD demandé.

Cette surface ABCD n'est pas celle qui contient plus de matière, mais elle offre plus de résistance que toutes celles que l'on pourrait tirer d'un même cercle AC, étant posée de champ ou perpendiculaire à la base horizontale AD.

N°. 276. Lorsqu'on équarrit une pièce de bois dans un cercle tel que ADB, on coupe sur le côté tous les cylindres ligneux qu'excède le cercle inscrit dans le carré, ce qui n'a pas lieu dans la figure précédente. La longueur AC étant plus grande que BD, de la figure 276, elle doit contenir plus de couches ligneuses que BD ; les portions de couches ligneuses qui se trouvent donnent plus de hauteur au rectangle ACBD, lui donnent plus de résistance, et s'opposent à la rupture de la pièce.

Il est à remarquer que toutes les couches ligneuses, cylindriques et concentriques, n'ont pas une égale force, les couches les plus voisines du cœur sont les plus dures et les plus résistantes.

N°. 277. *Voyez* le n°. 266.

N°. 278. *Mesurer la solidité de deux troncs*

de cône dont le petit diamètre est le même. On mesurera l'aire du grand cercle AB et du petit CD (n°. 202); on prendra la différence du produit des deux cercles, que l'on multipliera par la hauteur P *p*; si les deux petits cercles n'avaient pas le même diamètre, on prendrait la moyenne des bases.

N°. 279. *Mesurer le contenu d'un tonneau. Les diamètres* CD AB *sont pris intérieurement.* On mesurera l'aire du grand et du petit cercle AB et CD, on prendra la moitié de la somme des deux cercles, on la multipliera par la longueur P *p*; on aura, à très-peu de chose près, la valeur du tonneau.

N°. 280 à 282. *Développement d'un cylindre.* Le n°. 280 en est la base; on la divisera en un nombre quelconque de parties égales, de manière à pouvoir développer la circonférence et à projeter les points de division sur la projection verticale.

N°. 281. *Projection verticale du cylindre.* Sa base supérieure est coupée obliquement; on trace sur cette projection des droites provenant des divisions faites sur la base.

N°. 282. *Développement du cylindre.* On fera une droite GH égale à la circonférence n°. 67, sur laquelle on marquera toutes les divisions faites sur le n°. 280; on élèvera des perpendiculaires à toutes ces divisions, on leur donnera pour hauteur les droites marquées sur le cylindre et correspondantes aux mêmes divisions, tel que *df* correspond à DF, et la ligne qui passera par tous les points 2 *d a* 3 *e*, sera la développée de l'ellipse, qui limitera le développement du cylindre dont la hauteur est EDF.

Si les deux bases du cylindre étaient parallèles, le développement serait un rectangle dont la hauteur serait égale à l'axe du cylindre, et la longueur égale au développement du cercle.

Nᵒˢ. 283 et 284. (Cette dernière est sur une échelle double). *Globe, c'est la même chose qu'une sphère* (nᵒ. 269). *De sa construction et de son développement.* La surface du globe n'est pas développable, mais pour sa construction on la développe par portions ou par degrés.

Soit qu'on veuille développer la section ABC, on commencera par développer l'arc AB en ligne droite *ab* (nᵒ. 284), suivant les nᵒ. 65 à 67, puis sur une perpendiculaire élevée au milieu de *ab*, on développera le rayon AC, puis on le divisera en un nombre de parties quelconques, trois, par exemple, *o*, 1,2 *c*, ensuite on divisera le quart du cercle, *o*, 3, en trois parties, que l'on projettera sur le rayon *o*C, et du centre C, avec les rayons provenant des divisions projetées, on décrira les arcs DD, EE; on développera chacun des arcs tels que *d d*, *e c*, et l'on fera passer une ligne par tous les points *a d e c ;* elle donnera le développement de la section ABC.

Nᵒˢ. 285 et 286. *Mesurer la solidité des corps irréguliers, tels que des fruits ou des coquilles,* etc. Si l'on veut connaître la solidité d'un corps très-irrégulier, comme serait une pierre brute, on mettra le solide proposé dans un vase régulier, tel qu'un parallélipipède, ou un cylindre ; on remplira ce vase d'eau, ensuite on retirera le corps hors du vase, puis on mesurera très-exactement le volume de la partie du vase qui se trouvera vide ; ce volume sera, à très-peu de chose près, égal à celui du corps solide qu'on aura plongé dans le vase.

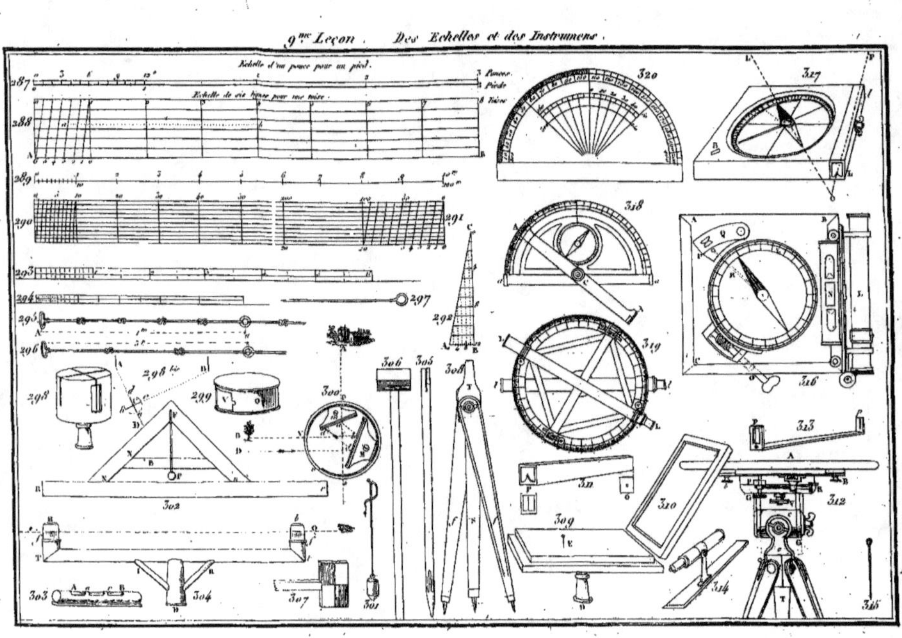

9.me Leçon . Des Echelles et des Instrumens .
Echelle d'un pouce pour un pied .
Echelle de six lignes pour une toise .
287
288
289
290
291
292
293
294
295
296
297
298
299
300
302
303
304
305
306
307
308
309
310
311
312
314
315
316
317
318
319
320
323

DEUXIÈME PARTIE.

LEÇON NEUVIÈME.

DES ÉCHELLES ET DES INSTRUMENTS.

N°s. 287 à 290. *Des échelles.* Il y a des échelles de différentes espèces, appropriées à différents usages. L'échelle en usage pour les dessins graphiques est une ligne divisée en parties égales et placée au bas d'un plan ou d'une carte, pour servir de commune mesure à toutes les parties du plan, ou à tous les lieux d'une carte. Pour la construction d'un plan, l'échelle sert à établir plusieurs objets dans des rapports donnés ou pris à volonté ; c'est par leur secours qu'on représente en petit, et dans de justes proportions, les dimensions que l'on a prises sur le terrain ; l'échelle des parties égales est très-variée, comme elles sont la base des moyens d'expression qu'on emploie pour les objets qu'on représente.

Il y a les échelles duodécimales, dont on a fait usage jusqu'à l'établissement des mesures métriques ; les échelles décimales ou métriques ;

les unes et les autres se tracent sur deux lignes parallèles, on les construit au moyen du pied de roi ou d'un décimètre bien divisé. On ne doit jamais faire l'échelle au hasard, elle doit toujours être en rapport au pied de roi ou au mètre. Quoique la grandeur d'une échelle soit arbitraire, il faut, lorsqu'on en construit une, la proportionner à la grandeur du plan auquel on la destine, et à l'étendue du terrain que ce plan doit représenter.

Méthode pour construire géométriquement les échelles, pour grandir ou diminuer (*Voyez* les nꜭ. 120 à 125).

N°. 287. Échelle simple; elle est composée de deux lignes parallèles, quelquefois d'un seule. Lorsqu'il y en a deux, le trait fin est en dessus et le trait du dessous est un peu plus gros. On a soin de mettre les divisions secondaires, ou de détail, avant le commencement de l'échelle, et sans les y comprendre; on ne commence à compter les pieds ou mètres qu'après les parties de subdivisions, et on écrira au-dessus, échelle de la dénomination d'un pouce par pied, ou deux pouces par pied, etc., ou enfin le rapport avec la grandeur des objets $\frac{1}{12}$ $\frac{1}{6}$, etc. Veut-on représenter, par le moyen de cette échelle, une distance de 2$^\mathrm{p}$ 2°? on prendra une ouverture de compas égale à l'intervalle de deux grandes divisions et deux petites; cette grandeur, tracée sur le papier, représentera 2 pieds 2 pouces.

L'échelle peut être de 3 pouces, grandeur naturelle, ou d'un pouce pour pied.

Nº. 288. *Échelle des transversales.* Pour construire une échelle de 6 lignes pour une toise, sur une ligne droite donnée, telle que **AB**, on la divisera en parties égales de 6 lignes; les unes représenteront l'unité de mesure dont on s'est effectivement servi sur le terrain, et les autres un certain multiple de cette unité en six, puisque c'est une échelle de toise dont il s'agit. Aux extrémités, on abaissera deux perpendiculaires, Ao, **B8**, que l'on divisera en six parties égales et de longueur arbitraire ; on mènera des parallèles par toutes ces divisions, comprises entre Ao, **B8** ; du côté gauche, on divisera l'unité en six, et l'on mènera des diagonales ou transversales que l'on voit dans la ligne 1,1, et autant de parallèles à cette droite 1,1 qu'il y aura de divisions. Pour avoir, sur cette échelle, $4^{to}\ 2^{p}\ 5^{o}$, on placera le compas de *b* en *a*, et l'ouverture *ab* sera la demandée (*Voyez* le nº. 292).

Nº. 289. *Echelle décimale ou métrique.* Le système décimal présente l'avantage que sur une même échelle les dénominations et les valeurs peuvent changer, mais la proportion reste toujours la même ; il suffit d'écrire des chiffres au-dessus et au-dessous des divisions qui indiquent des valeurs différentes ; la division supérieure indique de plus grandes dimensions ; sa grandeur naturelle est de 10 centimètres ou un décimètre, et on lui a donné la valeur de 10 mètres tandis que les chiffres de l'échelle inférieure la portent à 100 mètres sans avoir rien changé ; il a suffi d'ajouter un o à chaque unité ; on peut en ajouter deux et l'échelle aura la valeur de 1000 mètres et plus si on le désire, alors elle n'aura d'autre utilité que pour les plans généraux, tandis que l'échelle supérieure servira pour les plans particuliers et les détails.

N°. 290. Echelle de dixme. Elle ne diffère de la précédente que par les transversales qui permettent de prendre les plus petites valeurs. On peut lui donner pour dénomination :

Echelle de 100 millimètres pour 1 mètre.

Id. de 10 *id.* pour 1^m ou 10^m ou 100 mètre, etc.

Id. de 100 *id.* pour 1^m ou 100 mètres.

Id. de 100 *id.* pour 100^m our 1000 mètres.

De 1 à 10,000, ou 1^{mil}. pour mètre.

N°. 291. Double de la précédente ; elle aura pour valeur 1 à 5,000, ou 1^{mil}. par 5 mètres.

N°. 292. Le triangle qui a pour base **AB** et pour hauteur **BC**, n'est ici que pour faire voir l'avantage de la transversale, qui donne très-exactement la plus petite division. Pour avoir le douzième de **AB**, il serait difficile de la prendre avec le compas, mais en élevant la perpendiculaire indéfinie **BC**, on portera sur cette droite BC 12 parties égales, de longueur arbitraire ; on tirera CA, et, par tous les points de divisions sur BC, on mènera des parallèles à AB : elles détermineront, la première, $^1/_{12}$, la deuxième $^2/_{12}$, la troisième $^3/_{12}$, etc. On peut prendre très-facilement la vingt-quatrième partie, ou telle autre partie que l'on voudra, entre chacune des divisions, en prenant le quart, la moitié, ou le tiers de chaque division.

N°. 293. *De la toise.* Seule mesure usitée en France avant l'usage du mètre ; sa longueur était très-variable en Europe, elle n'était même pas uniforme en France ; elle servait à mesurer les terrains, et donnait la longueur des lieues de 25 au degré. La toise se divise en 6 pieds, le pied en 12 pouces, le pouce en 12 lignes, et la ligne en 12 points.

N°. 294. *Du mètre.* Le mètre, mesure linéaire actuellement en usage en France, est la dix-millionième partie du quart du méridien terrestre. Le mètre a de longueur 3 pieds 0 pouce 11 lignes 296 millièmes de ligne de la toise de Paris ; sa longueur se divise en 10 décimètres, le décimètre en 100 millimètres : le mètre a donc 1000 millimètres.

Mesures agraires. Hectare, 10,000 mètres carrés ; are, 100 mètres carrés ; centiare, 1 mètre carré. (Voir la leçon deuxième).

Le double mètre brisé. Il est composé de deux bâtons ronds, d'un mètre de longueur, et divisés chacun en décimètres et centimètres; l'un de ces bâtons est garni d'un écrou et l'autre d'une vis, au moyen de laquelle on les réunit ou on les sépare, suivant les circonstances. (*Voyez* n°. 322.

N°⁵. 295 et 296. *De la chaîne d'arpenteur.* Elle est fixée, pour toute la France, à un décamètre de longueur; elle est quelquefois de 10 à 20 mètres divisés en 50 ou en 100 doubles décimètres, liés les uns aux autres par des anneaux en cuivre. Il y a un anneau un peu plus gros que les autres pour qu'on puisse compter plus facilement chaque mètre, qui est divisé encore en cinq parties égales. La chaîne se trouve partagée de 2 en 2 décimètres ou en 50 parties formant un décamètre; il y a à chaque bout, un anneau qui fait partie de la longueur de la chaîne; il est assez grand pour y passer deux ou trois doigts. (*Voyez* n°. 326.)

N°. 297. *Des fiches.* Elles sont ordinairement en fil de fer, de 5 à 6 décimètres de hauteur, 18 à 20 pouces; elles sont pointues d'un bout, et portent un anneau à l'autre extrémité (*voyez* n°. 326) : il en faut ordinairement dix pour mesurer avec la chaîne.

N°. 298. *De l'équerre d'arpenteur.* Elle est en cuivre, sa forme est ronde ou à huit pans; elle a quatre fentes perpendiculaires qui servent de pinnules afin de prolonger le rayon visuel; souvent on partage l'angle droit en deux, afin de pouvoir prendre ou former des angles de 45 degrés ; au-dessous et au centre de l'instrument, se doit monter à vis une douille qui sert à soutenir l'équerre sur son pied. (*Voyez* n°. 308).

N°. 298 *bis. Vérification de l'équerre.* On ira sur le terrain et on fera placer deux jalons AB, dans la direction des deux rayons visuels CA, CB ; on tournera ensuite l'équerre de manière qu'en regardant par les pinnules ab pour voir si les rayons visuels aC, bC correspondent exactement aux jalons A et B ; si ces deux jalons s'aperçoivent en tournant ainsi l'équerre sur ses quatre côtés, on pourra conclure que l'équerre est bonne. On fera les distances AC et CB les plus grandes possibles.

ÉQUERRE A RÉFLEXION.

L'équerre à réflexion offre beaucoup d'avantages pour lever les terrains, les sinuosités qu'ils présentent, pour élever ou abaisser des perpendiculaires sur des points inaccessibles.

Cette équerre n'a pas besoin de pied pour la porter : on la tient, soit de la main droite, soit de la main gauche, suivant le côté vers lequel on veut opérer. Si l'observateur ne veut pas changer de main l'instrument, il faut qu'il fasse un demi-tour ; et l'on conçoit que le résultat est le même.

N°s. 299 et 300. *Description de l'équerre* (1). Elle est composée d'une petite boîte en cuivre cylindrique, semblable à une tabatière, de 6 à 7 centimètres de diamètre et de 3 de hauteur ; l'instrument n'a pas besoin de pied ; on le tient soit de la main droite ou de la main gauche, suivant que l'on veut opérer de l'un ou de l'autre côté. Une vis de rappel, placée sur le côté, peut rectifier l'instrument s'il n'était pas juste.

N°. 299. *Equerre vue extérieurement.* V indique la fenêtre par où les objets viennent se réfléchir dans l'intérieur ; l'ouverture où se place l'œil pour apercevoir les objets, est représentée par la lettre O.

N°. 300. *Coupe horizontale de l'équerre,* elle fait voir la position des miroirs Mm. Les ouvertures o et P servent de pinnule ; l'œil se place à la première, qui peut être ronde ou rec-

---

(1) La théorie et les avantages de cette équerre sont démontrés par M. Brianchon, capitaine et professeur des sciences physiques et mathématiques à l'école d'artillerie de la garde royale, dans un ouvrage intitulé : *Géométrie militaire.* C'est en 1820 que j'ai fait exécuter cette équerre pour la première fois*, et elle n'a jamais été décrite dans aucun ouvrage. Les géomètres qui ont eu occasion de s'en servir depuis, ne peuvent plus se servir de l'équerre n°. 298.

* Chez M. Rochette jeune, *au Griffon*, quai de l'Horloge, à Paris, où on la trouve ; et chez Audin, quai des Augustins, n°. 25.

tangulaire : l'autre ouverture **P** a la forme rectangulaire et placée verticalement, pour mieux laisser plonger ou élever le rayon visuel qui passe dans cette direction. La fenêtre **V** *v* n'est ouverte que quand on se sert de l'instrument ; elle sert à laisser passer l'image de l'objet **B**, qui vient se peindre en *b* et se réfléchir en *a* ; de manière qu'il se trouve au-dessus de l'objet visible lorsqu'on regarde à gauche, et au-dessous lorsqu'on regarde à droite. Le petit miroir *m* est placé verticalement sur le fond de la boîte et vis-à-vis de l'observateur ; son plan vertical est incliné de $22°\,\frac{1}{2}$ sur la droite **P** *o*, qui sert d'alidade. Le grand miroir **M** dont la face est placée en regard du premier, ils font entre eux un angle de $45°$; de cette disposition il résulte que si on voit du point *o* l'objet **A** au-dessus du miroir *m*, on apercevra dans ce même miroir les objets qui se peignent dans la glace **M**, tel que l'image **B** qui vient se peindre sur le miroir **M** au point *b* ; ce miroir le réfléchit au point *a* de la glace *m*, juste sur la ligne qui vient directement de l'objet **A** : on aura donc l'angle **A** *c* **B** de $90°$, si les miroirs sont placés convenablement.

Usage de l'équerre. Etant sur le terrain, du point *c* élever une perpendiculaire sur **A** *c* ou **B** *c* : on fera marcher un porte-jalon à droite ou à gauche, suivant la nécessité, en face si besoin est. Supposons que *c* **A** soit donné et que le porte-jalon soit en D, son image viendra se peindre en d et il se réfléchira en d qui ne sera pas sur la direction Ac; on fera marcher D vers B, jusqu'à ce que son image vienne se peindre en b et de là en a; alors le point D étant transporté en B, on aura le point c au sommet de l'angle droit BcA, puisque l'image de B coïncide avec le point A.

Les points A *et* B *étant donnés, former un angle droit.* L'observateur étant placé à peu près au point C, tenant l'équerre de la main droite il regarde au point o en se dirigeant vers A : il marchera sur la direction oA jusqu'à ce que B vienne se réfléchir sur le miroir m, au point a, sur la direction Ac ou oA.

On voit que pour élever une perpendiculaire, ou pour se trouver au sommet d'un angle droit, il faut peu de tâtonnement ; ce qui est d'un avantage extrême, c'est qu'on n'a pas besoin de faire de fausse station et de replacer plusieurs fois le pied de l'instrument pour recommencer de nouveau à tâtonner ; il est facile de faire coïncider les deux images ensemble, ce qui est d'un avantage extrême pour les nos. 335 à 337.

On doit avoir soin de ne pas déranger la vis, l'instrument étant toujours réglé lorsqu'il sort de la fabrique. (Il est pourtant convenable de la vérifier de la manière qui va être décrite).

VÉRIFICATION DE L'ÉQUERRE. (On s'est servi de la figure nº. 298 bis). Pour vérifier l'équerre, il faut que l'observateur se transporte sur le terrain ; là , il prendra l'équerre , et il la portera près de son œil pour prendre une direction telle que A, par exemple, qui est supposé un objet très-éloigné. Dans le même moment on remarquera un autre objet tel que B , qui viendra se peindre pour réflexion , au-dessous de l'objet vu directement en A. Dans cette situation on fera tomber un aplomb du centre de l'équerre sur le terrain ; cet aplomb déterminera le point C , sommet de l'angle droit.

L'angle ACB étant déterminé , on prolongera BC ou AC , soit pris par exemple AC prolongé en D et que l'on marquera avec un jalon. L'observateur fera un demi-tour pour observer l'angle BCD ; si cet angle BCD est égal à l'angle ACB , c'est une preuve que l'équerre est juste , puisque les deux angles sont égaux et rectangles en C.

Si la plaine sur laquelle on opère n'offrait aucun point remarquable , on placera des jalons tels que $d\,e$, et après avoir construit l'angle $d\,C\,e$ on prolongera $d\,C$, on aura formé l'angle $e\,CD$, que l'on vérifiera de nouveau.

Nº. 3o1. *Fil à plomb ;* petite masse de cuivre ou de plomb , suspendue à un fil ou une ficelle ; ce fil doit avoir de la souplesse sans être sujet à s'étendre ; on s'en sert pour mettre les jalons d'aplomb ; pour marquer la verticale qui passe par le pied d'un jalon et le centre de l'aiguille placée sur une planchette ; pour avoir sur le terrain le centre du graphomètre, etc. (*Voyez* Planchette, Jalon, Graphomètre).

N°. 302. *Niveau de maçon.* Il est composé de trois règles de bois qui sont assemblées en triangle équilatéral, ou en triangle rectangle ; ce dernier offre une plus grande étendue à sa base, et son angle de 90° présente des avantages dans beaucoup de cas, soit pour former des angles droits, ou même pour niveler, ou pour poser les corps verticalement sur un plan : il est très en usage pour les petits nivellements qui se font à la règle, R *r* est la règle bien droite et bien parallèle ; N *n* F indiquent l'équerre, elle est réunie par une barre B divisée à son milieu par un petit trait qui correspond à un petit trou F d'où sort le fil à plomb P ; la droite FP est bien perpendiculaire aux deux pieds N *n*, qui eux-mêmes sont dans un plan bien horizontal.

N°. 303. *Niveau à bulle d'air.* Tube de verre d'une longueur et d'une grosseur qui varient suivant l'usage qu'on en veut faire ; les bouts en sont scellés hermétiquement par la matière même, pour retenir le liquide et la bulle d'air qui s'y trouvent enfermés ; il est recouvert par un tube de cuivre qui a dans son milieu une ouverture AB, au milieu de laquelle on observe la position et le mouvement de la bulle d'air *a r* ; lorsque la bulle d'air vient se placer au milieu de l'ouverture, elle fait connaître que le plan sur lequel l'instrument est posé est exactement de niveau ; lorsque ce plan ne l'est pas, la bulle d'air s'élève vers l'une ou l'autre des extrémités : le tube en cuivre repose sur une règle de même métal, bien dressée et dans un plan parallèle avec l'axe du tube qui contient le liquide, qui est de l'esprit-de-vin ou de l'acide nitreux.

N°. 304. *Niveau d'eau.* Il est composé d'un tube, ou cylindre de fer-blanc Tt, de 12 à 13 décimètres de longueur sur 3 à 4 centimètres de diamètre, recourbé aux extrémités de 5 à 6 centimètres, et de diamètre égal ; on adapte aux extrémités recourbées, deux tubes de verre Bb, de 8 à 9 centimètres de hauteur ; ces tubes sont percés, à leurs extrémités Bb, d'une ouverture moindre que le diamètre du tube : on ajoute ces verres en f avec de la filasse ou du mastic ; le grand tube Tt est porté à son milieu par une douille D, maintenue par les deux brides Rr, qui servent aussi à empêcher le cylindre Tt de fléchir sous le poids de l'eau. L'instrument est porté par un pied n°. 308, qui entre dans la douille D.

Pour obtenir deux surfaces de niveau, on remplit d'eau cet instrument ; lorsque les deux surfaces de liquide ne tranchent pas parfaitement, on recouvre chaque verre d'une boîte de fer-blanc échancrée, dont les deux parties opposées sont enduites de noir ; par ce moyen , l'eau qui remplit le niveau paraît noire , et les deux surfaces de niveau , Oo , tranchent parfaitement sur l'atmosphère pendant le jour. Le rayon visuel Oo va de l'œil à l'objet par un plan tangent à la surface de l'eau ; ainsi l'œil et l'objet observé doivent se trouver dans un plan de deux surfaces de niveau. (*Voyez,* pour la pratique, les n°ˢ. 395 et 396.)

N°. 305. *Jalon*, morceau de bois blanc de 2 mètres environ de longueur et de 4 centimètres d'équarrissage. Il est rond ou à huit pans , un bout est fendu pour mettre un morceau de papier , et l'autre extrémité porte un sabot en fer pour être enfoncé dans la terre.

Son usage est de déterminer les alignements, de conserver des points de repaire.

N°. 306. *Mire* ou *signal.* C'est un autre jalon de 3 à 4 mètres de longueur , divisé en mètres et parties de mètre ; il est ferré à l'un de ses bouts, et porte un voyant à l'autre extrémité. Il est divisé en deux compartiments , l'un blanc et l'autre noir , pour que le plan qui passe par l'œil et la surface de l'eau passe aussi par la séparation des deux teintes.

N°. 307. Ce voyant est traversé par une règle de 2 mètres de longueur , et divisé aussi en centimètres ; on applique ce voyant , qui est divisé en quatre compartiments blancs et noirs , le long du plus grand ou contre un jalon , pour le faire monter et descendre à volonté. (*Voyez* n°. 396.)

N°. 308. *Trépied* ou *pied de planchette d'équerre, de graphomètre, de boussole et de niveau d'eau.* Il est en bois et composé d'une tige T, qui entre dans la douille des instruments, et de trois supports fSf, qui ont chacun 12 à 13 centimètres de longueur : ils sont armés de trois pointes de fer, qui servent à fixer le trépied où l'on veut. Ses supports sont fixés au bas de la tige par une vis et un écrou, de manière qu'on peut les approcher ou les éloigner les uns des autres, suivant l'égalité ou l'irrégularité du terrain sur lequel on est obligé de se placer pour opérer.

N°. 309. *Planchette.* Tablette de bois blanc, unie et de forme rectangulaire, d'environ 60 centimètres de côté ; elle est encadrée d'un châssis. On la fait tourner en tout sens sur un genoux, qui porte une douille D, et qui entre dans le pied.

N°. 310. *Châssis mobile de la planchette.* Il est composé d'un châssis en bois dur, assemblé à tenons et mortaises, portant une feuillure pour entrer fortement dans la feuillure de la planchette. Son but est de recevoir une feuille de papier, et de la tenir solidement fixée sans coller le papier, ce qui fait l'effet du tiratore. Il vaut mieux prendre la peine de coller le papier. (*Voy.* n°. 508.)

N°. 311. *Alidade.* Pour faire usage de la planchette et pour opérer sur le terrain, il est nécessaire d'avoir une alidade ; elle peut être de bois ou de cuivre. La première est peu exacte pour les grandes opérations ; elle est composée d'un parallélipipède rectangle, évidé dans son intérieur : chacun des bouts est revêtu d'une plaque en cuivre, dans laquelle on fait un petit trou O pour placer l'œil. A l'autre extrémité, est une autre ouverture plus grande, au milieu de laquelle on ménage une petite languette P, terminée en pointe. Le tout est tellement disposé de part et d'autre, qu'en dirigeant un rayon visuel, à partir du trou qui est fait du côté de l'œil, on aperçoit dans l'alignement l'extrémité de la petite languette P.

L'alidade, ainsi construite, sert de règle ; elle se place sur la planchette, et elle est assujettie à toucher une aiguille E piquée sur la planchette. Une telle alidade étant susceptible de variation, on doit se servir des n°s. 313 et 314.

N°. 312. *Planchette à la Cugnot.* Cette planchette diffère de la précédente, et lui est préférable, à juste raison, par son mouvement particulier, propre à la ramener dans une situation horizontale, et lui permettre de pirouetter ensuite autour de son centre sans perdre l'horizontalité.

La tablette A est destinée à recevoir le papier sur lequel on dessine le levé. Elle est carrée ou rectangulaire, suivant l'usage qu'on en veut faire. Le dessous porte un châssis garni d'un écrou de cuivre encastré dans le bois; le châssis tient à la table par le moyen de huit vis de cuivre, dont les têtes s'enfoncent dans le châssis. Ce châssis a la facilité de s'enlever, parce que la table entre en coin dedans.

Le pied de la planchette a son sommet composé d'un genou porté par le trépied T; la tête O du trépied est refendue de la largeur du cylindre C, et porte deux oreilles parallèles, dont une seule est visible en O; elles sont forcées de s'appliquer, avec plus ou moins de force près du cylindre, par un écrou de pression placé à l'extrémité du boulon qui les traverse. Le cylindre C est encore traversé par un autre boulon perpendiculairement au premier; il traverse deux languettes fixées à un plateau circulaire P. On voit que ce genou G est à double mouvement, et assujetti au moyen d'une vis de pression V; son mouvement de rotation est lent, il se fait au moyen d'une vis de rappel R, et l'on peut ôter la planchette A, sur laquelle repose le plan, en desserrant les vis B *b*.

Pour construire une semblable planchette, il faut voir les dessins et la description de M. Cugnot, dans sa *Théorie de la Fortification,* 1778.

La planchette est mobile; on la met de niveau au moyen du niveau à bulle d'air que l'on place sur la surface supérieure; après avoir bien assujetti les trois pieds, on laisse une charnière serrée, et l'on desserre l'autre autant qu'il est besoin pour pouvoir faire pencher la planchette facilement. On pose le niveau dans la direction du boulon de la charnière qui est serrée, et l'on baisse doucement la planchette, tantôt d'un côté, tantôt de l'autre, jusqu'à ce que la bulle d'air, renfermée dans le tube, se trouve au milieu du tuyau. La planchette étant mise de niveau sur une charnière, on la serre et l'on desserre l'autre, sur laquelle on met la table de niveau de la même manière. Pour l'usage, *voyez* les n°ˢ. 338 et suiv.

N°. 313. *Alidade en cuivre.* Règle dont on se sert pour tirer des lignes sur le papier qui est tendu sur la planchette. Aux extrémités de la règle sont fixées deux pinnules qui lui sont perpendiculaires, et dont le milieu des ouvertures forme quelquefois, avec l'un des bords de la règle, une seule et même ligne. On se sert des deux pinnules pour déterminer un rayon visuel dirigé du point où l'on est sur un objet quelconque, et de la règle pour tirer sur le papier une ligne droite correspondante à ce rayon. Les pinnules doivent être assez hautes pour que l'on puisse mirer sur les élévations ou dans les enfoncements. Comme ces alidades ne sont bonnes que pour de petites distances, on y a substitué celle du numéro suivant.

N°. 314. *Alidade à lunette.* Elle se compose

d'une règle de cuivre ; sur la large face supérieure s'élève un support ou colonne pour porter une lunette. Son tube contient dans son
intérieur, à une distance déterminée de l'objec-
tif, un *réticule* composé de deux fils de soie,
où l'on trace sur le verre deux lignes perpendiculaires l'une à l'autre. Leur intersection sert
à placer l'axe de la lunette avec l'un des côtés
de la règle, et de deux pinnules verticales, sur-
montées quelquefois sur la lunette.

N°. 315. *Aiguille très-fine.* Avec de la cire
d'Espagne on lui forme une tête, pour avoir
plus de facilité à l'enfoncer au point donné sur
la planchette ; elle doit être placée perpendiculairement au papier. Son point, sur la planchette, représente celui du terrain ; on applique
contre l'aiguille le côté de l'alidade, et on la
fait tourner ou glisser autour de l'aiguille.

N°. 316. *Boussole à lunette et à niveau* (1).
Les avantages de la boussole sont immenses pour
lever des lignes sinueuses, particulièrement dans
les pays couverts. On a l'avantage, en même
temps que l'on rapporte ses opérations sur le
terrain, de coter les angles que l'aiguille aimantée a indiqués. Ces cotes sont pour servir, au

---

(1) Elle est de l'invention de feu Maissiat, chef d'es-
cadron au corps royal des ingénieurs-géographes militaires. Son mémoire a été imprimé en 1818.

besoin, à vérifier les directions que l'on a rapportées, et de l'orientation desquelles on sera sûr, si une enceinte est fermée sans erreur sensible, où si elle s'appuie sur des points calculés.

Ses avantages sont de supprimer les lignes de déclinaison, de servir de niveau, de mesurer des angles verticaux et horizontaux. Lorsque l'aiguille aimantée se trouve dérangée par quelques causes accidentelles, alors, mettant la boussole dans une position verticale, on peut, comme avec la planchette ou tout autre instrument, s'orienter sur un jalon au moyen des pinnules du niveau, et prendre avec l'alidade à vernier la direction sur un autre jalon, pour avoir l'angle horizontal que ces deux directions font entre elles.

Description de la boussole.

ABC, boîte en bois, dont la longueur des côtés est de 15 centimètres.

E, *limbe ou cercle gradué.* Il peut corriger la déclinaison de l'aiguille aimantée; il roule dans un cercle en cuivre fixé dans l'intérieur de la boîte; il est divisé ainsi que le limbe. Le mouvement du limbe se fait au moyen d'une vis sans fin O, tangente à un arc de cercle, dont la convexité présente une espèce de dentelure que le pas de vis oblique fait tourner.

R, levier pour arrêter l'aiguille aimantée, lorsque l'on transporte la boussole d'un lieu à un autre. L'action du levier se communique par une petite broche placée en **P**, une plaque de cuivre *q* la recouvre à volonté.

La boussole est recouverte par une glace, et fermée par un couvercle que l'on introduit par le côté **AB**.

N, *niveau à bulle d'air, d'un décimètre de longueur.* On peut le faire servir de niveau spécial ; il offre des moyens de vérification, en mettant d'abord le niveau avec l'axe optique de la lunette aux extrémités du niveau. Il y a de petites pinnules construites de manière que leur rayon visuel soit parfaitement parallèle à la surface de l'eau ; quand la bulle d'air est au milieu du tube, elles servent à prendre des angles horizontaux. Le niveau est fixé à une règle qui lui donne son mouvement ; cette règle est en contact avec le bois de la boussole, aux extrémités de la règle sont des pinnules à vernier, auxquelles s'adapte une lunette.

L, *lunette*. Elle fait partie de l'alidade : elle est placée dans deux supports fixés à la règle, qui porte des pinnules et des divisions de degrés, et trois verniers qui permettent de lire simples et doubles les angles observés, soit en élévation, soit en dépression, dans la limite de 0 à 25°. La lunette a 18 centimètres de long, et 1 centimètre de diamètre.

Les deux règles qui forment alidades ont leur mouvement de rotation ensemble sur un axe **V**; des vis maintiennent et facilitent le mouvement à volonté des alidades et de la lunette. On peut retrancher de cet instrument les pièces dont on n'a pas besoin. La lunette de la boussole peut s'enlever et servir d'alidade à la planchette.

N°. 317. *Boussole ordinaire.* Elle est plus simple que la précédente ; un bouton **B** donne le mouvement de rotation ou arrête le limbe fixé à ce bouton au fond de la boîte.

L*l*, *alidade de la boussole.* C'est ordinairement un parallélipipède rectangle en bois, évidé dans son intérieur : deux de ses dimensions (longueur et hauteur) sont les mêmes que celles de la boîte ; la troisième est toujours moindre que la hauteur (*voyez* le n°. 311) ; elle est fixée à son milieu par un bouton qui lui sert d'axe, et lui permet toutes les inclinaisons possibles.

Effets des opérations de la boussole, relativement à l'aiguille et l'alidade avec le rapporteur. La direction de l'aiguille étant **OL**, celle de l'alidade étant **OP**, les deux directions prolongées jusqu'à leur rencontre en **O**, ce point donnera le sommet d'un angle, que l'on rapporte sur le papier au moyen du rapporteur, ou de la boussole elle-même, ou par les moyens donnés au n°. 362.

N°. 318. *Graphomètre.* Instrument dont on se sert pour mesurer les angles sur le terrain. Il est composé d'un demi-cercle de cuivre, divisé en 180°, comme le rapporteur ; il a deux règles, dont l'une *a a* est fixé, et fait corps avec l'instrument ; au lieu que l'autre AA , nommée *alidade* , est mobile et tourne autour du centre C du graphomètre. Aux extrémités de chacune des deux règles se trouvent perpendiculairement deux platines de cuivre appelées *pinnules ;* elles sont percées dans leur milieu , du haut en bas , par une fenêtre garnie dans son milieu d'un fil vertical , qui a pour but de couvrir une partie de l'objet , et le détermine d'une manière plus précise lorsqu'on regarde par la pinnule opposée , percée dans son milieu par une petite fente verticale , et qui sert à diriger le rayon visuel. Le graphomètre porte une boussole dans son milieu , et il se meut sur un *genou* , qui consiste en une boule de cuivre fixée au centre et au-dessous de l'instrument ; cette boule est reçue dans une emboîture , en sorte qu'elle peut tourner dans tous les sens , et qu'on peut la fixer par le moyen d'une vis. L'instrument est porté par le pied n°. 308.

Il y a des graphomètres qui, au lieu de pinnules, portent à chaque règle une lunette.

N°. 319. *Cercle répétiteur.* Il sert à mesurer les angles sur le terrain. Ce cercle a de diamètre de 4 à 12 pouces, ou 10 à 32 centimètres ; il a deux lunettes, il est porté par une petite colonne qui lui sert de pied ou d'axe , et est fixée perpendiculairement sur un trépied , ainsi qu'au cercle qui tient à ce trépied. Ce cercle est divisé , et des engrenages ou pignons, donnent à la colonne du pied, et à tout l'instrument, un mouvement azimutal sur son axe intérieur ; des vis de pression peuvent arrêter ce mouvement ; un support et une tige fixes au cercle, lui impriment son mouvement et son inclinaison. Des vis de pression maintiennent l'instrument dans l'inclinaison nécessaire. (Le pied de l'instrument n'est pas visible.)

Description du cercle. Il est en cuivre, son limbe est divisé en 360° ; la lunette supérieure LL porte des verniers qui glissent sur les divisions du limbe. Aux extrémités sont des lunettes ou microscopes pour l'estimation des divisions ; *ll'*, lunettes inférieures, qui glissent sous le cercle ; ces lunettes sont fixées sur des règles qui servent d'alidades ; des agrafes à ressort retiennent les alidades sur le limbe sur lequel elles glissent. Cet instrument si précieux, et qui mesure les angles avec tant d'exactitude, ne saurait être décrit plus longuement, vu qu'il n'est mis en pratique que pour les grandes opérations ; son mouvement ne peut être expliqué ici (1). Son usage n'étant pas à la portée de tout le monde, je renvoie à l'ouvrage cité.

N°. 320. *Du rapporteur*. Après avoir parlé du graphomètre et de la boussole, il faut connaître

---

(1) Voir l'ouvrage intitulé : *Base du Système métrique*, par Méchain et Delambre, tom. 2, 1807.

le rapporteur. Cet instrument est un demi-cercle de corne ou de cuivre de 1 à 2 décimètres
ou de 3 à 6 pouces ; il est divisé comme le limbe
de la boussole et du graphomètre, en 180° nos.
60 et 78, qui se comptent de droite à gauche,
et réciproquement de gauche à droite ; ils sont
marqués sur le bord ou limbe du rapporteur.
M. Maissiat est l'auteur du rapporteur complémentaire dont je donne le dessin et la description, et qui réunit beaucoup d'avantages pour
rapporter à la méridienne les opérations de la
boussole. (*Voy.* n°. 388.)

Dans l'intérieur du rapporteur, on en construit un second en se servant des rayons des
dizaines de degrés tracés sur le bord de la demi-
circonférence, à compter du degré 50 jusqu'à 150 (1). Cet arc est suffisant pour rapporter sur les perpendiculaires, aux méridiens,
les degrés dont les angles sont trop aigus pour
être tracés d'une seule opération au moyen du
méridien ; il n'est pas nécessaire d'indiquer sur
ce rapporteur les divisions des unités de degrés,
parce que celles qu'on a tracées sur le bord de
la demi-circonférence servent pour les deux ; on
fera seulement attention à la notation mise sur

---

(1) A compter du degré 40 jusqu'à 130, sur le rapporteur divisé en 360.

les rayons de dix en dix degrés. La figure n°. 320 du rapporteur est divisé en 400; il y en a également de divisés en 360; on se servira du rapporteur divisé comme la boussole ou le graphomètre, dont on a fait usage sur le terrain.

Les dizaines de degrés sont écrites sur la surface opposée à celle où sont tracées les divisions de la circonférence, afin qu'évitant la parallaxe de l'épaisseur de la corne, on puisse distinguer avec plus de précision la coïncidence de ces divisions avec les méridiens ou leurs perpendiculaires.

Notation du rapporteur complémentaire, divisé en 360°. Les nombres des dixièmes de degrés du second rapporteur sont écrits, à commencer du rayon qui partage la demi-circonférence, en deux parties égales. Zéro est écrit sur le rayon où est 90, les nombres $^{10}/_{190}$, $^{20}/_{200}$, $^{30}/_{210}$, etc., le seront successivement à droite, et les nombres 190, 200, 210, etc., au-dessous; les nombres $^{180}/_{360}$, $^{170}/_{350}$, etc., sont écrits à gauche du zéro, et les nombres 360, 350 au-dessous.

Par cet arrangement, l'on voit que les zéros et le nombre semblable des deux rapporteurs sont mis sur des rayons qui forment entre eux des angles droits, et que par conséquent une direction prise sur un objet avec la boussole, et dont l'angle est donné avec le méridien , peut être rapportée en se servant des méridiens et du rapporteur de la demi-circonférence, ou en se servant des perpendiculaires et du rapporteur intérieur.

LEÇON DIXIÈME.

LEVÉES AU PAS, A LA TOISE OU AU MÈTRE,
A LA CHAÎNE ET A L'ÉQUERRE.

Des levées au pas et à vue. Lorsqu'on fait un plan à vue, le figuré du terrain se trace de sentiment et sans instrument ; on indique quelques dimensions pour fixer les idées sur l'étendue du pays : la distance d'un lieu à un autre se mesure au pas, pour cela on doit s'exercer à marcher sur des distances connues, comme pour s'assurer de la grandeur de son pas. Si l'on marche facilement, le pas ordinaire est de $2^p 6^o$, et si l'on marche le pas accéléré, il est de 3^p (à peu près un mètre). La taille de l'individu est pour beaucoup dans cette opération. Les cartes on plans faits à vue ne sont pas exacts, mais ils ne laissent pas d'être utiles à celui qui est chargé de reconnaître un pays : souvent ces sortes de vue sont faites pour l'intelligence d'un mémoire ; il faut du jugement, de la pénétration pour ce genre de dessin, de manière à faire connaître la disposition du terrain.

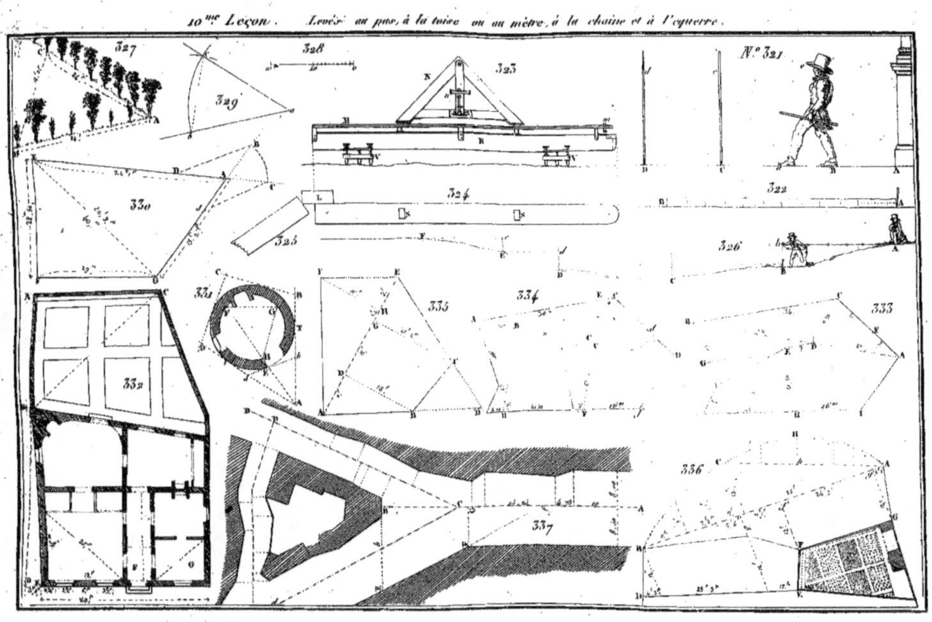
327
329
328
323
N.° 321
330
324
322
325
326
331
335
334
333
332
336
337

Dans ces sortes de plans on mêle du géométral et de la perspective ; toutes ces choses s'expriment par un simple trait, un contour tracé avec une plume et de l'encre.

N°. 321. Lorsqu'on mesure au pas, il faut toujours suivre une direction, soit en plaçant deux jalons ou en se dirigeant sur des points fixes et très-éloignés, sans cela on n'opérerait pas juste ; le pas se compte de A à B, ou de B à *a*, du talon à la pointe du pied ; les jalons doivent être placés dans un même plan, et ACD en ligne droite, et les pieds de l'individu sur cette même droite. Le spectateur se dirige par le haut des jalons, et son œil *o* est dans le même plan des jalons *c d*.

N°. 322. *Mesurer à la toise ou au mètre, sur un plan horizontal, le point de départ étant* A. On posera à l'extrémité de la mesure une pointe assez fine ; on en posera une autre à l'autre extrémité ; on conçoit que si on enlève la mesure, les deux pointes donneront parfaitement l'intervalle de la mesure ; si l'on enlève la mesure pour continuer, la pointe ou la lame de couteau dont on se sera servi ne changera point de place, seulement on l'inclinera de gauche à droite. Cette opération ne peut se faire qu'à deux ; elle semble longue, mais elle ne l'est pas : elle est très-exacte.

N°. 323. Lorsqu'il s'agit d'opérations difficiles et qui demandent une grande précision, telles que celles qui ont servi de base au système métrique, on emploie des règles en platine, de deux toises de longueur et de dix lignes de largeur ; voici la description de l'une de ces règles : il y en avait quatre semblables.

R est la pièce de bois ; elle est portée par deux soles VV, armées chacune de trois pointes qui entrent dans la terre et empêchent l'appareil de charrier : sur les soles on aperçoit les tringles de fer avec les trois vis qui leur servent de pied et qu'on emploie pour les caler.

Sur la règle de bois est étendue la règle de platine recouverte de la règle de cuivre, à son extrémité se trouve placé un microscope m, un thermomètre et la languette.

La règle est recouverte d'un toit M, élevé environ d'un décimètre au-dessus de la pièce de bois.

N est un niveau dont on se sert pour mesurer l'inclinaison des règles, il est ferré sous ses points d'appui ; une règle en cuivre sert de fil à plomb, elle porte un niveau à bulle d'air n, et au bas se trouve un arc de cercle de 10°, divisé en 120 parties qui valent chacune 5′ ; le bas, terminé en biseau, porte le vernier : le détail de ce niveau est très-compliqué, ainsi que la construction de la règle. (*Voy.* les figures en grand et la description, *base du système métrique, etc.,* tom. II, par *Méchain et Delambre*).

Nº. 324. *Plan de la première règle.* SS sont les supports du niveau ; ces supports sont dans un plan bien parallèle à celui de la règle : la partie d'avant de la règle est arrondie, la partie de l'arrière est à angle droit.

Nº. 325. *Deuxième règle, qui n'était pas mise en contact avec la première.* On avait soin de laisser un petit intervalle, qui était ensuite mesuré avec une petite languette L, que l'on mettait en contact avec un des côtés de la première règle, et l'extrémité de la deuxième qui changeait de direction, de manière que les règles ne pouvaient faire aucun mouvement, soit en les approchant l'une de l'autre, soit en les nivelant. La languette servait à mesurer l'intervalle entre les deux règles.

Ce procédé est trop dispendieux pour les opérations ordinaires. Voici donc ce qu'il faut faire pour obtenir un résultat satisfaisant : l'extrémité des règles sera ferrée ; un des bouts sera cylindrique, à coulisse et bien gradué, de manière à former languette, lorsqu'on ne veut pas mettre les règles en contact. Sur un terrain à peu près de niveau, on aura des règles ferrées, d'un bout en cylindre, et de l'autre en sphère, de manière qu'elles viennent parfaitement se mettre en contact l'un à côté de l'autre, et sans laisser d'intervalle à mesurer.

Nº. 326. *Levé à la chaîne.* (Pour sa description, *voy.* le nº. 295). La chaîne est l'instrument le plus expéditif pour mesurer les grandes distances; mais il faut beaucoup de précautions pour sa tension, afin que les mailles ne se croisent pas. Pour mesurer une distance, il faut deux hommes que l'on emploie à porter la chaîne, un à chaque bout. Celui qui est derrière fixe le bout de la chaîne au point de départ, l'autre va en avant jusqu'à ce que la chaîne soit tendue; alors le premier chaîneur placé en A, aligne le deuxième placé en B sur la direction que l'on veut mesurer; et lorsque la chaîne est bien tendue et bien horizontale, l'homme qui est devant enfonce en terre une fiche (n°. 297), à l'extrémité de la chaîne, que l'on porte ensuite en avant, jusqu'à ce que l'homme qui est derrière arrive à cette fiche où il fixe le bout de la chaîne, pendant qu'il aligne de nouveau celui qui est devant lui ; celui-ci plante encore une fiche au bout de la chaîne; après quoi il la porte en avant, et l'autre le suit après avoir pris la première fiche qu'il garde, ainsi que toutes les autres, pour les lui rendre lorsqu'il les a toutes. S'il y en a vingt chaque fois qu'il les rend, il compte les mètres ou les toises, selon que la chaîne est de longueur ou de mesure différente.

Toute simple qu'est cette manière de mesurer, elle exige beaucoup d'attention, pour ne pas se tromper en comptant les chaînes, comme cela arrive souvent lorsque l'on n'en a pas une grande habitude.

Lorsque le pays est rempli d'obstacles, on fait les chaînes plus courtes : dans les pays de montagnes, on les raccourcit aussi, pour les tendre horizontalement, comme l'indique l'homme placé en B, qui, après avoir tendu la chaîne, laisse tomber la fiche de la hauteur b B, différence de niveau avec le point A. Lorsque les opérations se font en montant, comme l'indique CDEF, c'est l'homme qui est derrière qui est obligé de lever. Il vaut mieux mesurer en descendant qu'en montant.

Bases. On doit apporter le plus grand soin à la mesure des bases; la moindre erreur, dans la longueur et dans la direction, influerait sur toutes les opérations suivantes.

N°. 3₂7. *Au moyen de la chaîne seulement, lever l'angle que forme la route* ABC. On portera sur un des côtés une longueur quelconque, AB de 24ᵗ, et AC également de 24ᵗ; on mesurera la distance CB, trouvée de 18ᵗ 3ᵖ. Voilà tout ce qu'il faut pour construire ce triangle sur le papier. Les distances AB et AC peuvent être de longueur différente.

Nᵒˢ. 328 et 329. *Rapporter sur le papier les mesures que l'on aura trouvées sur le terrain*. On portera sur une droite quelconque 24ᵗ, prises sur l'échelle 228; avec la même ouverture de compas on formera, du point a, l'arc $b c$; puis, avec une seconde ouverture égale à 18ᵗ 3ᵖ, prise sur l'échelle, le compas étant en b, on coupera l'arc en *c*; la droite qui passera par *ac* donnera l'angle *abc* égal à ABC. On voit que quand on sait lever un angle, on saura lever un triangle. Comme toutes les figures peuvent être réduites en triangle, il suit que l'on peut lever toutes les surfaces quelconques, comme on va le voir par les exemples suivants.

N°. 330. *Au moyen de la chaîne seulement lever le plan du quadrilatère* AEFG. Soit qu'on se serve de la mesure du mètre ou de la toise, il faudra mesurer la diagonale EG et les côtés AE, EG, pour construire le triangle comme on a fait au n°. 327. Puis on en fera autant pour construire FG, FE sur la base GE : lorsque la figure du terrain sera mesurée, on la construira sur le papier, comme on a fait au numéro précédent, c'est-à-dire on construira autant de triangles qu'il en aura été formé sur le terrain.

Construire une semblable figure sans entrer dans l'interieur, ou, ce qui revient au même, *lever les angles extérieurement*. On placera deux jalons, l'un B, dans la direction de AG, et l'autre C, dans la direction AE. On mesurera l'un des trois triangles ABC ou CA*d*, BAD; et avec la connaissance des trois côtés de l'un des triangles, on construira l'angle DAC, auquel on peut donner les longueurs nécessaires pour former le rectan...

Il est facile de construire un des triangles à l'angle F, pour avoir extérieurement le contour de la figure. Cette opération s'applique à toutes les figures. Exemples :

N°. 331. *Lever le plan d'un cercle intérieurement.* On déterminera trois points **FGH** ; on mesurera les trois côtés du triangle, pour les construire sur le papier. Lorsque le triangle sera déterminé, on cherchera le centre du cercle, comme au n°. 62. (*voy.* aussi la figure 505).

Lever le plan d'un cercle extérieurement. On prendra à volonté un point, tel que **A**, puis au moyen d'un cordeau ou avec des jalons, on formera l'angle **BAD**, de manière que les côtés soient tangents à la tour ou au cercle. On prendra sur **AB** et **AD** deux points *db*, on mesurera les distances **A***b***T**, **A***dt*; plus la distance *b*3 afin de déterminer l'ouverture de l'angle **BAD**.

Lorsqu'on aura rapporté sur le papier les opérations faites sur le terrain, on élèvera aux points **T** et *t* des perpendiculaires à **AB** et **AD**, elle se rencontreront au point **P**, centre du cercle.

La forme intérieure de la tour n'étant pas apparente, il faut l'assujettir, orienter le plan de la tour, ou l'assujettir à d'autres données. Il faut, par un des points donnés, tels que **A**, faire passer une droite par l'ouverture **H**, et, sur le prolongement de **AH**, construire le triangle **HFG**.

Lever le plan du cercle, du bassin ou de

la tour, lorsque le diamètre est d'une grande dimension, ou que la figure n'est pas un cercle régulier. On levera cette figure, en formant avec des jalons un polygone, tel que B*b*, BC, CD, etc., dont les alignements sont tangents à la courbe. On mesurera les angles pour les construire, et l'on prendra les distances de l'angle au point de contact de la droite, tels que BT, *b*E, D*t*, etc. Avec la position de tous ces points, on construira la courbe, soit qu'elle soit un cercle, ou composée de cercles.

Si la figure était composée de lignes droites et de courbes, on ferait servir les côtés de la figure pour les côtés du polygone à former.

N°. 332. *Lever avec précision le plan détaillé d'une maison avec son jardin.* On commencera par faire le tour extérieur, s'il est possible ; on prolongera les côtés pour examiner les angles rentrants ou saillants, puis on prendra connaissance des distributions intérieures (on ne parle présentement que du plan du rez-de-chaussée). Lorsqu'on est bien pénétré des masses, on en fait un brouillon sur lequel on figure tous les détails (il arrive souvent de dessiner quelques détails minutieux sur des feuilles isolées, vu la grande quantité de cotes qu'on est obligé d'y ajouter).

Le croquis ou brouillon étant fait, on mesurera les principales parties. Par exemple, pour lever l'angle ABE, on prolongera AB en D, et l'on prendra la distance **DE** que l'on écrira ; les longueurs **EB** et **BA**, puis **AC** et la diagonale **BC** : on aura égard aux épaisseurs de murs que l'on prendra séparément ; en continuant, on aura tous les détails. Quoique l'on prenne partiellement les détails, tels que les trumeaux, les portes et fenêtres de la façade, il ne faut par négliger la longueur totale ; car les cotes partielles ne suffisent pas pour rapporter un plan.

Dans l'intérieur des appartements, on mesurera les côtés et les angles, ainsi que la largeur des portes et des trumeaux. Une des pièces fait voir une partie des cotes, et le vestibule **F** et la chambre **G** indiquent leur place. Tous ces détails terminés, on en fera autant pour avoir le plan du premier étage, ou le plan des caves, s'il est besoin. On observe que les plans, soit supérieurs ou inférieurs, sont les mêmes pour ce qui est des masses, il n'y a que de légères distributions à mesurer.

Rapporter sur le papier, au moyen des cotes que l'on aura relevées sur le terrain. Au moyen de cotes, on construira les grandes masses comme on les a levées ; puis on ajoutera les épaisseurs des murs ; viendront ensuite les détails. Le tout doit être dessiné au crayon avant d'être passé à l'encre. (*Voyez la* 17e. *leçon*).

N°. 333. *Avec la chaîne seulement, lever le plan de deux terrains irréguliers et contigus.* On mènera une base telle que **AB** ; on marquera le point **D**, rencontre de la base ; on mesurera le triangle **DCB**, **CDA**, avec la distance **AF** ; on aura toutes les cotes nécessaires : on prolongera **EF** en **G** ; on aura le triangle **BDG** ; que l'on mesurera pour avoir l'autre portion de terrain ; on prendra un point quelconque **H** ; on mesurera les deux triangles formés par ce point. En prenant les distances **ED**, **HI**, on aura mesuré tout ce qui est nécessaire pour construire et rapporter la figure.

N°. 334. *Des levés à l'équerre et à la chaîne. De l'équerre refendue* (n°. 298). On disposera l'équerre de manière que son centre réponde bien aplomb au point **C**, pris à volonté sur la base **AD** ; on dirigera très-exactement un des diamètres sur des jalons plantés à l'extrémité de **AD**. L'instrument étant dans cette situation, on regardera par les pinnules de l'autre diamètre, et l'on fera placer un jalon en **E** et en **F** : il est clair que si l'instrument est bien fait, on aura la ligne **EF** perpendiculaire à **AD**.

On mesurera les bases **AC** et **CD**, les perpendiculaires **CE**, **CF**, les distances de 4^m en **E** e, celle de 9^m en **D** d, et de 16^m en **F** f. On aura tout ce qu'il faut pour construire la portion du terrain compris entre **AEDF**.

On transportera l'équerre en **B**, pris à volonté sur la base **AD** ; on la dirigera de nouveau sur les jalons **AD**, ensuite on placera un jalon en **H**, perpendiculaire aux deux premiers. On mesurera les distances à droite et à gauche de HD, ainsi que tous les autres côtés compris entre BAHF. On aura tout ce qu'il faut pour construire la figure.

Il arrive souvent que l'on ne forme pas de base, qu'on pose l'équerre sur un des côtés de la figure, et qu'ensuite on renvoie les rayons perpendiculaires à ce même côté.

De l'équerre à réflexion. Cette équerre offre beaucoup d'avantages pour mesurer la superficie des terrains: elle donne la base et la hauteur de la perpendiculaire. Par les opérations faites sur le terrain, on réduit de suite la figure en triangle ou en quadrilatère.

N°. 335. *Au moyen de l'équerre à réflexion* (1) (n°. 299), *lever le polygone* ABCEF. Soit pris pour base la diagonale AE, à l'extrémité de laquelle sont placés deux jalons : puis on marchera, l'équerre à la main, en suivant la direction AE ; on s'arrêtera lorsqu'on verra le point B en contact avec le point E ; on mesurera AD et D, et avec la connaissance de ces deux côtés on pourra construire le triangle ; on marchera de D en E, jusqu'à ce que l'image du point *c* vienne se confondre avec le point E ; on s'arrêtera pour mesurer DG et GC, et on aura le parallélogramme rectangle BCHD, et le triangle EGC en prenant la distance GE.

---

(1) **Voir ses avantages et sa description.**

En continuant au point **H**, on aura le triangle **AEF**, dont la hauteur de la perpendiculaire est **FH** et la base **AE**. On voit que pour calculer cette figure, on a relevé toutes les cotes nécessaires, et qu'il n'est même pas besoin de construire la figure pour avoir la longueur du bas et la hauteur des perpendiculaires; ce qui est d'un avantage immense dans la pratique.

N°. 336. *Lever avec l'équerre à réflexion plusieurs terrains irréguliers.* On se formera une base quelconque, telle que **AB**; on marchera, l'équerre à la main, de **A** en **B**, jusqu'à ce que le point **G** vienne se réfléchir en *g*, où l'on voit le jalon placé en **B**. On mesurera **A***g* et *g***G**; on poursuivra sa marche jusqu'à ce que l'on aperçoive **F** en *f*, puis on mesurera *gf* et *f***F**; on continuera ainsi pour prendre tous les points jusqu'à **B**, comme l'indiquent les cotes marquées sur le plan.

Le terrain étant irrégulier en **BCHA**, on le levera par des abscisses et des ordonnées; en les éloignant ou les rapprochant suivant le besoin. On peut même former de nouvelles bases, telles que **AC**, sur lesquelles on élevera de nouvelles perpendiculaires, telles que **H***h*.

Les opérations se faisant si promptement, il ne faut pas craindre l'élever des perpendiculaires, ou de mener des parallèles : car tout se réduit à ces deux opérations.

N°. 337. *Au moyen de l'équerre à réflexion,*

lever le plan d'une rue où il y a beaucoup de sinuosités. La direction **AB** étant donnée, on marchera sur cette ligne, l'équerre à la main, et l'œil à l'ouverture *o* (figure 300) ; et à chaque fois que l'on apercevra des angles, soit à droite, soit à gauche, on fera tomber un aplomb sur la base, de manière qu'on aura toutes les sinuosités, en mesurant les abscisses et les ordonnées dont on a besoin.

Lorsqu'on arrivera à un carrefour, on prolongera les axes des rues, tels que **DC**, **C** *d*, qui viennent se rencontrer en **C**. On peut prolonger les côtés parallèles, tels que **EF** en f, sur l'axe **AC**, de manière à avoir le triangle f **GF** ; ou, ce qui vaut mieux, le triangle f **BE**, puisqu'il est plus grand. On aura, par ce moyen, l'angle que forme l'axe de la rue **C** *d* avec l'axe de la rue **AB** : il en sera de même des autres.

C'est ainsi qu'on levera les plans des rues au moyen de l'équerre, de la chaîne ou du mètre. Je ne m'étendrai pas davantage sur ce détail très-monotone à décrire et à lire : je me contenterai d'y suppléer par des lignes ponctuées, qui indiqueront les opérations à faire, et qu'il faut mesurer avec beaucoup d'exactitude pour pouvoir les établir sur le papier.

LEÇON ONZIÈME.

LEVÉS A LA PLANCHETTE.

Usage de la planchette (Pour sa description, *voy.* les nᵒˢ. 3o9 à 3ı5). Cet instrument est d'un usage facile et commode pour les levés de détails, parce que le plan qu'on lève se trouve construit par les opérations mêmes qu'on fait sur le terrain.

Il convient de placer la planchette sur un point d'où l'on puisse découvrir une grande quantité de terrain. Pour bien opérer avec la planchette, il faut remplir plusieurs conditions :

Nᵒ. 338. *Première station.* 1ᵒ. La planchette doit être horizontale : on la place au moyen d'un niveaú à bulle d'air (nᵒ. 3o3) (1). 2ᵒ. Le point

(1) Avec un peu d'habitude et un œil exercé, on juge de l'horizontalité de la planchette : on peut encore faire tomber légèrement, sur le milieu de la planchette, une petite bille qui indiquera son horizontalité, si elle y reste en repos.

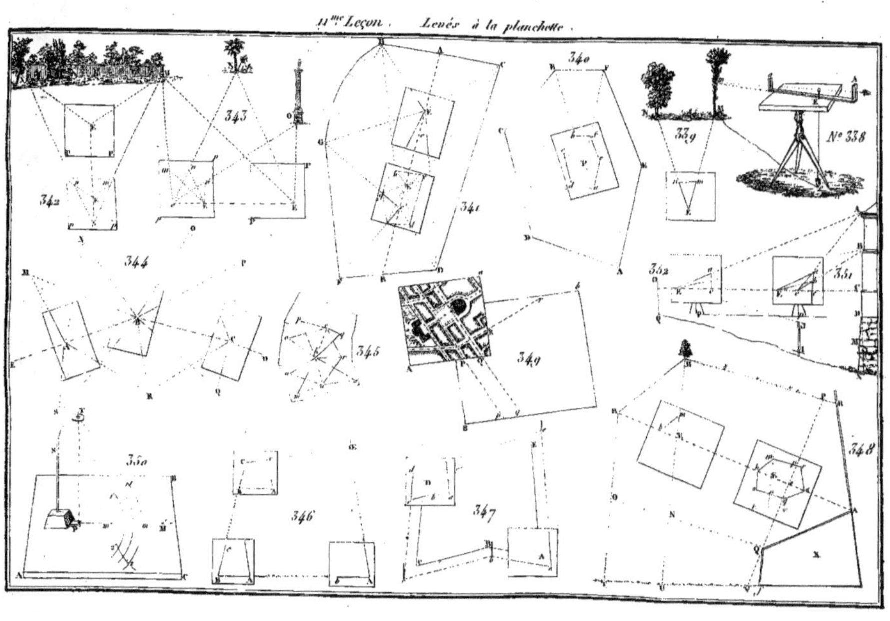

11.me Leçon.   Levés à la planchette.
343
342
344
345
340
339
N.o 338
341
349
352
351
350
346
347
348

de station **E**, donné sur la planchette, doit être dans la même verticale que le point correspondant du terrain. On l'obtient au moyen du fil à plomb **E** *e*. 3°. Son pied doit être bien fixé, pour que la planchette, soit maintenue horizontale et bien orientée, et que le parallélisme des lignes tracées sur la planchette suive exactement les lignes du terrain.

Soit donnée sur le terrain la direction *e* **M**. La planchette étant posée, le point **E** correspondant parfaitement avec le point *e*, tracer ou rayonner cette ligne sur la planchette. On placera l'alidade en contact avec le point **E**; on fera passer le rayon visuel par les pinnules **A** *a*, et on aura le rayon **E** *m*, que l'on tracera sur la planchette, au moyen d'un crayon fin. On aura la trace *e* **M**, par le rayon **E** *m*; les lignes **M** *e*, **E** *m* étant dans le même plan vertical.

N°. 339. *Au moyen de la planchette et de l'alidade, lever l'angle donné sur le terrain* NEM. Du point **E**, donné pour point de station, on placera la planchette comme on vient de le dire ci-dessus. On placera l'aiguille en **E**, et on y fera toucher l'alidade, la dirigeant vers **N**, puis de **E** en **M**; on tracera ensuite avec un crayon les deux rayons, qui donneront l'angle *n* **E** *m*, égal à **NEM**.

Si l'on mesure les côtés **EN**, **EM**, et qu'au moyen d'une échelle, on proportionne les côtés **E** *n*, **E** *m*, on aura le triangle **E** *n m*, égal au triangle **ENM**. On aura de plus mesuré le côté **NM**, sans l'avoir parcouru.

On voit clairement que l'angle que l'on a tracé sur la planchette est absolument semblable à celui tracé sur le terrain. Donc chacun de ces angles doit mesurer celui qui lui correspond sur le terrain. Il en sera de même pour toutes les autres opérations.

Un angle étant proposé sur la planchette, on le tracera en alignant l'alidade sur les lignes données, et en faisant placer des jalons dans le prolongement de ces lignes.

N°. 340. *Au moyen d'une seule station, lever le plan du polygone* **ABC**, etc. On placera la planchette à peu près au milieu de la figure en **P**, par exemple : comme on sait qu'en faisant tourner l'alidade, on aura toutes les directions voulues, on mesurera les rayons **PA**, **PD**, etc. ; et, au moyen d'une échelle, on proportionnera les rayons **P**a, **P**d, **P**c, etc., en réunissant par des droites les points $a\,d$, $d\,c$, $c\,b$, etc., et on aura le polygone demandé.

Si le plan était donné sur la planchette, et qu'il fallût la rapporter sur le terrain, on coterait tous les rayons **P**a, **P**d, etc., et on ferait les rayons **PA**, **PD** de même longueur, en se servant d'une chaîne, d'une toise ou d'un mètre.

N°. 341. *Au moyen de deux stations, lever*

le plan d'un terrain sans en parcourir le tour,
et en ne mesurant qu'une seule base ou distance.
Soit donnée la base EE′ : on placera la planchette
en E et on fera comme à la figure précédente.
Lorsque tous les rayons seront tracés, ou déterminés sur la planchette au moyen de l'échelle,
on marquera sur la planchette la distance E *e*
égale à celle EE′ mesurée sur le terrain. On
aura soin de diriger un rayon sur la direction
EE′ donnée sur le terrain : puis on portera la
planchette au point E′, en observant de mettre
un jalon en place de la planchette mise en E,
puis on dirigera la même base tracée sur la
planchette, vers le jalon qui a remplacé la
planchette en E, de manière que la base tracée
sur la planchette soit dans le même alignement
que EE′.

Cette opération faite, on fera tourner l'alidade autour de l'aiguille placée en *e′*, pour prendre les directions *e′* D, *e′* F, *e′* G, etc. ; tous ces
rayons détermineront par leurs intersections *a*,
d, *c*, *b*, etc., la position des angles et des côtés
du terrain donné.

On voit par ce procédé que l'on peut lever
une suite de points inaccessibles.

Comme on ne peut se dispenser de parcourir
le contour du terrain, puisqu'il faut s'assurer
que tous les côtés sont en ligne droite (car s'ils
ne l'étaient pas comme le côté GH, il fau-

drait les mesurer comme au n°. 201), alors il vaut mieux prendre le n°. 340 ou 348.

Cette opération, de faire couper deux lignes pour avoir un point, a le désavantage de cribler le papier de lignes, qui défigurent le contour du plan, et empêchent de bien figurer les détails. L'opération ne dispense pas d'aller à tous les angles, pour obtenir le figuré des parties adjacentes, c'est pourquoi on recommande de voir le n°. 348.

N°. 342. *Mesurer une largeur inaccessible* NM. D'un point quelconque, E, on placera la planchette PP de manière à voir les deux points NM; puis on prendra les deux rayons EN; EM; on dirigera un troisième rayon sur un jalon que l'on placera à volonté en *e*; on mesurera cette distance E*e*; on prendra sur l'échelle autant de mesures qu'on en a trouvées sur le terrain, ce qui déterminera E*e*. On portera la planchette PP en *pp*, de manière que le point *e*, marqué sur la planchette, corresponde parfaitement au point *e*, qu'occupe le jalon sur le terrain; on dirigera *e* E sur le jalon placé en E, et l'on prendra les directions *e* N, *e* M, on aura aux intersections *n m*, la largeur NM, que l'on mesurera avec la même échelle qui aura servi à proportionner E*e*.

Savoir la longueur de la base la plus avantageuse à donner aux stations, et quel est l'éloignement le plus convenable. C'est le cas où les lignes se coupent à l'angle de 30° et au-dessus ; on choisira autant que possible la base horizontale et libre.

N°. 343. *Mesurer trois points inaccessibles, mais visibles de deux points, tels que E e, pris à volonté sur le terrain.* On choisira deux points pour former la base des deux stations, d'où l'on puisse apercevoir les trois objets, et plus s'ils étaient donnés. Cette base doit être d'autant plus grande, que les objets à mesurer se trouveront plus éloignés les uns des autres. La planchette PP formera la première station au point E : de ce point, on tracera les rayons EO, EM, EN, E e. Ce dernier doit être mesuré, puisqu'il forme la longueur de la base que l'on doit construire sur la planchette, au moyen de l'échelle, de E en e. On formera la seconde station en transportant la planchette à l'extrémité de la base ; on la placera comme on l'a fait aux figures précédentes ; on fera couper les premiers rayons par ceux tirés par le point e de la seconde station, et on aura les points n m o qui représenteront la situation des objets MNO, plus E e : car les points E e peuvent être donnés ; alors on aura la situation des cinq points e MNOE.

N°. 344. *Lever le plan d'un pays au moyen de deux planchettes.* Soient prises pour base les directions EMSR, etc., qui représentent autant de villages donnés ; on placera la première planchette en A; on prendra tous les rayons visibles de ce point, tels que ESRBNM; on mesurera la base AB, dont on tiendra note; on formera la seconde station; en portant une nouvelle planchette en B, pour prendre de nouveau les rayons BA, BR, BP, BC, etc.; on mesurera la base BC, dont on tiendra note. Cette opération terminée, on portera une nouvelle planchette en C, pour opérer la troisième station, supposée nécessaire pour obtenir tous les points visibles.

Du point C, on tracera les rayons CB, CR, et tous ceux qui pourront être aperçus du point C, à l'effet de les faire couper avec les rayons obtenus, du point B ou du point A. Cela fait, on aura la triangulation du terrain sur trois feuilles de papier qu'il faudra réunir.

N°. 345. *Raccorder plusieurs planchettes entre elles.* Les opérations faites comme on vient de le dire ci-dessus, on collera les feuilles, en observant de mettre dans la même direction les mêmes lignes ab, bc, à des distances égales à celle mesurée sur le terrain ABC (n°. 344); l'échelle qui proportionnera les côtés de l'angle abc des planchettes, déterminera la distance entre les points $mnopq$, etc.

Cette triangulation arrêtée, on pourra former le cadre et diviser les feuilles. Pour en former le détail, on divise ces feuilles par des carreaux qui ont pour direction les quatre points cardinaux. On a sur chaque feuille la situation des points auxquels les détails doivent se rattacher.

On rapporte à l'échelle tous les points de détails, le plus exactement possible, pour qu'ils puissent se raccorder en rapprochant les côtés communs des deux feuilles voisines; on fait le levé de détails sur plusieurs planchettes, sans faire de grandes triangulations isolées, et les planchettes se réunissent également. Si on a bien soin de faire correspondre les bases, l'un et l'autre de ces moyens sont bons; mais il faut choisir celui qui est le plus applicable aux localités.

Observation. Dans les levés de détails topographiques, tout se réduit à déterminer la position respective d'un nombre suffisant de points, pour former le canevas géométrique d'une carte ou d'un plan, sur lequel on veut détailler le figuré d'un terrain, à l'aide d'une grande triangulation; on sera conduit promptement et très-exactement à la détermination du plus grand nombre de points de détails, que l'on rattache, avec célérité, à toute la grande triangulation.

Le polygone formé par la réunion de trois planchettes, peut avoir été levé sur une seule, si l'on s'est servi d'une échelle plus petite, ou que les points NMOPQS soient plus rapprochés et pris pour les contours d'un mur et d'un chemin, d'un cours d'eau, ou de tout autre objet. Si la position des villages ou de tout autre point, était trop éloignée, on aurait recours aux opérations du graphomètre (n°ˢ. 363 , 366), ou du cercle répétiteur (n°. 319).

Vérification des levés à la planchette. Cette opération consiste à former sur le terrain de grandes lignes jalonnées, que l'on forme également sur le plan, à l'effet de voir si tous les détails du plan coïncident parfaitement avec les lignes tracées sur le terrain, que l'on mesure soigneusement avec la chaîne. La base sera prise aussi horizontalement que possible, et on aura égard à la manière de mesurer (n°. 326).

Il est facile de reconnaître les erreurs d'un plan ; mais il n'est pas facile de les corriger ; et il est presque impossible de les rectifier. Il est donc important d'apporter tous les soins nécessaires lorsqu'on fait le levé. On évite les erreurs en vérifiant les opérations à chaque fois, soit en mesurant d'une autre manière, soit en s'assurant de la position de chaque point que l'on vérifie par une autre opération.

N°. 346. *Lever le plan du terrain* ABCE ; *on suppose qu'il est possible de marcher sur la limite du rectangle, que deux des côtés sont mesurables, et qu'on peut stationner à trois des angles.*

On commencera par placer la planchette au

point A, on prendra l'angle EAB, et le nombre de toises ou de mètres contenus dans la distance AB. On portera sur la planchette autant de parties de l'échelle qu'on en a trouvées sur le terrain. On reportera la planchette au point B, de manière que *b* corresponde à B, en ayant soin de diriger la droite BA sur le jalon qui aura été mis en place de la planchette.

Du point B on prendra l'angle ABC, et l'on continuera à mesurer la distance BC, pour la construire au moyen de l'échelle sur la planchette, et pour prendre du point C l'angle BCE ; on aura la longueur des droites AE, CE et l'angle E, que l'on n'aura pas mesuré.

N°. 347. *Au moyen de la planchette, lever le plan d'un terrain dans lequel on ne peut entrer.* La situation ou le point de départ le plus avantageux doit être déterminé par les localités. On posera des jalons parallèles à tous les côtés, moins un ; on parcourra le périmètre formé par les jalons ; on levera les angles et on mesurera les côtés, comme au n°. 346 ; puis on mesurera l'emprunt fait autour du terrain ; ensuite on retranchera du polygone tracé sur la planchette, la même mesure que celle que l'on aura trouvée sur les localités.

N°. 348. *Au moyen de la planchette, mesurer les détails d'un terrain ou de plusieurs polygones contigus.* Le meilleur moyen et le plus simple pour fixer les points et la position des détails, est celui qui rapporte toutes les lignes par des mesures prises par abscisses et ordonnées, ce qui donne la position des droites qui forment le contour du polygone. Chaque position de droite est fixée sur la planchette par deux points; on construit toutes les longueurs au moyen de l'échelle et du compas.

Après avoir déterminé sur le terrain la base AB, on placera à volonté la planchette en E; sur cette base on tracera le rayon BEA, et l'on mesurera sur le terrain la distance BE, et au moyen de l'échelle on fera bE égal à BE. Du point E, on mènera un rayon quelconque; seulement il est plus avantageux de le déterminer sur un objet donné, et dont on a besoin d'avoir la situation, tel que l'arbre placé en M; on mesurera EM, puis on marquera cette dimension sur la planchette; on tracera la droite $b\,m$, et on aura le triangle $b\,$Em égal à BEM.

On fera la seconde station, en portant une dimension quelconque Ee; on la construira sur la planchette, puis on portera la planchette de E en e, puis on dirigera le rayon tracé sur la planchette, et qui sert de base de A en B. On continuera comme on a fait au point E, on dirigera un rayon sur R ou sur Q; puis on mesurera eQ, eP, les distances PR et eA que l'on construira sur la planchette, on aura les points $e,r,p,m,b,o,n,q,$ qui détermineront très-exactement le polygone ARMBOQ.

Si l'on mesure le prolongement QV, NU, et les distances UT, V*f*, on aura très-promptement et très-exactement le rectangle QOT*f*; il en sera de même du rectangle X. On prolongera T*f*, AR, suffisans pour avoir la position et la construction de la figure.

Il suit de là que, si l'on prolonge AB, MN, PQ, etc., on levera et on aura orienté toutes les différentes figures qui peuvent se présenter.

Observations. La planchette offre de grands avantages, parcequ'elle dispense de faire un brouillon ou minute cotés, pour le rap-porter ensuite : on trace directement sur le ter-rain, et on obvie aux erreurs qui pourraient se glisser au cabinet. On aura donc l'avantage d'a-voir une minute exacte. On levera facilement le cours d'un rivière et le parcellaire du terrain, en faisant des stations aux points les plus re-marquables, pour en prendre la figure avec soin, etc: On peut supposer (n°. 344) que les points E,M,N,O,P,D, appartiennent au con-tour d'une rivière, et que l'on a choisi les points ABC pour station; on opérera sur chaque pour avoir les détails que l'on pourra réunir au besoin.

N°. 349. *Lever des plans de villes.* On peut d'abord lever le périmètre extérieur; pour l'intérieur, on choisit le lieu ou la place la plus avantageuse pour commencer à placer la planchette, de manière que l'on puisse, de ce point, tracer sur le papier des rayons dirigés à chacune des rues qui aboutissent à cette place : on donne à ces rayons la longueur géométrique correspondante à leur mesure, prise sur le terrain. L'entrée des rues, ainsi fixée, fournira autant de points propres à vérifier les opérations, lorsqu'on reviendra à ces points ; on cheminera toutes les rues, comme l'indique la ligne ponctuée, en prenant les angles et mesurant l'intervalle de chaque station. On aura le contour des rues, le détail des alignements des maisons et autres sinuosités qui s'offrent fréquemment.

Les rues et portions circulaires seront levées en formant une suite de stations en forme de polygone, de manière à former la courbe avec les points que l'on aura levés. On marquera les édifices et objets remarquables, suivant le n°. 568.

Lorsque le plan est levé à une grande échelle, on fait plusieurs planchettes que l'on réunit. Supposons que le levé de la première planchette $A a$ soit terminé, et que l'on veuille terminer le levé sur la planchette $B b$, on rapprochera le dessin de la planchette déjà faite sur la feuille de papier blanc ; puis on prolongera toutes les rues dont il sera possible d'avoir la direction, telles que $P p$, $Q q$, $R r$, et au moyen de ces directions que l'on fera correspondre avec l'axe des rues, on continuera de lever la suite de la ville ou des détails du plan. Au moyen des repaires déterminés par les rues, on peut ajouter autant de planchettes qu'on voudra (*Voyez*, pour les détails des rues, le nº. 337).

Nº. 350. *Orienter une planchette.* On fait cette opération au moyen de l'aiguille aimantée de la boussolle, que l'on pose sur la planchette lorsqu'elle est bien orientée ; c'est-à-dire que l'on fait passer des droites qui doivent correspondre parfaitement avec les lignes tracées sur la planchette, et les objets correspondants sur le terrain. Ordinairement le côté latéral des cadres des feuilles, qui composent le levé, est dans la direction de la méridienne.

Dans le cas où l'on ne pourrait pas orienter la planchette avec l'aiguille aimantée, on déterminera la direction de la méridienne, au moyen du soleil ou des étoiles. Lorsqu'on emploie le soleil, on se sert d'un style **PST**, portant à son sommet **T** une petite plaque percée d'un petit trou ; cette plaque est portée par un support **S**, fixé dans un pied qui porte une autre petite plaque **P**, refendue d'un cran aigu, pour reposer la pointe du compas lorsque l'instrument est placé horizontalement. Le trou **T** et l'angle placé au milieu de P, doivent se trouver dans la même verticale.

Supposons la planchette ABC fixée et orientée sur le terrain, avec les objets dessinés dessus, le style étant fixé aussi sur la planchette ; on observera, quelques heures avant midi, la marche du rayon solaire qui passera par la plaque P, et on la marquera en 1.

On répétera l'opération quelque temps après, et l'on marquera le point 1′; puis, du centre P, on tracera avec un compas deux arcs, dont les rayons sont P 1, P 1′. Cela fait, on observera quelque temps après midi, comme on l'a fait auparavant ; et lorsque la lumière passera juste sur les circonférences tracées du point P, on marquera ce passage par les points 2′ et 2. De ces points 1 2, 1′ 2′, il est très-facile de conduire la méridienne sur la planchette, de cette manière :

Des points 1, 2, on élèvera une perpendiculaire M m, qui sera la méridienne ; elle passera par le pied de la verticale PT. Les points 1 2 seront des moyens de vérification.

Toutes les parallèles à cette ligne M m formeront autant de méridienne. Quand on veut connaître la déclinaison de l'aiguille aimanté de la boussole, il faudra poser sur cette ligne ou sur toute autre parallèle à cette ligne : l'un des diamètres du cercle de la boussole ; l'aiguille s'écartera de ce diamètre et la déclinaison sera la mesure de l'arc.

N°^s. 351 et 352. *Avec la planchette, mesurer une hauteur verticale sur un terrain horizontal.* On placera la planchette verticalement, telle qu'en P (n°. 352); on tracera la ligne horizontale EC, et les rayons EA, EB, puis on mesurera EC. On proportionnera, sur la planchette, la mesure trouvée sur le terrain; on élevera la perpendiculaire ca, et on aura eba égal à CA.

Mesurer la hauteur CA, *dont on ne peut approcher.* On fera une première station en P, et l'on formera les rayons Ec, Ea; on mesurera une distance quelconque Pp; on la marquera sur la base de la planchette de Ec. On portera la planchette de P en p, et du point e on prendra les rayons EC, EB, EA, qui couperont les premières en cba. L'échelle qui aura proportionné Ee, déterminera les dimensions comprises entre ac.

Le terrain étant en pente, mesurer la hauteur AN. On placera deux jalons de même hauteur, de manière à former une ligne droite telle que OJM; on placera la planchette en Q; on dirigera du point O la base OM, et tous les rayons ON, OD, OC, OB et OA; on mesurera la base que l'on proportionnera sur la planchette, et on la transportera près du jalon

IJ, à la distance où l'on aura mesuré la base;
on dirigera la base tracée sur la planchette
suivant les hauteurs OJM, et l'on prendra de
nouveau les rayons comme on l'a fait à la première station.

Les rayons se couperont en des points qui
détermineront ceux compris entre NA.

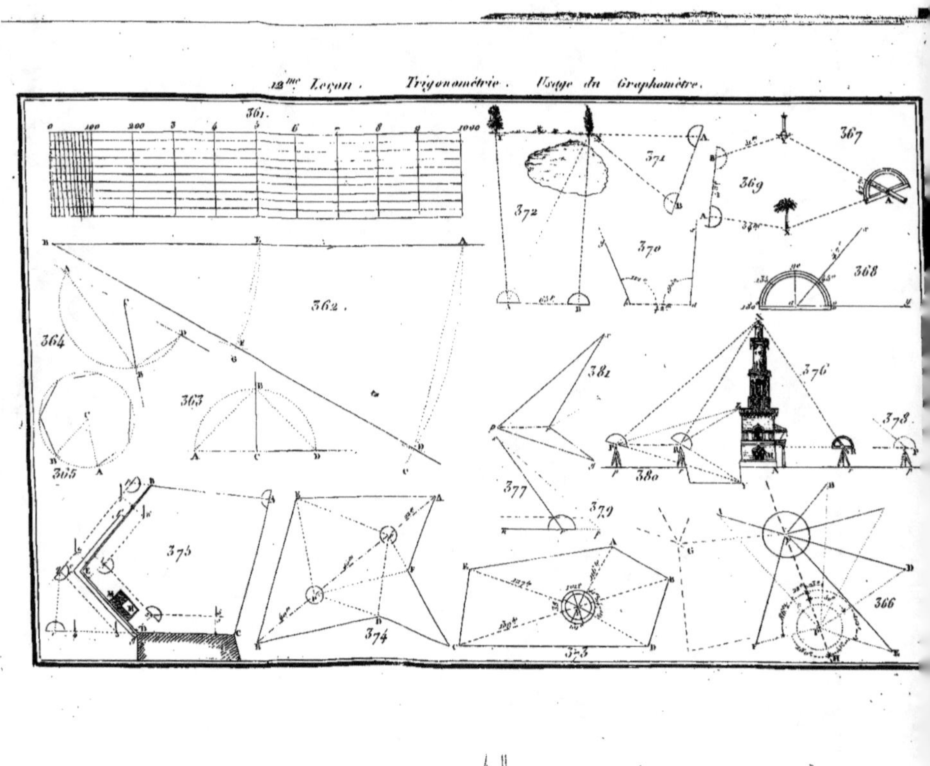

LEÇON DOUZIÈME.

TRIGONOMÉTRIE RECTILIGNE. APPLICATION DU GRAPHOMÈTRE A LA PRATIQUE DE LA TRIGONOMÉTRIE.

La trigonométrie rectiligne, ou *plane*, a pour objet la mesure des triangles rectilignes en général.

Tout triangle est composé de trois côtés, et de trois angles, ce qui fait six parties, trois desquelles étant connues, la trigonométrie enseigne à connaître les trois autres, pourvu que les trois parties connues ne soient pas les trois angles; car il est évident qu'il peut y avoir une infinité de triangles semblables, dont les côtés homologues seront de longueurs inégales. Il n'est donc pas possible de déterminer la longueur absolue des côtés, par la connaissance des trois angles d'un triangle; mais on connaîtra du moins les rapports que les trois côtés ont entre eux.

La trigonométrie emploie, pour la résolution des triangles différentes lignes, tel que des *sinus, cosinus, tangentes, cotangentes,* et les tables des *logarithmes.* Ne pouvant être expliqués dans cet ouvrage, on renvoie le lecteur aux ouvrages qui en traitent spécialement. Nous remplaçons cette partie par l'explication du rapporteur exact (*), dont nous allons donner l'usage d'après les auteurs ci-dessous désignés.

Le moyen qui offre le plus de précision pour tracer des angles donnés, est de se servir des longueurs des lignes trigonométriques qui les mesurent, les tables qui se trouvent dans les ouvrages sont destinées à donner *les cordes des arcs*, le rayon étant de 1000. On cherche le degré proposé en tête des colonnes, et on descend jusqu'à la ligne des minutes, qu'on voit indiquées dans la première colonne de chaque page.

(Voir les tables, pages 231 et 232).

(*) Le rapporteur exact, ou tables des cordes de chaque angle, depuis une minute jusqu'à 180 degrés, par M. *Bàudusson.* Cet ouvrage est indispensable aux personnes qui lèvent des plans au graphomètre, et qui veulent construire des triangles sans le secours du calcul des tables de logarithmes. *A Paris, chez F. Didot ; prix, 2 fr.*

M. *Francœur* a publié la goniomètrie, ou l'art de tracer sur le papier des angles dont la grandeur est connue. *A Paris, chez Bachelier, prix ; 1 fr. 50 c.*

Exemple des tables de M. Baudusson.

45 DEGRÉS.					765	37
M	Corde.	R		M	Corde.	R
1	765	64		31	773	69
2	765	90		32	773	96
3	766	17		33	774	23
4	766	44		34	774	49
5	766	71		35	774	76
10	768	05		40	776	10

48 DEGRÉS.					813	47
M	Corde.	R		M	Corde.	R
1	813	74		31	821	70
2	814	00		32	821	97
3	814	27		33	822	23
4	814	54		34	822	50
5	814	80		35	822	76

90 DEGRES.	1414	21

La première colonne à gauche renferme les minutes de chaque degré; la seconde les cordes de chaque minute, et la troisième contient les restes ou fractions décimales de chaque corde dont le dénominateur est toujours cent ; c'est-à-dire que chaque fraction est des centièmes de l'unité.

Par exemple, si on a besoin de la colonne de 48 degrés 34 minutes ; cherchez au haut de la page, vous trouverez 48 degrés, ensuite dans la colonne des minutes, le nombre 34 à côté, vous trouverez 822, qui est la corde de cet angle avec $^5\!\%_{100}$ de reste : ce qui signifie que la véritable corde de cet angle est de 822 plus $^5\!\%_{100}$ ou une demie.

N°. 361. *Echelles de transversale* (voir le n°. 290 pour la construction). Cet échelle doit être préférée parce qu'elle donne avec plus de précision les plus petites subdivisions. Si le tracé est fait avec soin , le résultat aura la précision désirable ; les pointes de compas doivent être bien fines.

N°. 362. *Sur une ligne* AB *et du point* B *comme centre , construire un angle de* 45 *degrés* 10 *minutes.* Prenez avec le compas la longueur ou distance de 1000 parties égales de l'échelle , et l'ayant portée sur la ligne donnée de B en A, de cet intervalle , décrivez l'arc de cercle indéfini A C D.

Cherchez ensuite dans les tables 45 degrés ;

descendez ensuite dans les colonnes des minutes à l'endroit où vous trouvez 10 ; à côté,
dans la colonne des cordes vous trouverez 768 ;
et encore à côté de ce dernier, dans la colonne du reste, vous trouverez 05, ce qui
signifie que la corde de 45° 10, est de 768
parties, égales et $^{05}/_{100}$ que l'on peut négliger.
Prenez avec le compas sur la même échelle les
768 que vous portez sur l'arc de cercle ACD
pour y avoir le point D, la droite qui passera
par le point B et D formera l'angle ABD de
45° 10 minutes.

Si on ne voulait pas un rayon de cette longueur, ou qu'on ne pût pas décrire cet angle
ou tout autre avec un tel rayon, on n'aurait
qu'à en prendre la moitié, qui est de 500 qu'on
portera sur la même ligne de B en E et de cet
intervalle on décrira l'arc indéfini, EFG, et si
c'est le même angle que l'on veuille tracer, on
prendra la moitié de sa corde 768, qui est
de 384, que l'on portera sur cet arc, EFG,
pour avoir le point F duquel, par le point B,
on mènera la ligne BF ; on aura l'angle EBF
de 45° 10.

N°. 363. *Construire un angle droit.* Sur
la droite AD, on trace un demi-cercle ABD,
avec un rayon égal à 1000, pris sur l'échelle,
puis on portera des points AD, extrémités du
diamètre, la corde AB, ou DB de 1414, 21,

on tracera le rayon **CB**, il sera perpendiculaire à **AD**.

Si l'on veut tracer un angle de plus de 90°, on en fera le supplément à 180°, puis prolongeant un des côtés, l'angle obtus ainsi formé sera celui qu'on demande.

N°. 364. *Construire un angle de* 133 *dont le supplément est* 47°. On fera (par la construction figure 362), l'angle **BCD** de 47°, et l'ouverture **BCA** sera de 133°. Cette manière d'opérer est plus exacte que si l'on eût employé la corde **AB** de l'arc **BA** de 133°, à cause de l'obliquité d'incidence des rayons **CB**, **CA**, sur cette corde, on voit qu'il suffit d'avoir une table de 90°.

Exemple des tables de M. Francœur, avec leur application.

CORDES DE 48 A 55 DEGRÉS.

M	48°	49°	50°	51°	52°	53°	54°	55°
0	8135	8294	8452	8610	8767	8924	9080	9235
1	37	97	55	13	70	27	82	38
2	40	99	58	15	73	29	85	40
3	43	8302	60	18	75	32	88	43
4	45	04	63	21	78	34	90	45
5	48	07	66	23	80	37	93	48
6	51	10	68	26	83	40	95	50
7	53	12	71	29	86	42	98	53
8	56	15	73	31	88	45	9101	56
9	99	18	76	34	91	47	03	58
10	8161	8320	8479	8636	8794	8950	9106	9261
11	64	23	81	30	96	53	08	63
25	8201	8360	8518	8676	8833	8989	9145	9299

OBSERVATION: Les tables sont calculées avec un rayon de 10,000 parties de l'échelle, s'il n'en a que 1000, les cordes seront données par les tables en négligeant le dernier chiffre à droite, sauf à augmenter d'une unité le chiffre qui précède, quand celui qu'on néglige surpasse 5. Cette remarque s'applique à l'usage de l'échelle qui se trouve gravée (n°. 361). On pourra même prendre 100 pour rayon, et négliger les deux chiffres à droite.

Par exemple, le rayon étant 100, la corde de l'arc de 31° 48 est 548, si le rayon était 10, la corde de cet arc serait 55.

N°. 365. *Construction du polygone*. On cherchera les angles comme au n°. 103, puis on construira les angles comme au n°. 362.

Par exemple : si le rayon d'un cercle est 517 parties de l'échelle, et qu'on demande la corde de l'arc de 51° 25′ 43″, comme cette corde est 8677, quand le rayon est 10000, on posera ;

$$10000 : 8677 \text{ ou } 1 : 0,8677 :: 517 : x.$$

On trouvera pour la multiplication que la corde est 448,6. Pour inscrire un polygone régulier de sept côtés dans un cercle donné n°. 565, dont le rayon est 517, comme en divisant 360° par 7, le quotient est 51° 25′ 43″, cet arc est celui que soutend chaque côté de l'heptagone cherché ; il suffira d'ouvrir le compas de 449 parties de l'échelle dont le rayon AC en a 517, et on portera cette corde AB sept fois successivement sur la circonférence donnée ; la septième fois, on devra retomber sur le point de départ, sauf les petites erreurs inséparables de toutes opérations graphiques.

J'ai dressé les tables ci-contre, pour remplacer les deux ouvrages ci-dessus désignés, le rayon des cordes est de 1000 parties égales. Les cordes donne les degrés et les demi-degrés de 1 à 90°., ce qui suffit pour former des angles aigu et obtus. Voir le n°. 364, et pour l'usage et les applications les numéros précédents.

TABLES

Des Cordes pour un Rayon de 1000 parties égales.

Degrés et minutes.	Cordes.	Reste.	Degrés et minutes.	Cordes.	Reste.	Degrés et minutes.	Cordes.	Reste.
0 30	8	73	16 »	278	35	31 »	534	48
1 »	17	45	16 30	286	99	31 30	542	88
1 30	26	18	17 »	295	61	32 »	551	27
2 »	34	90	17 30	304	25	32 30	559	76
2 30	43	63	18 »	312	87	33 »	568	03
3 »	52	35	18 30	321	49	33 30	576	39
3 30	61	8	19 »	330	10	34 »	584	74
4 »	69	80	19 30	338	70	34 30	593	08
4 30	78	52	20 »	347	30	35 »	601	41
5 »	87	24	20 30	355	89	35 30	609	73
5 30	95	96	21 »	364	47	36 »	618	03
6 »	104	67	21 30	373	05	36 30	626	30
6 30	113	39	22 »	381	62	37 »	634	61
7 »	122	10	22 30	390	18	37 30	642	88
7 30	130	81	23 »	398	74	38 »	651	14
8 »	139	51	23 30	407	28	38 30	659	38
8 30	148	22	24 »	415	82	39 »	667	61
9 »	156	92	24 30	424	36	39 30	675	83
9 30	162	62	25 »	432	88	40 »	684	04
10 »	174	30	25 30	441	39	40 30	692	23
10 30	183	10	26 »	449	90	41 »	700	41
11 »	191	69	26 30	458	40	41 30	708	58
11 30	200	38	27 »	466	89	42 »	716	74
12 »	209	06	27 30	475	37	42 30	724	88
12 30	217	73	28 »	483	84	43 »	733	00
13 »	226	41	28 30	492	31	43 30	741	11
13 30	235	07	29 »	500	76	44 »	749	21
14 »	243	74	29 30	509	20	44 30	759	30
14 30	252	40	30 »	517	64	45 »	765	37
15 »	261	05	30 30	526	06	45 30	773	42
15 30	269	70						

TABLES

Des Cordes pour un Rayon de 1000 parties égales.

Degrés et minutes.	Cordes.	Reste.	Degrés et minutes.	Cordes.	Reste.	Degrés et minutes.	Cordes.	Reste.
46 »	781	46	61 »	1015	08	76 »	1231	32
46 30	789	49	61 30	1022	59	76 30	1238	19
47 »	797	50	62 »	1030	08	77 »	1245	03
47 30	805	49	62 30	1037	55	77 30	1258	64
48 »	813	47	63 »	1045	00	78 »	1265	41
48 30	821	44	63 30	1052	43	78 30	1272	16
49 »	829	39	64 »	1059	84	79 »	1278	88
49 30	837	32	64 30	1067	23	79 30	1278	88
50 »	845	24	65 »	1074	60	80 »	1285	58
50 30	853	14	65 30	1081	95	80 30	1292	21
51 »	861	02	66 »	1089	28	81 »	1298	90
51 30	868	89	66 30	1096	59	81 30	1305	52
52 »	876	74	67 »	1103	87	82 »	1312	12
52 30	884	58	67 30	1111	14	82 30	1318	69
53 »	892	40	68 »	1118	39	83 »	1325	24
53 30	900	20	68 30	1125	61	83 30	1331	76
54 »	907	98	69 »	1132	81	84 »	1338	26
54 30	915	75	69 30	1139	99	84 30	1344	73
55 »	923	50	70 »	1147	15	85 »	1351	18
55 30	931	23	70 30	1154	29	85 30	1357	60
56 »	938	94	71 »	1161	41	86 »	1364	00
56 30	946	64	71 30	1168	50	86 30	1370	37
57 »	954	32	72 »	1175	57	87 »	1376	71
57 30	961	98	72 30	1182	62	87 30	1383	03
58 »	969	62	73 »	1189	65	88 »	1389	32
58 30	977	24	73 30	1196	65	88 30	1395	58
59 »	984	85	74 »	1203	63	89 »	1401	82
59 30	992	43	74 30	1210	59	89 30	1408	03
60 »	1000	00	75 »	1217	52	90 »	1414	21
60 30	1007	55	75 30	1224	43			

N°. 367. *Mesurer sur le terrain l'angle* **XAY** *au moyen du graphomètre.* On place le graphomètre en **A**, sommet de l'angle à mesurer, de manière que son centre soit verticalement au-dessus du sommet de l'angle ; et, pour être certain de l'exactitude, on laisse tomber un fil à plomb du centre de l'instrument, ensuite on dispose horizontalement le plan du graphomètre, de sorte qu'on vise par les pinnules de la règle fixée vers **X**, objet remarquable situé sur le côté de l'angle. Puis on fait aller et venir l'alidade, jusqu'à ce qu'on aperçoive, par ses pinnules, le point **Y** marqué sur l'autre côté de l'angle ; enfin on regarde à quel degré du limbe répond l'index de l'alidade, et on connaît la valeur de l'angle **A**.

Si l'on mesure **AX** et **AY**, on aura la distance **XY**, que l'on ne peut parcourir.

N°. 368. *Rapporter sur le papier un angle observé sur le terrain au moyen du rapporteur.* Après avoir tiré une ligne droite ay sur le papier, on placera le centre d'un rapporteur en a, et son diamètre sur la droite ay. On remarquera, sur le limbe du rapporteur, le degré trouvé sur le terrain, qui est de 47°. On fera sur le papier, et à l'endroit de la division, un point par lequel on mènera une droite ax qui formera l'angle de 47° avec la droite ay.

Si on fait ax et ay égaux à **AX** et **AY**, on

aura l'intervalle des deux objets XY que l'on peut connaître à l'aide de l'échelle.

Mesurer un angle x a y *sur le papier*. On appliquera le centre du rapporteur sur le sommet de l'angle, et le rayon de l'instrument sur le côté *ay*, on remarquera sur le limbe du rapporteur à quel degré l'autre côté *ay* coupe la circonférence. Si, par exemple, on trouve 47, l'angle *a* est un angle de 47°.

N°. 369. *Des stations* A *et* B, *trouver la distance qu'il y a entre les deux objets* X *et* Y *visibles mais inaccessibles*. On mesurera sur le terrain la base AB et les côtés AX et BY; et avec le graphomètre on mesurera les angles ABX, et du point B l'angle BAY, puis l'on construira sur le papier la figure YBAX, et l'on connaîtra ainsi par l'échelle la distance XY.

N°. 370. *Construire sur le papier la figure* 369. Au moyen du rapporteur et d'une échelle, on construira la base *ab* de 42^m de longueur, les angles de 112 et de 95^m, trouvés sur le terrain de la figure 369. On donnera aux côtés *ax* et *by* les 54^m et 51^m, longueur mesurée sur le terrain; et l'échelle qui aura proportionné *ab*, *by* et *ax* déterminera la distance *yx*.

N°. 371. *Trouver la distance d'un point* A *à un objet* X *dont on ne peut approcher*. On mesurera sur le terrain une base quelconque AB : on placera un graphomètre à l'extrémité A, on fera mettre un jalon à l'extrémité B, on mesurera l'angle **BAX**, on ôtera le graphomètre, et l'on placera un jalon au point **A**; puis on portera l'instrument à la place du jalon **B**, et on mesurera l'angle **XBA** : ainsi on connaîtra les deux angles d'un triangle, et la longueur de la base.

On construira cette figure sur le papier, au moyen de l'échelle et du rapporteur, comme on l'a fait aux figures précédentes.

Nᵒ. 372. *Du point* **B** *mesurer les distances* **BX** *et la distance qu'il y a entre les deux objets* **X** *et* **Y**, *visibles, mais inaccessibles.* On formera, sur le terrain, la base **AB** que l'on mesurera, ainsi que les angles **ABX** et **BAY**. On construira, au moyen de l'échelle et du rapporteur, les deux angles à l'extrémité de la base de 65 pieds mesurée sur le terrain. L'échelle qui aura mesuré cette base donnera la distance **BX** et l'intervalle **XY** inaccessibles.

Nᵒ. 373. *Lever le plan de l'hexagone irrégulier, dont on ne peut parcourir ou mesurer les côtés.* On placera le graphomètre au point **P**, d'où l'on puisse apercevoir les angles **ABDCE**; on mesurera les angles **APE**, **APB**, ainsi que les longueurs **PA**, **PB**, **PD**, et on aura les distances **AE** et **AB**, suivant les nᵒˢ. 371, 372, etc.

Nᵒ. 374. *Mesurer le terrain* **AEBDC**, *dont on ne peut parcourir les côtés.* On mesurera une base telle que **AB** ou une autre, si cette direction n'était pas possible. Sur cette base, on fera deux stations P et *p;* de chacun de ces points on mesurera les angles **PAE**, **PED**, etc., et on en fera autant du point *p*, suivant les nᵒˢ. 373 et 372.

Connaissant une base et des angles, on les construira sur le papier.

Pour établir le graphomètre avantageusement, on aura soin de le placer dans la direction des angles saillants ou rentrants, de manière à prendre avec l'alidade de la direction des côtés **DC**, **CF**, comme cette figure en offre un exemple; ce qui abrégera les opérations du mesurage des angles.

Nᵒ. 375. *Lever le plan irrégulier d'un terrain soit intérieurement ou extérieurement, ou par des opérations auxiliaires.* On commencera par faire sur le papier un croquis, figurant à peu près le terrain, les angles et les diverses parties qui composent le plan, et sans aucune mesure.

Ensuite on écrira, sur ce plan brouillon, les mesures des côtés et des ouvertures d'angles, que l'on aura levées sur le terrain, de manière à pouvoir rapporter sur le papier, au moyen de l'échelle et du rapporteur.

Mesurer l'angle **BED** *extérieurement; un fossé* f e g *empêche d'approcher au pied du mur.* On est forcé de faire un emprunt au moyen de plusieurs jalons *p*, 1, 2, *q* 3, placés à égale distance du mur, de manière à faire un angle parallèle à BED ; on levera cet angle et la distance des jalons au pied du mur.

Lever l'angle EDC , *le côté* DC *ne pouvant être parcouru.* On placera des jalons, tels que 3 et 4, dans la direction de DC, de manière à faire l'angle $q\,r\,3$, complément de l'angle EDC. Ayant la connaissance de cet angle, on peut le construire à l'extrémité de la droite $p\,q$; on prolongera $r\,4$ qui donnera DC. Si le mur DC était trop haut, et qu'on ne pût mettre les jalons dans le même plan du mur, il faudrait s'élever au point r, pour mettre ce premier jalon dans la direction DC, ensuite diriger le 3me. sur le 4me., et l'arête D. On aura aussi cette direction , en faisant élever un signal sur DC , si on peut entrer dans l'intérieur.

Lever les angles intérieurs BEDC , *le pied du mur ne pouvant être parcouru, soit à cause des saillies de la maison, ou par des obstacles qui peuvent se trouver sur une des directions* BE *ou* DC. On fera l'emprunt en plaçant plusieurs jalons à 3 ou 4 mètres de distance du mur. On pourra lever les angles 5 st 6, mesurer les côtés et toutes les irrégularités qui pourraient se trouver sur chacune des directions. Avec la connaissance des angles et des côtés, on rapportera sur le papier une figure semblable à celle qu'on aura levée. (*Voyez* les n°s. 5o4 et 5o5).

N°. 376. *Mesurer la hauteur de la tour* NX ,

dans laquelle on ne peut monter. On suppose le terrain horizontal ; on mesurera une distance arbitraire Nr, et on placera un graphomètre, de manière que son centre R réponde bien àplomb au point r : on dispose le diamètre horizontalement, en sorte que le plan de l'instrument soit vertical ; on fait tourner l'alidade jusqu'à ce que l'on puisse voir, à travers les pinnules, ou la lunette dont elle est garnie, le sommet X ; enfin on observe sur le limbe du graphomètre le nombre de degrés de l'arc compris entre l'angle XRM, qui mesure la valeur de l'angle.

Connaissant l'ouverture d'angle et la distance MR égale à Nr, on n'aura plus qu'à ajouter à XM la hauteur MN pour avoir la hauteur de la tour.

N°. 377. Au moyen du n°. 362 ou d'une échelle et du rapporteur, on construira l'angle nrx, qui comprendra la hauteur NXr de la figure 376. L'échelle qui aura proportionné nr déterminera la hauteur nx.

N°. 378. Si le pied de la tour était inaccessible, on formerait deux stations RP ; on mesurerait la base rp et l'angle XPM, comme à la figure précédente.

N°. 379. Si du point r on rapporte avec l'échelle la distance rp, et qu'on forme à l'extrémité p l'ouverture d'angle égal à l'angle XPM ; on formera le triangle xpr égal à

XPM, plus MN ou Pp qu'il faut avoir soin d'ajouter.

N°. 380. *Mesurer les hauteurs XZ et ZY d'une tour dont le pied est inaccessible.* On choisira une base telle que PR, d'où l'on puisse apercevoir les points X et Y : on commencera par mesurer la base pr égale à PR ; ensuite du point R on prendra les ouvertures d'angle ZRY, XRZ, plus l'angle XRP formé par un fil à plomb qui passera par le centre de l'instrument ; on écrira la valeur des trois angles, et on portera l'instrument en P, extrémité de la base mesurée. On prendra de nouveau les trois angles YPZ, ZPX et XPR, et on aura tout ce qu'il faut pour construire une figure semblable.

N°. 381. *Rapporter sur le papier les opérations de la figure précédente.* Au moyen d'une échelle, on proportionnera la base pr égale à la base PR ; on construira, aux extrémités de cette droite, les trois triangles prx, pzr et pry. Les angles x, z, y seront proportionnés à la base pr, et l'échelle qui a construit cette base, donnera la distance de xz, zy.

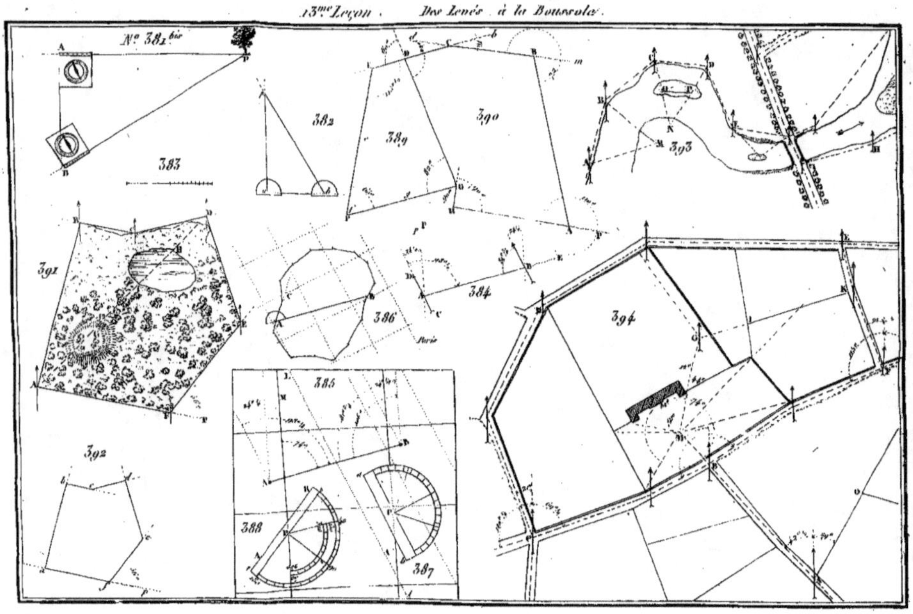

13.me Leçon. Des Levés à la Boussole.
N.o 381 bis
382
383
384
385
386
387
388
389
390
391
392
393
394

LEÇON TREIZIÈME.

DU LEVÉ A LA BOUSSOLE.

DESCRIPTION de la boussole. (*Voy*. les nᵒˢ. 316 et 317).

Boussole du géomètre. Avant d'opérer avec la boussole, il faut l'éprouver de la manière suivante : on la dispose horizontalement, et on oriente l'alidade dans le même sens des deux extrémités d'uue longue ligne droite, pour voir si l'aiguille donne les mêmes degrés de déclinaison ; l'aiguille doit toujours conserver sa même direction, ou elle n'est pas exacte. On connaît sa bonté lorsqu'elle est long-temps à se fixer.

Moyen de se servir de la boussole. Il consiste à prendre un alignement et à bien compter les degrés compris entre cet alignement. Il y a deux moyens : dans le premier, on ne considère point le nombre de degrés, lorsqu'il est au-dessous de 180°, on examine seulement si l'angle que fait l'aiguille aimantée est à droite ou à gauche de la ligne nord-sud tracée dans le fond de la boussole ; et on prendra la valeur de cet angle. Dans l'autre, on compte depuis zéro degré indiqué par la flèche jusqu'à 360° ; nombre de degrés compris entre zéro et le point où l'aiguille s'arrête.

La boussole ayant différentes constructions, on ne peut prévoir les mouvements de rotation du limbe, que l'on arrête, d'ailleurs, au moyen d'un bouton (1). Puis il y a les levés isolés, où l'on ne peut obtenir de points assujettis à une méridienne vraie, et où l'on peut laisser le zéro du limbe coïncider avec l'axe de la boîte, toujours considéré comme ligne de départ. Dans ce cas, on rapporte sur le papier les relèvements. (*Voyez* n°. 386.)

Déviation de la boussole. L'aiguille de la boussole dévie à peu près de deux décimètres à une distance de cent mètres, ce qui n'est pas appréciable sur le dessin ni même dans toutes les opérations géographiques. Le placement de la boussole n'est assujetti qu'à une seule condition, il offre par lui-même des moyens de vérification, sans reprendre la série des opérations. En finissant, on a soin de ne quitter le polygone qu'après l'avoir fermé avec précision.

N°. 381 bis. *Au moyen de la boussole, lever*

---

(1) D'autres ont une vis d'engrenage et tangente au limbe pour supprimer les lignes de déclinaison.

les angles du triangle **ABP.** Au point A on placera la boussole horizontalement, et on dirigera son alidade vers **P**; on observera l'angle que l'aiguille a indiqué; on écrira le nombre de degrés; on retournera la boussole pour diriger l'alidade de **A** en **B**; on prendra de nouveau l'angle indiqué par l'aiguille, avec la ligne *nord* et *sud* de la boussole, on fera placer un jalon au point **A**, et l'on portera la boussole en **B**; on dirigera les rayons **BA**, **BP**; puis on écrira le nombre de degrés indiqué par l'aiguille; on mesurera très-exactement, soit avec la toise ou le mètre, la base **AB**, et on aura tout ce qu'il faut pour construire sur le papier le triangle **ABP**. On connaîtra alors l'angle **P** pour la valeur des deux autres.

N°. 382. *Rapporter sur le papier le triangle que l'on vient de relever sur le terrain.* L'échelle n°. 383 étant donnée, on portera de *a* en *b* la même valeur de mesure de cette échelle qu'on aura trouvée sur le terrain; et, au moyen du rapporteur n°. 78, on formera aux extrémités de cette ligne les angles observés sur **AB**, elles iront se rencontrer en un point *p*. On aura, suivant l'échelle, la valeur des trois côtés du triangle *a p b*, égale à **APB**, et l'échelle qui aura proportionné la base *a b*, donnera les dimensions *ap*, *bp*. Il est convenable d'orienter le plan sur le papier, comme on l'a observé sur le terrain.

D'après ce qui vient d'être fait, on voit que

l'on peut mesurer des distances inaccessibles, puisqu'on n'a parcouru que la base AB pour avoir la longueur AP ou BP.

On se servira de préférence du rapporteur exact, indiqué n°. 361 et suivant.

Pour rapporter à la méridienne vraie, *voyez* les n°s. 385 à 388.

N°. 383. *Echelle*. On doit préférer pour les détails l'échelle de dixme, n°. 290.

N°. 384. *Dans les levés on observera la décli-naison de l'aiguille aimantée, afin de pouvoir rapporter les angles à la méridienne.* Pour obtenir la déclinaison de l'aiguille de la boussole, il faut connaître la position géographique de deux points, ou au moins celle d'un, et la direction sur un autre, afin d'avoir l'angle de cette ligne avec la méridienne.

La boussole étant à o, où coïncide la ligne o, et 180 avec les indicateurs du cercle dans lequel il se meut, on la place à l'un des deux objets, pour prendre la direction sur l'autre. Lorsque l'aiguille sera arrêtée, on cotera avec soin le nombre de degrés auquel elle correspondra ; on fera faire ensuite une demi-révolution à la boussole pour voir l'alidade à sa gauche, et on prendra une seconde direction sur le même objet. On lira l'arc parcouru par la même pointe de l'aiguille, et après avoir diminué un des deux arcs d'une demi-circonférence, on comparera le nombre de degrés restant à l'autre arc : la moyenne de ces deux résultats sera au point où l'on a fait la station. L'angle d'inclinaison, formé par le méridien magnétique, est le côté sur lequel on a opéré : la différence entre cet angle et l'azimuth de la ligne sera la déclinaison.

Autre manière d'observer la déclinaison de l'aiguille aimantée. Si l'on eût fait la station à un endroit quelconque **B**, sur l'alignement **AE**, dans ce cas, la boussole étant placée à ce point, on fixera l'alidade sur le point **A** ; et, sans déranger l'instrument, on s'assurera si le point **E** répond au rayon visuel des pinnules ; cela étant, on lira le degré indiqué par la pointe de l'aiguille qui se dirige du côté du nord ; puis, faisant faire ensuite une demi-révolution à la boussole pour observer l'objet **E**, le degré que la même pointe de l'aiguille aura indiqué sur l'autre demi-circonférence, fera voir s'il correspond au degré que l'on a eu à la première direction. S'il y a une différence, la moyenne des deux nombres sera l'angle entre le méridien magnétique et la ligne qui joint les deux points observés.

N°. 385. *Rapporter les relèvements des objets observés.* La ligne **L***l* représente l'aiguille aimantée, la ligne **MP** représente le méridien, et toutes les parallèles à cette ligne **MP** sont des parallèles au méridien. **A** est un point de station d'où l'on a rapporté tous les angles observés avec la base **AB**, comme on l'a levé au n°. 385.

Supposons que le côté **AB** fasse, avec le méridien du lieu, ou avec tel autre auquel les points sont rapportés, un angle de 74°, et avec le méridien magnétique, n°s. 384, 386, un angle de 98 1/4; la différence 24 1/4 sera l'angle de déclinaison de l'aiguille.

N°. 386. *Rapporter les opérations de l'aiguille aimantée.* Sur le papier l'on rapporte les relèvements; on trace, à un décimètre de distance l'un de l'autre, des lignes parallèles qui représentent l'aiguille aimantée; et, sur ces lignes, on élève des perpendiculaires pour rapporter les angles avec le nouveau rapporteur, n°. 388. On commencera à un point trigonométrique que l'on place arbitrairement sur son papier; on ira successivement de station en station, en orientant et mesurant, sans dessiner de détails, les différents côtés du polygone; si, en construisant le périmètre jusqu'au point de départ, il se ferme exactement, on sera sûr de leur position par rapport à ce nouveau point.

Remarque. Pour obtenir les angles de la boussole avec plus de précision, il faut se tenir vis-à-vis de l'extrémité de l'aiguille, quand on lit le degré qu'elle indique. Il faut aussi faire en sorte que le clou à vis, qui fixe au-dessous de la tige en bois du trépied de la boussole, n°. 308, le triangle en cuivre auquel tiennent les 3 pieds, ne soit pas en fer, afin d'éviter le dérangement qu'il peut causer à l'aiguille aimantée, et dont souvent on ne devine pas la cause. Il est bon aussi que les fiches, dont les chaîneurs se servent pour mesurer, soient en laiton bien écroui : par cette précaution, on préserve l'aiguille aimantée du dérangement qu'elles lui causent lorsqu'elles sont en fer, et qu'on les approche de la boussole.

Tracer une direction sur la carte. **Pour** tracer cette direction sur la carte, on mettra le diamètre du rapporteur sur la direction AB. Le centre étant sur le point A, de ce point, et avec un autre que l'on aura marqué au degré trouvé, on tracera une ligne AC qui sera la direction cherchée. On continuera de cette manière au point C, la longueur AC ayant été déterminée par la cote mesurée sur le terrain ; on formera la direction CD, etc.

N°. 387. *Rapporter les opérations de l'aiguille aimantée avec l'ancien rapporteur.* Lorsque les points sont coordonnés à un méridien, il faut, pour rapporter les relèvements de la boussole, tracer des lignes qui fassent, avec ce méridien, un angle de déclinaison égal à celui de l'aiguille aimantée.

On est obligé de faire deux opérations pour rapporter les directions des angles formés par l'aiguille aimantée et l'objet observé. Lorsque le point de station est trop près, ou trop éloigné du méridien, et que les angles sont trop aigus ou trop obtus, on place le centre et le degré du rapporteur à la fois sur le méridien; on le fait ensuite mouvoir parallèlement à lui-même. Mais le peu d'ouverture d'angle entre la règle et le diamètre du rapporteur couvre le point de station, ou la règle n'y atteint pas; alors, dans l'un ou l'autre cas, on devrait tracer la direction hors du point de station, pour lui mener ensuite une parallèle par le point où la direction aurait dû être tracée, et par conséquent faire une double opération.

Quand l'angle d'une direction indiquée par l'aiguille aimantée est trop aigu ou trop obtus, elle ne peut pas toujours être tracée d'une seule opération avec le rapporteur ordinaire, parce que, l'angle avec le méridien étant trop aigu, sa règle $R\,r$, subordonnée au degré et au centre, qui doivent toujours rester sur le méridien, ne peut pas arriver sur A; on emploie alors le rapporteur complémentaire, et l'on se sert des lignes perpendiculaires au méridien.

N°. 388. *Rapporter sur le papier avec le rapporteur complémentaire, divisé en* 360° (320).

Quand on rapporte les degrés, il faut avoir soin, sur-tout à la première station, de tracer la direction du premier objet observé du côté convenable relativement au méridien, afin qu'elle soit bien orientée d'après le nombre de degrés que l'aiguille a indiqué. De o à 90, la direction se tracera dans la région nord-ouest; de 90 à 180, dans la région sud-ouest; de 180 à 270, dans la région sud-est; enfin, de 270 à 360, dans la région nord-est, le nombre de degrés qu'on rapporte étant lu et correspondant à la pointe nord de l'aiguille, et l'alidade étant à droite.

Supposons qu'à la première station A, l'aiguille de la boussole ait marqué le degré 230 pour la direction observée; on placera, comme nous l'avons déjà dit, le rapporteur sur le papier, de manière que son centre P, et le degré s'appliquent à la fois sur le méridien MP; on le fera mouvoir parallèlement à lui-même, et toujours sur ce méridien, jusqu'à ce que la règle R r rencontre le point de station A; alors on tracera la direction AR du côté sud-ouest, et cette ligne indiquera sur la carte le rayon de l'objet que l'on a observé. Si l'on prend plusieurs directions à la même station, on les rapportera par le point A, autour de la direction que l'on vient de tracer, et suivant l'orientation des objets, d'après les degrés indiqués par l'aiguille aimantée. La seconde station se rapportera à la suite de la première, et ainsi de suite.

N°. 389. *Lever le plan du trapèze* **DEPG**. Si on peut entrer dans le terrain, ou seulement parcourir les bords, on en mesurera les angles

GPE et les bases g, e, et avec ces deux données on construira la figure comme au n°. 382.

N°. 390. *Lever le plan du polygone dans lequel on ne peut entrer ou que l'on ne peut parcourir entièrement.* On a déjà vu plusieurs moyens dans le levé à la chaîne (n°. 330), et à la planchette ou au graphomètre (n°ˢ. 347, 375), comment on mesurerait extérieurement ou par des emprunts. Ainsi on mesurera l'angle DCB, en prolongeant BC en d et DC en b, on aura l'angle opposé dCb égal à DCB; on prolongera CB en m, et on mesurera l'angle ABm; on en fera autant pour l'angle A et pour l'angle H qui peut être mesuré en dedans et en dehors. Ainsi lorsqu'on aura les bases GH, HA, AB, BC et CD, ainsi que les angles C, B, A, H, on aura tout ce qu'il faut pour construire la figure.

On peut voir par la réunion des figures qu'il est avantageux de lever plusieurs terrains contigus puisque le premier levé donne deux côtés de l'autre; car le n°. 389 donne le côté Dc et DG réciproquement.

N°. 391. *Au moyen de la boussole, lever le plan de la forêt* ABDE. On placera des jalons aux angles et aux sinuosités les plus apparentes, telles que A, B, c, D, E, F; si les côtés n'étaient pas bien formés, tels que ceux BDF, on évaluerait les sinuosités avec la ligne droite qui partirait d'un jalon à un autre, comme on l'a fait pour ACH du n°. 336 ; en partant de l'un de ces points, on mesurera les angles et les distances entre chaque jalon, de manière à pouvoir construire très-exactement avec l'échelle et le compas, la figure ou le périmètre de la forêt.

On peut lever les angles sans boussole en prolongeant AF vers P, et en mesurant l'angle PFE et les bases AF, EF : ainsi des autres.

Percer une route dans une forêt, la direction AD *étant donnée.* Je suppose que le plan en soit très-exactement levé, et s'il ne l'était pas, il faudrait le faire, en mesurant les angles AB*c*D, puis construire l'angle que forme la droite AD, avec AB et *c*D. Il est clair que si les points AD sont visibles, qu'il suffit de placer des jalons dans l'intervalle et dans cette direction, de manière à porter à droite et à gauche de chaque jalon la moitié de la largeur de la route, ce qui peut se faire aux deux extrémités, et jalonner les deux côtés de la route.

La forêt ne permet pas toujours ce genre d'opération ; puis ici il y a obstacle par la montagne G ; alors il faut avoir recours aux angles extérieurs. Enfin, l'angle de la direction étant connu, on placera la boussole à un des points A,D, et on fera marcher dans cette direction, et aussi doucement que l'on voudra, en plaçant des jalons de distance en distance, et une fois qu'il y en aura deux de placés dans la direction, il sera facile de prolonger sans boussole. On sera sûr, si l'on a bien pris l'angle et bien jalonné, d'arriver très-exactement au point D.

On peut commencer l'opération en même temps des points A et D, et abréger le temps en employant le double de monde ; les circonstances seules peuvent commander l'un ou l'autre de ces moyens.

Si la mare HI empêchait de jalonner AI, il faudrait faire faire le tour de la mare, et suivre son bord opposé, jusqu'à ce que l'on rencontrât H dans la direction de IA, puis on prolongerait HI jusqu'au point D.

Si les contours de la forêt n'étaient pas praticables, ou que l'on ne pût en faire le tour, il faudrait faire élever un signal au point A, visible du point D, ou au point D, visible en A ; de manière à pouvoir prendre avec la boussole l'angle que forme cette ligne avec la méridienne. Si on peut monter au haut du signal, pour observer avec la boussole, on cherchera dans la campagne deux endroits d'où l'on puisse voir les signaux, de manière à faire quelques jalons dans cette direction, et à pouvoir prolonger dans la forêt ; un seul côté suffit, et ce moyen de jalonner est très-exact et très-prompt, et peut se faire sans instruments.

Usage des flambeaux ou autre lumière. La nuit, on peut se servir avec succès de flambeaux au lieu de jalons, pour placer des points de repaire avec des piquets, ce qui formera une ligne jalonnée que l'on reconnaîtra le jour.

Nº. 392. *Rapporter sur le papier le plan qu'on a levé à la boussole.* Au moyen de l'échelle, comme on l'a dit nº. 382, on construira la base *af*, sur laquelle on formera l'angle *efp*, égal à **EFP**, ou *baf* égal à **BAF**, ainsi de suite.

Nº. 393. *Lever le cours d'une rivière* **ABC DE** *avec la boussole.* On placera des jalons sur un de ses bords, de manière à avoir différentes bases, telles que **AB**, **BC**, etc. On mesurera la longueur des bases, et l'angle qu'elles forment avec la ligne nord ou la méridienne. Si les sinuosités de la rivière sont nécessaires, et qu'on veuille les avoir exactement, on emploiera le moyen indiqué par **ACH** (nº. 336).

Si, en faisant la première opération, on voulait prendre la largeur de la rivière, ou relever quelques points remarquables, on dirigerait la lunette de la boussole sur ces points ou sur des jalons que l'on y aurait placés, tels que **MN** ou **OP** : le point **M** se relevera des points **AB**, et **N** ou **OP** des points **CD**; la base **AB** étant mesurée ainsi que les angles **BAM**, **ABM**, on construira le triangle comme on l'a fait au nº. 382, et il en sera de même pour tous les autres triangles que l'on pourrait mesurer.

On peut prendre les directions des routes, des ponts, etc., comme l'indiquent les lignes ponctuées et les directions de l'aiguille aimantée de la boussole placée en EH, etc., sur le plan.

N°. 394. *Au moyen de la boussole, lever le plan d'un pays avec les détails qui s'y trouvent.* On prendra des bases suivant les chemins formés par les grandes routes ou les murs de clôture ; enfin, on passera, s'il est besoin, par tous les petits sentiers, pour avoir le parcellaire des terres.

Soit pris pour première station le point **A** : on dirigera son alidade sur la direction **AB** et **AO** ; on marquera sur le croquis les angles trouvés entre la direction **AB** et l'aiguille aimantée, et on en fera autant pour la direction **AO** ; on mesurera ensuite les distances **AO** et **AB**, que l'on aura soin d'écrire sur le croquis.

On fera une seconde station au point **B** ; on mesurera les angles et les distances que l'on pourra former dans les directions **BC** et **BF** ; on fera le tour du polygone **BFEDC** ; on mesurera les angles et la distance des bases à tous les points où la boussole aura été placée. On peut lever de cette manière tous les chemins, ou du moins la direction des droites prise sur chaque chemin, car ils peuvent bien n'être pas tous droits : alors il faudrait laisser les jalons, ou enfoncer des piquets en place, pour relever les différentes sinuosités, ainsi que la rencontre des pièces de terre qui sont sur les bords du chemin.

Si l'on veut avoir le détail d'une ferme, ou lever le plan d'une cour avec la maison, on prolongera, par une des portes, un angle formé avec la direction de la route déja mesurée. Soit prolongé AB, qui est dans la direction de la porte ; on prendra sur cette direction un point quelconque, pourvu que l'on puisse voir le plus d'objets ou d'angles possible. Soit pris le point H, duquel on peut prendre les angles et les longueurs des rayons ; on pourra construire la cour et la maison, respectivement avec les chemins AB, CB et BF.

Pour continuer le levé, il est avantageux de placer le pied de la boussole dans la direction d'un côté donné, de manière à avoir sa position sans la mesurer : par exemple en G, que j'ai placé sur le prolongement IK. Le point K a pu être mesuré en parcourant le chemin EF, et cela vérifierait l'opération ; mais on peut s'en passer, il suffit de mesurer la base HG.

Registre des opérations faites sur le terrain.

POINT de départ.	DIRECTION de l'aiguille.		MESURE en toises.		POINT de départ.	DIRECTION de l'aiguille.		MESURE en toises.	
de A	42	½	17	3	de B en CDE.	117	½	7	1
	29		10	4		109	½	14	0
	136	½	25	2		21		14	3
de B à E	56	½	11	5		48		14	1
	66	¼	12	2		27	¼	13	2
	21		9	1		90		21	4
	15		5	0					

Observation. Plusieurs circonstances influent
sensiblement sur les variations de l'aiguille : il
suit de ces faits, que la boussole ne doit être
employée, pour le levé des plans et cartes,
qu'après avoir établi un canevas, dont les points,
qui forment les bases, sont déterminés par le
calcul ; et, lorsqu'on l'a complété, soit par des
périmètres ou par des positions arrêtées graphiquement avec la planchette, avec un semblable
canevas, on peut, quand on le veut, s'assurer
de la marche de l'instrument. Comme on se
trouve resserré dans de petits espaces, le dérangement de quelques minutes, dans les directions qui lient les objets entre eux, ne pro-

duit pas d'erreurs sur l'orientation des petits côtés que l'on mesure.

En bornant donc l'usage de la boussole principalement au levé des détails, malgré ses inconvénients, elle présente beaucoup d'avantages pour les reconnaissances et les détails qui doivent compléter un plan ou une carte.

LEÇON QUATORZIÈME.

DU NIVELLEMENT, DES DÉBLAIS ET REMBLAIS.

LES opérations de nivellement ont lieu pour connaître de combien deux points ou un plus grand nombre sont plus ou moins élevés les uns que les autres, On les emploie dans les travaux où l'on veut diriger des eaux, ou pour l'exécution des terrasses, où l'on veut évaluer les déblais et remblais. Il y a des niveaux de plusieurs espèces. Pour les petites opérations de détail, on se sert du niveau à fil à plomb (N°. 302); du niveau d'eau pour les petites distances de 1 à 100 mètres (N°. 304) ; pour les opérations d'une grande étendue, on se sert du niveau à bulle d'air simple et à lunette ; pour mesurer la hauteur des hautes montagnes, on se sert du baromètre. On n'en parlera pas dans cet ouvrage purement pratique.

N°. 395. *Explication du nivellement.* Le centre de la terre est supposé en C et les points ATBD représentent la partie de la terrre supposée ronde. Le point D est plus bas que le point

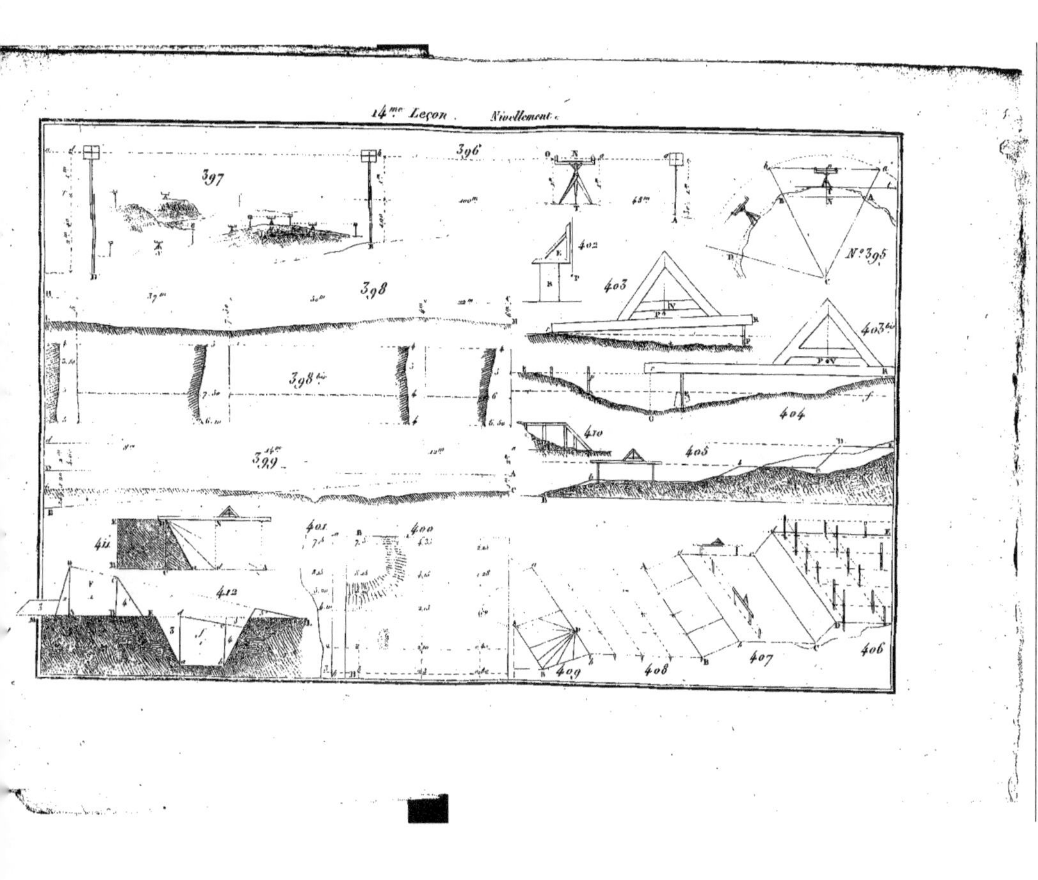
397
396
402
403
N.º 395
403 bis
398
398 bis
404
410
405
399
411
412
401
400
409
408
407
406

B, mais la distance CD, au centre de la terre, est la même que pour B*c*. Les points T et *t* sont dits de niveau malgré que le point T soit moins élevé du centre de la terre que le point *t* qui en est plus élevé.

Les points AB, sont dits de niveau, parce-qu'ils sont également éloignés du centre de la terre C. La ligne ATB est dite de niveau, parce-que tous ses points sont à une égale distance du centre de la terre. Cette ligne, dont l'étendue est supposée n'être que de 2 à 300 mètres, est de niveau à cause de la grandeur de la circonférence de la terre, et ne s'écarterait de la droite ANB que d'une très-petite quantité, qui ne peut être évaluée dans les travaux. La droite tangente à la terre est appelée *horizontale*, parce que la terre nous paraît plate et de niveau. On appelle cette ligne T *t niveau apparent*, et ATB *niveau vrai*. Une ligne de niveau apparent est une ligne droite ; une ligne de niveau vrai est une courbe : ainsi, une surface, dont tous les points sont également éloignés du centre de la terre, est une surface de niveau ; telle est la surface de l'eau tranquille d'un bassin.

Observations, et manière de se faire entendre en travaillant au nivellement. Pour aligner ou tracer, il faut être au moins trois personnes ; on ne peut parler en travaillant, surtout dans les grandes distances où la voix se perd ; on a recours alors à des signes conventionnels.

Si , en alignant un jalon sur une ligne , il s'incline du côté gauche , il faut montrer la main en l'agitant de gauche à droite , pour indiquer que ce jalon doit être redressé du côté droit. Si la mire doit être levée ou baissée , on levera ou baissera la main jusqu'à ce que le niveleur soit satisfait.

Il faut éviter de faire des nivellements par un temps sombre et pluvieux , ainsi que par une trop grande chaleur , un grand vent ; ces différents états atmosphériques nuisent à la vue , et font varier le rayon visuel. Il faut que les yeux distinguent parfaitement les objets éloignés.

Quand on est pressé et qu'il fait beaucoup de vent , il faut avoir recours à un paravent qui garantisse le niveau.

Lorsqu'on est forcé de se servir du niveau quand il gèle , on remplace l'eau par de l'eaude-vie.

Lorsqu'on fait des nivellements pour de grands travaux , et qu'on ne les exécute que très-lentement , il est d'usage de placer en terre , et dans la direction des travaux , des points de repaire , tels que de longs piquets enfoncés en terre , ou des bornes en pierre , sur lesquelles on grave la hauteur du déblai ou du remblai à faire.

N°. 396. *Au moyen du niveau d'eau* n°. 3o4) *construire la pente du terrain* TABD, *ou déterminer la différence de niveau entre deux points* AD. On placera l'instrument au point T, pour opérer, on fait placer un homme en A, tenant fixement et à plomb, une double toise ou règle graduée en parties métriques, avec la mire qu'il fera hausser ou baisser, suivant le commandement de l'observateur, au moyen des signes convenus. L'observateur se place à quelque distance du niveau, à un mètre ou 2 à 3 pieds à peu près; il baisse l'œil jusqu'à ce qu'il aperçoive les deux surfaces de l'eau se confondre avec le milieu de la mire; si cela n'était pas, il faudrait hausser la mire jusqu'à ce que le centre se confondît avec le rayon visuel qui passe par les deux surfaces de l'eau $O o$.

On mesurera les hauteurs NT et Aa, puis on comparera ces deux hauteurs; si elles sont égales, alors les points a et N et A et T seront de niveau; si A a est plus grand que TN, on fait la soustraction; la différence est ici, suivant le cotes, de 0^m 30 sur la longueur de 48^m.

Si l'on veut continuer l'opération du côté opposé, on fera marcher le porte-mire au point B ou au point D, et l'on opérera comme pour le point A; si la distance DT était trop considérable, ou la hauteur Dd trop élevée, alors il faudrait reporter le niveau entre la station BD, et l'on opérerait comme on a fait du point T pour les points AB;

N°. 397. Lorsque des vallées, des bois, ou d'autres obstacles empêchent les nivellements partiels, et qu'on se trouve obligé de niveler des objets fort éloignés, il faut que deux observateurs, placés chacun à l'un de ces objets, nivellent de l'un à l'autre au même moment, avec des niveaux à lunettes. Par l'effet des réfractions, et à une très-grande distance, un même objet, observé à des heures différentes, paraît de différentes hauteurs, et au-dessus du lieu où il est effectivement.

D'après ce que l'on vient de dire, si l'on veut avoir les profils de la montagne $x\,y\,z$, on placera successivement le niveau au point x et aux points intermédiaires, en mesurant à chaque station la hauteur du point qui suit au dessus ou au-dessous de celui où l'on opère; on enregistrera avec ordre toutes les hauteurs trouvées, en distinguant par deux colonnes celles qui vont en montant de celles qui vont en descendant; cette opération faite, on additionnera toutes ces hauteurs, prises en montant de x en y, et de y en z; en descendant, si ces deux sommes sont égales, les deux points seront de niveau; si elles sont inégales, on retranchera la plus petite de la plus grande, et le reste sera la quantité dont le point z est au-dessus ou au-dessous du point x.

N°. 398 et 398 *bis*. *Tracé des profils d'un terrain.* Dans les terrasses des routes on fait deux espèces de profils, les premiers dans la direction de la route LM, et les profils n°. 398 *bis* sont faits en travers de la route, ou perpendiculairement à la ligne LM. On commence par déterminer la ligne de niveau **HC** à une hauteur quelconque des points **M** ou **L**, on marque toutes les cotes verticales et les distances qui les séparent ; puis au moyen des deux cotes, on détermine avec beaucoup de soin la ligne de projection **AB** du n°. 399.

N°. 398. *bis. Des profils en travers.* Après avoir fait le nivellement dans l'axe donné, LM, on prend un assez grand nombre de profils en travers pour qu'on puisse regarder le terrain comme uniforme d'un profil à l'autre. Je suppose qu'on ait adopté 6^m au-dessus du terrain naturel en **M**, on aura trouvé en **L** 5^m ; ainsi des autres stations. On prendra, avec le niveau, plusieurs points que l'on aura soin de coter tels que les 5^m au point de départ $7^m 5o$, et 4^m, ainsi de suite. Avec tous ces profils il sera facile d'évaluer les remblais et les déblais, soit pour niveler le terrain, soit pour former une légère pente régulière, comme on peut le voir à la figure suivante.

Des terrasses, déblais et remblais. On appelle déblai un massif de terres qu'il s'agit d'enlever, et remblai lorsqu'il est question de rapporter des terres pour combler ou niveler une excavation. Il faut observer le tassement dans les remblais ; on est souvent obligé de recharger. Les terres foisonnent d'un sixième de leur volume en déblayant. (V. le n°. 411.)

N°. 399. *Déterminer la pente d'un terrain,*

et méthode de décomposer la solidité des ter-
rasses (1). Soit la direction donnée b C, ainsi
que la forme du terrain ; on cherchera la ligne
de projection AB ; cette ligne doit être placée de
manière que le cube des remblais diffère le
moins possible de celui des déblais. Pour déterminer la ligne de projection AB, il faut trouver
la pente que doit avoir cette droite, et s'assurer
si elle convient à l'objet qu'on se propose. Après
avoir fixé la hauteur au-dessous du point b et
au dessus de C, on déterminera celle qui passe
à 1^m 40 au-dessous de b et 1^m au-dessus de C,
et alors on aura la pente de la droite AB, comprise entre ad de 34^m de longueur :

Pente sur toute sa longueur.

Pente sur une longueur d'un mètre.

Sur une longueur de douze mètres.

Connaissant la hauteur $d\,b$, et $d\,$B, on aura
la hauteur Dd de 2^m ; de même pour Ca et CA,
on aura la grandeur des verticales $d\,$D et A$\,a$
de 2^m. Si l'on soustrait A$\,a$ de B$\,d$, la différence
sera la pente AB, sur la longueur $a\,d$, de niveau, et parallèle à AD. Pour avoir la pente par
mètre, on divisera 34^m, par 1^m 40, et on aura
la pente par mètre de AB. On voit que plus la
distance AD sera grande, plus la pente par mètre
sera petite.

---

(1) *Essai sur la Cubature des Terrasses*, par **P.**
Busson-Descars. Paris, 1818.

Si l'on voulait diminuer la pente **BD**, il faudrait ou alonger la distance **AD**, ou relever la point d'arrivée **B**, ou abaisser le point de départ **A**. Les cotes étant déterminées, on aura les différentes quantités, dont les lignes de projection indiquées par les profils entravés (n°. 398 *bis*) au-dessous ou au-dessus du terrain naturel. On ne saurait apporter trop de soin dans le calcul pour les déblais et remblais.

N°. 400. *Déterminer le différent mouvement du terrain, et se passer des profils.* Le plan **ABBP** étant levé, on formera plusieurs droites nivelées; on marquera les cotes en rouge; le point **P** à côté de *o* marquera le point de départ du nivellement, et toutes les autres cotes seront plus élevées que ce point de la quantité qu'elles exprimeront.

N°. 401. *Profils suivant* **BB**. Avec la connaissance des profils en travers, il sera bien facile de déterminer par le calcul, la quantité de déblai et remblai : il n'y a rien de plus simple, pour se rendre compte des différentes élévations, que de se faire un plan coté. La ligne *b b* étant horizontale, et à la hauteur du point *o*, on verra que, pour mettre la direction **BB** de niveau avec le point *o*, il faut enlever tout le profil *b b* dont les cotes indiquent la quantité de hauteur que la projection horizontale **BB** détermine. Il sera facile d'établir des profils suivant la direction

nivelée, puisqu'on aura sur le plan les cotes nécessaires pour les former.

*Opération du nivellement au moyen du niveau
à fil à plomb.* Le niveau ordinaire, quoique inférieur au niveau d'eau, ne laisse pas d'être assez
exact pour mettre de niveau de grands espaces,
tels que des cours, des jardins et des terrasses,
etc. C'est de ce niveau qu'ordinairement se servent les maçons et les menuisiers. L'usage en est
fort aisé, et la facilité d'en trouver partout le
fait préférer à tout autre. (V. le n°. 3o2.)

N°. 4o2. *Mettre un corps solide, tel que* R,
à plomb de niveau, ou de niveau seulement,
au moyen du niveau E, et d'une règle (n°. 3o2).
Lorsque l'on n'a pas de règle, on place une des
branches du niveau (qui doit toujours être d'é-
querre) sur le solide; puis, au moyen d'un fil
à plomb P, on verra si le côté de l'équerre qui
se trouve placé verticalement, rencontre dans
toute sa hauteur le fil à plomb; si cela n'exis-
tait pas, il faudrait lever ou baisser un des
côtés du solide, jusqu'à ce que le fil à plomb
fût dans toute sa hauteur, en contact avec le
côté de l'équerre : alors la condition sera remplie.

N°. 4o3. *Dresser un terrain ou le mettre de
niveau au moyen de piquets et de stations.* L'endroit où l'on pose la règle et le niveau, pour
faire l'opération du nivellement, s'appelle *station;* de sorte qu'un coup de niveau est compris
entre deux stations,

La première station se fait en plaçant sur un repaire ou point donné, tel que *r*, un des bouts d'une longue règle de 9 à 10 pieds (3 mètres environ); l'autre bout repose sur le bout d'un piquet que l'on enfonce en terre suivant le besoin. On s'assurera de la quantité d'élévation que la tête du piquet *p* a sur le point *r*, en mettant sur le milieu de la règle R *r* un niveau V, de manière à voir si le fil à plomb P tombe sur la verticale tracée sur la barre du niveau en V, comme on le voit dans la figure.

Nº. 403 *bis*. Il faut abaisser la règle du côté R, jusqu'à ce que le fil à plomb P réponde au point V ; on baissera le piquet *p* jusqu'à ce que le niveau soit juste ; ensuite on ôtera la règle pour rapporter le bout *r* sur le jalon P, afin de continuer le prolongement. On pourra ôter le niveau, et faire placer des piquets dans la direction, et à peu près de niveau en bornoyant, ou mirant le long de la règle, on enfoncera les piquets jusqu'à ce que leurs têtes paraissent justes à la hauteur de la règle.

Nº. 403 *ter*. Cette figure est la continuation de l'opération précédente. On voit le niveau et la règle ramenés horizontalement. Il n'est pas nécessaire d'enfoncer les jalons ou piquets de toute leur longueur ; il suffit de faire un repaire en marquant la ligne de niveau, et de rapporter des terres jusqu'au point marqué sur le piquet.

Nº. 404. *Dresser le terrain ou le mettre de*

niveau, les points **REG** *étant donnés.* On placera des piquets qu'on laissera de toute leur longueur ; on marquera la ligne de niveau ; on prendra la différence de hauteur Gr ; on calculera le remblai, et on enlevera des points Rf et $E\acute{e}$ de la terre, pour butter le piquet jusqu'à la hauteur **P**, hauteur reconnue suffisante pour niveler **EGR** suivant la droite ef.

On peut se dispenser d'enfoncer les piquets ; il suffit de faire soutenir la règle par un petit bâton que l'on coupera de longueur, pour avoir une mesure juste et portative des terres à enlever ou à rapporter. (*Voy.* les n°s. 400 et 406.)

On fait des jalons d'emprunt, que l'on rapporte des têtes des jalons nivelées à la hauteur des terres que l'on veut rapporter, ou en le faisant décharger du pied jusqu'à ce qu'il soit à cette hauteur.

N°. 405. *Dresser un côteau en terrasse, soutenue par des talus et glacis de gazon.* Sur le sommet du côteau, d'où l'on veut faire commencer la première terrasse **E**, on prendra très-exactement les différents profils cotés, comme au n°. 401, et l'on fera l'étude du remblai et du déblai. On aura égard aux *fondis* (creux ou excavations) qui sont à remplir, aux crêtes et buttes qu'il faut arraser. Le profil **BBE** ayant été levé, on en étudiera les talus et terrasse. Lorsque le terrain est très-en pente, on peut disposer les pentes de trois manières : la première, en

faisant des terrasses les unes sur les autres , à différentes hauteurs , que l'on soutient par de bons
murs de maçonnerie.

La seconde , en pratiquant de même des terrasses qui se soutiendront d'elles-mêmes par le
moyen des talus que l'on coupera à chaque extrémité des terrasses.

La troisième manière , c'est de ne point faire
de terrasses en ligne droite , ni de longs plain-
pieds entre deux ; mais seulement de trouver des
palliers ou repos à différentes hauteurs , et des
rampes douces ou des escaliers , pour la communication avec des estrades , des gradins , des
talus de gazon , enfin à former des amphithéâtres.
De toutes ces choses on choisira celle qui con-
viendra le mieux à la situation du lieu.

On levera et l'on dessinera les différents profils du côteau. afin de profiter des avantages
qu'offrirait la situation. On disposera les terrasses
avec économie , en évitant le remuement des
terres. Tout ce qui sortira des endroits trop élevés,
devra servir naturellement à rehausser les endroits
trop bas ; ce qui se doit faire avec un tel ména-
gement, que , les terrasses étant achevées, on ne
soit point obligé de rapporter ni, d'enlever des
terres.

Il faut faire des terrasses le moins que l'on
peut, et multiplier les moyens des plain-pieds
qu'on pratiquera les plus longs que le terrain le
permettra.

On appelle plain-pied l'espace de terre compris entre deux terrasses, c'est-à-dire soutenu par les murs ou talus.

Une ligne d'arrêt, en fait de terrasse, est l'endroit où se vient terminer le talus et la terrasse.

Il faut observer de laisser toujours une petite pente sur le terrain pour l'écoulement des eaux, comme d'un pouce ou 6 lignes par toises. Selon la longueur de la terrasse, cette pente se prend toujours sur la longueur, et non sur la largeur.

Il vaut beaucoup mieux couper les talus en pleine terre, c'est-à-dire en terre ferme, que de les construire en terre rapportée, ils se conservent beaucoup mieux et coûtent moins : cependant, quand on ne peut faire autrement, on se sert de clayonnage et de fascines que l'on construit en mettant de la terre d'un pied de haut, en commençant par le bas ; il faut mettre dessus un lit de fascines (1) ou de clayonnage de six pieds de large, rangé l'un à côté de l'autre, et faire en sorte que le gros bout ou la racine regarde la face du talus, et revienne aboutir, à un pied près du revêtement, on mettra ensuite un lit de terre par-dessus, et l'on continuera de même jusqu'en haut. On couvrira de gazon le talus qui aura été recouvert de 7 à 8 pouces de

____

(1) Les meilleures facines et claies sont en bois vert et de branches de saules, par lesquelles elles prennent facilement racine, et se lient mieux avec la terre.

bonne terre pour la proportion du talus (*Voyez* le n°. 411.)

Au moyen de toutes ces connaissances, on fera les profils, que l'on cotera tant en élévation que dans la projection horizontale. Pour construire les profils. (*Voy.* le n°. 410.)

N°. 406. *Dresser un terrain au moyen des piquets.* On plante une suite de jalons, ou de bâtons que l'on coupera de longueur ; on buttera le pied de manière à rapporter la terre jusqu'à la hauteur des piquets, ou de la marque faite sur le bâton ; si le bâton est long et nivelé à son bout supérieur, on se servira du jalon d'emprunt, après avoir enlevé ou rapporté des terres au pied de chaque bâton, de manière à avoir plusieurs points de repaire de niveau ; ensuite on dressera le terrain en plaçant un cordeau que l'on tendra bien et qui ira d'un piquet à un autre ; on dressera également le terrain au moyen d'une grande règle.

N°. 407. Pour dresser la tête des piquets ou bâtons que l'on a placés dans une même direction, on peut se servir du niveau comme au n°. 103.

N°. 408. *Dresser un terrain au moyen de piquets.* On aura soin de mettre toutes les têtes de niveau, ou suivant une pente donnée ; alors on posera la grande règle sur chaque tête de piquet, et on enlevera ou on rapportera autant de terre qu'il sera nécessaire pour dresser la surface, les piquets restent enterrés. Lorsque le terrain est plus élevé que les piquets, on fait des rigoles de niveau, et dans la direction des piquets; ensuite on dresse avec le cordeau ou la règle, de station en station.

N°. 409. *Dresser et couper les talus suivant leur ligne de pente* B b, A a. Pour bien couper les talus, il faut que les plain-pieds A *a*, B *b*, C *b*, *c a*, soient bien dressés, et, sur les lignes *a b*, et AB, qui déterminent la ligne d'arête du talus et la base, ou pied du talus, mettre un même nombre de piquets de 3 à 4 mètres (environ deux toises) de distance l'un de l'autre, puis tendre un cordeau de haut en bas, et, suivant sa tension d'un piquet à l'autre, faire une rigole d'environ 1 pied, et dégauchir la surface comprise entre les deux rigoles. On passera la boucle d'un cordeau dans un piquet quelconque, tel qu'en P, et on traînera ou promènera ce cordeau, étant bien tendu de tous sens, d'une rigole à l'autre, tandis qu'un homme coupera et arrasera à la bêche les endroits où il y aura trop de terre, en faisant suivre le cordeau sans le forcer; ainsi, donnant communication d'une rigole à une autre, on unira et aplanira tout le talus avec le râteau.

N°. 410. *Construction des talus en remblai.* (*Voy.* n°. 405.) On se sert d'un profil composé de tringles, disposées de manière à former l'arête et le talus entre deux plain-pieds. L'une des tringles est placée horizontalement, et une autre suivant l'inclination nécessaire. On construit de ces profils suffisamment pour pouvoir tendre le cordeau de l'un à l'autre, et dégauchir les surfaces suivant les arêtes des profils.

N°. 411. *Des pentes et talus.* Si l'on voulait faire un remblai sur le terrain **AB**, de la hauteur **BE** et de la largeur **BC**, ou un déblai de **ACD**, il est clair que, si les terres pouvaient se soutenir d'à-plomb comme un mur, on couperait **CD** perpendiculairement à **AC**; mais il n'en est pas de même, parce que les terres mises en tas, ou coupées verticalement, tendent à prendre une inclinaison qui dépend de leur nature.

On sait, par expérience, que plus les terres sont faibles, plus la base du talus est grande, relativement à sa hauteur. Quand bien même les terres nouvellement coupées pourraient se soutenir à pic, comme **CD** ou **BE**, elles ne resteraient pas long-temps dans cet état, les pluies et les gelées les feraient bientôt ébouler; pour empêcher que cet inconvénient ait lieu, on donne ordinairement aux talus **D**a une base a**C**, moitié de **DC**. Les terres naturelles, nouvellement coupées, se soutiennent mieux que des terres nouvellement rapportées; on donne ordinairement aux terres en déblai un talus moindre qu'à celles en remblai. Les terres ordinaires, dans les remblais, ont une base *de* égale à la hauteur **CD**; et celles sablonneuses **AC**, du double de leur hauteur.

Pour connaître la nature des terres et leur résistance, on en fait rapporter une certaine quantité sur une longueur et hauteur, telle que CDEB; le talus qui se formera AD ou a D, indiquera la marche à suivre. A l'aide d'une règle et du niveau à fil à plomb N, on en vérifiera l'angle. Si dC égale ND, et que DC égale dN, l'angle du talus DdC fera, avec l'horizon, un angle de 45°.; on dit alors que les terres prennent 1 de base sur 1 de hauteur, ou 1 sur 1. On trouvera, par un procédé analogue, le talus ou glacis que prennent les différentes terres en remblai.

OBSERVATIONS. Les terres en déblais, provenant d'excavation, foisonnent d'un sixième de leur volume.

N°. 412. *Construction des ouvrages en déblai et remblai.* Si l'on avait à construire le profil ABCD ou le relief F avec le déblai du fossé f, il faudrait observer que les dimensions en largeur et profondeur du profil du fossé f donnent une surface égale à celle du profil F, ou, ce qui revient au même, que les déblais soient égaux aux remblais, comme l'indiquent les lettres AB CD et les chiffres 1, 2, 3, 4 et 5, placés sur le profil de chaque prime, correspondant du relief aux chiffres marqués sur le fossé qui doit être déblayé.

Ce principe a beaucoup d'applications. On doit avoir égard aux observations n°. 411.

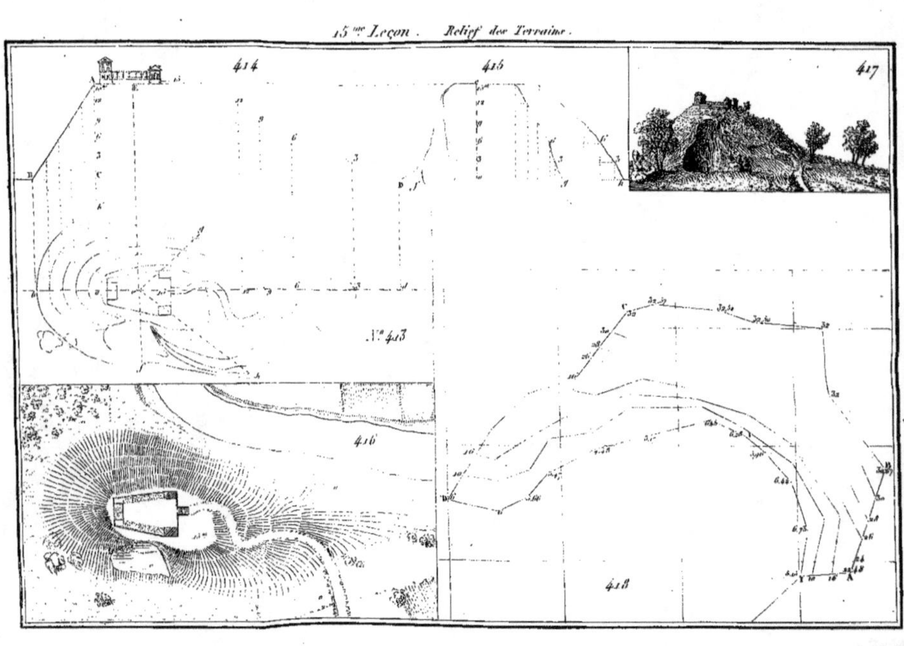
414
415
417
N.° 413
416
418

LEÇON QUINZIÈME.

DU RELIEF DES TERRAINS, EXPRIMÉ PAR LA LON-
GUEUR DES HACHURES OU LA PROJECTION DES
LIGNES DE PLUS GRANDES PENTES.

Des courbes de nivcau. Elles servent à faire
juger, par une projection horizontale seulement,
si une pente est plus ou moins rapide ; elles doivent être accompagnées de quelques cotes de hauteur, pour faire connaître le rapport des hauteurs
exprimées par les tranches. Si l'on conçoit une
série de plans horizontaux équidistants, leurs intersections avec la surface du terrain produisent
une multitude de courbes qui, étant projetées sur
un plan, feront parfaitement voir les inflexions
et irrégularités du terrain, par les irrégularités
du parallélisme, qui existent dans ces courbes ;
car, plus la pente est rapide, plus les courbes se
rapprochent ; plus elles s'éloignent, lorsque la
pente devient douce, P,

Nᵒˢ. 413, 414 et 415. *De la projection horizontale.* Elle se construit d'après des profils sur
lesquels on marque les équidistances que l'on

rapporte à l'échelle du plan : soit prise pour exemple une montagne, une légère pente de terrain dont la forme, d'un côté, est celle d'un cône régulier *bab₁*, et dont ABC est la projection verticale ; on prendra pour origine le point le plus élevé A : de ce point soient dirigés plusieurs rayons AB₁AD, etc., dans la projection verticale, et *cb, cg, cd, ch, ef* dans la projection horizontale, de la crête à la base, on prendra sur chaque rayon *eg, ed, eh* plusieurs ordonnées verticales et de même hauteur, ce qui déterminera les points d'ondulation de chaque profil. AB est considéré comme la ligne de plus grande pente ; la projection *ab* est perpendiculaire à la courbe de niveau compris entre AC, dont la hauteur est fixée à 15 mètres ; BC est la base du triangle qui, dans tous les cas, est la projection de l'hypoténuse AB. Si on rapporte sur un plan horizontal tous les points observés sur les profils, en conservant entre eux l'angle que l'on aura observé, on joindra tous les points de niveau qui doivent avoir la même cote de hauteur, par une ligne tracée librement, en lui donnant les inflexions qu'exige la forme du terrain *b₁ g, dh, fb ;* elle sera la courbe de niveau, tel que *bh, dh,* de la figure 413 : plus les profils sont multipliés, plus les courbes seront exactes.

On déterminera les courbes de niveau d'un polygone quelconque, très-exactement, en nivelant le terrain suivant des lignes droites paral-

lèles entre elles et équidistantes, ce qui déterminera la longueur de chaque hachure, à compter du point où la ligne inclinée de la montagne
coupe les équidistances, jusqu'à la rencontre de
ces lignes avec les verticales, comme on le voit
au n°. 414. On trace successivement par les
points de passage de chaque tranche horizontale
indiquée par le n°. 413, qui fait parfaitement
voir les versants de la montagne, par les courbes
que l'on a représentées autant de fois que la projection de la pente a pu en contenir ; et l'on a
eu l'écartement des tranches horizontales ou
leurs points de passage sur tout le versant de la
montagne, et des courbes horizontales proportionnellement distantes, qui représentent la portion du terrain compris entre la position où l'on
a observé la position des pentes. Ces courbes
servent à déterminer les normales (*voy*. n°. 416).

Il arrive souvent que l'on fait ces courbes par
sentiment, en leur donnant les inflexions qu'exige
la forme du terrain.

N°. 414. *Longueur des hachures et hauteur
des équidistances.* Cette figure représente la
coupe ou la projection verticale, sur laquelle
on a tracé les équidistances qui déterminent la
longueur de chaque hachure comprise, où la
ligne inclinée de la montagne coupe les équidistances. Ici la hauteur de la verticale est de
15^m ; on l'a divisée en cinq parties égales, ce qui
donne 3^m de hauteur à chaque hachure. Si l'on

fait passer par tous ces points de division des droites horizontales, on aura à gauche des longueurs de hachure semblables, parce que la pente **AB** est celle d'un cône régulier, tandis que celle que l'on obtiendra à droite par la pente **AED** est très-irrégulier, ce qui donne des hachures de diverses longueurs, comme on peut le voir sur la figure 416, les hauteurs restant constamment les mêmes.

L'échelle, qui servira à déterminer les hauteurs verticales, servira à déterminer la longueur des hachures.

N°. 415. *Profil de la montagne, suivant* ef, eg, eh. Au moyen de l'un des n°. 413 et 416, on doit lire les profils figurés aux n°. 414 et 415. Sans avoir besoin de ces profils, le principe des équidistances fait reconnaître dans le plan seulement, n°. 413, un escarpement à pic, suivant la ligne *ef*, et qui ne peut être indiqué que par une ligne; la hauteur de cet escarpement se mesure en menant toutes les tranches horizontales, qui viennent toutes se réunir à la ligne de projection du terrain escarpé.

On peut, au moyen de cette carte, trouver l'angle d'inclinaison d'une pente, en prenant toutes les longueurs des hachures qui couvrent le versant de la montagne. Suivant une seule direction, la hauteur des équidistances étant connue, on pourra construire les profils, à peu de chose près, conformes à ceux formés aux nᵒˢ. 414 et 415.

Nᵒ. 416. *Du dessin des hachures et des courbes horizontales.* On exprime sur un plan spécial toutes les courbes de niveau, par un trait de plume très-léger, tel qu'on le voit au nᵒ. 413, pour conserver les données dont on a besoin dans la confection des divers projets, particulièrement pour le défilement de la fortification, pour les travaux de déblais et remblais.

Pour terminer le dessin d'une carte on calque au crayon seulement, toutes courbes de niveau sur le nᵒ. 413, puis on remplit par des hachures comme l'indique la figure 416, dont chacune d'elles exprime les lignes de plus grande pente, et en font apprécier les différentes inclinaisons. Toutes les hachures doivent bien engrainer l'une dans l'autre, sans se pénétrer, ni laisser d'intervalle sensible entre les courbes; elles ne doivent point être immédiatement l'une à la suite de l'autre; on évite de les dessiner sur les routes, quoiqu'elles soient inclinées. Les hachures doivent être perpendiculaires aux courbes; on les serre davantage quand elles appartiennent à des pentes plus rapides, et on les fait un peu plus fortes du côté de l'ombre. Si la montagne est arrondie à sa crête, ou adoucie par sa base, on termine les hachures le plus légèrement possible. Il arrive souvent qu'on a à exprimer des pentes tout-à-fait à pic, ce qui force de supprimer les hachures; alors on compare celles qui n'ont pas été altérées par les plis ou les accidents du terrain, pour se rendre compte de ce que l'on ne voit pas.

Il arrive que l'on est obligé de dessiner les cultures sur les hachures, et de laver, soit les bois ou les prairies, les vignes ou les terres labourées, etc. Tous ces travaux se font sans avoir égard aux hachures.

On ajoute quelques cotes, et on a soin d'indiquer sur le plan la hauteur verticale des hachures; on écrit ces cotes de hauteurs à l'endroit où l'on a fait l'observation. Elles offrent des résultats plus évidents et plus certains, pour une carte, que les tranches continues qu'il est difficile de déterminer (*voy.* n°. 400), et qui occasionnent une grande perte de temps pour obtenir leurs points de passage dans les pays couverts. Ces cotes de hauteur donnent, sans aucune recherche, les différences de niveau des positions qu'il est essentiel de connaître; elles sont en outre le complément des observations que l'on a faites pour obtenir, avec l'horizon, les angles d'inclinaison des montagnes, dont l'avantage est principalement de mettre en rapport, dans les dessein, les différentes pentes.

N°. 417. *On joint souvent au plan graphique* un croquis de la vue de la montagne, afin de faire voir en élévations des principaux objets qui s'élèvent au-dessus du sol, et qui ne peuvent être vus sur le plan. Il est bon d'avoir de ces vues quand on fait des projets ; on a l'ensemble du paysage, la culture, les diverses plantations et accidents de terrain, que la projection horizontale ne pourrait faire voir. La vue (n°. 417) offre le développement *bfhd;* on n'a pas supposé de lointains, il convient de les indiquer s'il s'en trouve pour avoir un aperçu du pays.

Des cartes nivelées. La première chose à faire, c'est de parcourir le terrain, de l'étudier, en se transportant sur tous les points, à l'effet d'en reconnaître plusieurs qui doivent servir à fixer les polygones, en plaçant des piquets que l'on numérote, afin de reconnaître les points. On a soin de faire repairer, autant que possible, sur des objets existants ; ensuite on fait une triangulation qui embrasse les points les plus apparents et les plus remarquable du terrain. Tous ces points doivent servir de repaire et de vérification à toutes les autres opérations, telles que de diviser le terrain en grand polygone, dont la grandeur doit être déterminée par des chemins ou des cours d'eau, ou d'autres lignes remarquables.

On subdivise ce grand polygone en d'autres plus petits, qui servent à représenter autant de lignes remarquables du terrain, ou des profils destinés aux nivellements : on les fait assez grands pour embrasser une assez grande étendue de courbes horizontales, de détails situés dans l'intérieur des polygones. On lève ordinairement les cartes nivelées à l'échelle d'un millième.

N°. 418. Sur le terrain on lève les courbes de niveau d'un polygone quelconque, et très-exactement, en nivelant le terrain suivant des lignes droites parallèles entre elles et équidistantes. Lorsqu'on est pressé, et qu'on ne peut avoir beaucoup de profils, on multipliera, autant que possible, les cotes de hauteur ; puis on tâchera de régler, de distance en distance, une suite de courbes que l'on trace par sentiment, en leur donnant les inflexions qu'exige la forme du terrain pour toutes les parties qui n'auraient pu être nivélées.

Supposons le plan du polygone ABCDI, dont on veut lever le plan et connaître les différents points d'élévation ; on tiendra note des opérations que l'on fait avec la boussole, le niveau et la chaîne, comme l'indique le tableau ci-joint, afin de les rapporter sur le papier au moyen de l'échelle et du rapporteur.

POLIGONE, N°. I.

Points de départ.	Angles.		Distance.		Hauteurs absolues.		P. d'arrivée.
hauteur.							
De A......					22	48	
De A à B.	340		179	90	30	67	B
De B à B.	32		156	00	32	00	
	5	1/3	110	40	32	00	
	84		134	40	32	50	
	60	1/3	56	60	32	52	
	87	1/2	96	00	32	57	
	102		52	00	32	00	C
De C à D.	136	1/2	160	70	18	00	
	110		82	60	16	50	

TRAVERSE.

Points de départ.	Angles.		Distances.		Hauteurs absolues.		P. d'arrivée.
hauteur.							
De D......					6	00	
de D en I	257	1/4	79	00	6	00	
	289	1/2	64	00	5	66	
	314	1/4	54	00	5	47	
	300		99	00	4	48	
	281	1/2	122	00	6	45	
	257		47	00	6	28	
	236	1/2	58	00	5	96	
	216	1/2	65	10	6	44	
	193		88	00	6	73	
	172	1/2	76	50	5	15	I

LIGNES HORIZONTALES.

Points de départ.	Angles.		Distances.		Points d'arrivée.
profil.					
A. I.	300	00	82	00	
Cote 3.	18	2/3	25	50	
	14	1/2	69	50	
	40	1/2	76	20	
	66	00	60	20	
	86	00	59	00	
	92	3/4	68	80	
	101	1/3	89	80	
	111	3/4	81	10	
	125	3/4	96	00	
	109	3/4	76	00	Profil.
	68	1/2	35	00	C D

PROFILS.

Points de départ.	Angles.		Distances.		Hauteurs absolues.		P. d'arrivée.
hauteur.							
De A......					22	48	
De A à B.	340	00	12	00	24	00	
	340	00	35	50	26	00	
	340	00	45	00	28	00	
	340	00	33	00	30	00	
	340	00	54	40	30	67	B
De C......					32	00	
De C en D	136	1/2	26	00	30	00	
	136	1/2	27	00	28	00	
	136	1/2	39	50	26	00	

Au moyen d'une boussole à niveau, on lève promptement les courbes horizontales : on commence par prendre un point sur le profil et sur le polygone, tel que A ; on cheminera en B, en mesurant la distance AB, et l'angle que forme cette ligne avec la méridienne ; puis on continuera au point B pour mesurer la distance que forme l'angle déterminé par l'inclination de la courbe. A chacune de ces lignes on ajoutera l'élévation des détails qui se trouve à droite et à gauche, pour ne pas revenir sur ses pas.

On diminuera autant que possible le nombre de côtés du polygone ou de sinuosités, lorsque l'on n'a pas besoin d'une grande précision, on fait les détails à vue : par là on gagne en vitesse ce qu'on perd en exactitude ; tout cela dépend de l'importance que l'on attache à avoir exactement le levé du terrain. Dans les pays de montagnes, on est forcé de multiplier les courbes horizontales, ce qui nécessite un grand nombre de points très-rapprochés.

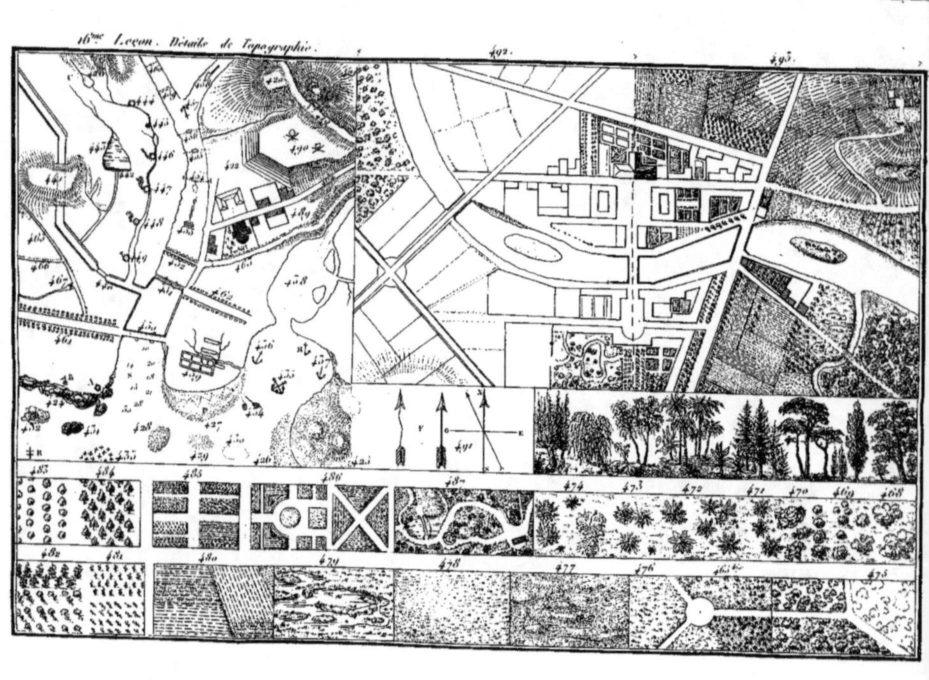

16.me Leçon. Détails de Topographie.
492.
493.

LEÇON SEIZIÈME.

—

DÉTAILS DE TOPOGRAPHIE ; DU DESSIN ET DE
L'EXPLICATION DES SIGNES QUI ENTRENT DANS
LA COMPOSITION D'UNE CARTE OU D'UN PLAN
PARTICULIER.

Les signes, les marques et les détails topographiques en usage pour l'expression des plans
et cartes, doivent faire une étude particulière,
même pour les mots et les expressions consacrés
par l'usage, tant pour la description que pour
l'expression des formes et des accidents du terrain, des montagnes, des cours d'eau, des routes, des plantations, des bâtiments, etc., etc.,
qu'il convient de dessiner. Tous ces objets doivent se faire à l'échelle du plan ; les figures de la
planche ci-jointe ne sont point en rapport entre
eux, elles sont dessinées sans avoir égard à aucune échelle, elles ne sont dessinées que pour
faire voir la forme des objets qu'elles représentent.

On commence toujours par dessiner au crayon,

et ensuite on passe à l'encre noire ou rouge suivant la nécessité, et ce qui sera indiqué à chaque signe. Pour exprimer tous ces signes dont la majeure partie est purement de convention, il faut un peu d'habitude, de jugement sur le terrain ; car sans cela, on ne peut bien exprimer les formes et les objets que l'on ne connaît pas.

Description de tout ce qui a rapport au terrain ; comme montagnes, cours d'eau, reconnaissances de fleuves et rivières ; canaux, routes, bois et établissements.

Montagnes, élévations considérables, et qui servent de chaîne à un pays ; elles sont souvent couvertes de forêts, de roches et de vallons. Ces grandes élévations ne sont exprimées que sur des cartes de royaume ou d'empire : ainsi je n'en parlerai pas, cet ouvrage étant purement élémentaire.

Chaîne principale, celle des revers ou des points culminants, de laquelle dérivent les grands cours d'eau, considérés relativement à un vaste réservoir, tel que l'Océan et la Méditerranée.

N°. 419. *Chaînon*, série irrégulière mais suivie de hauteurs, formant embranchement, et qui se détachent de la chaîne principale. On les confond souvent avec les contre-forts.

N°. 420, *Contre-fort*, saillie perpendiculaire à la montagne ; il forme les vallées transversales.

Renflement, contre-fort très-court.

N°. 421. *Pic*, montagne de forme conique et très-élevée, et qui domine d'une manière très-saillante, soit la plaine qui lui sert de base ou d'autres montages qui lui sert de gradins.

Aiguille, quand le pic est très-alongé et qu'il prend la forme prismatique légèrement conoïde, on lui donne le nom d'aiguille.

Rameaux, subdivisions latérales ou terminales de chaînons, et des contre-forts qui ont quelque étendue, et qui forment les vallons.

Colline, les rameaux se subdivisent en collines, entre lesquelles se trouvent les berceaux des ruisseaux.

Côteau, versant cultivé d'une colline ou d'une montagne.

Mamelons, ce sont les derniers reliefs arrondis et isolés de la surface du terrain, et qui se raccordent avec les glacis ou plan légèrement incliné.

Arête, intersection obtuse ou aiguë des plans que forment les deux versants d'une chaîne, ou qui terminent le faîte d'une montagne.

Crête, arête ou le faîte d'un contre-fort. La rencontre d'un talus avec un plateau.

Cime, sommité des hautes montagnes.

Sommet, *cime*, l'un et l'autre désignent toujours le point le plus élevé d'une hauteur qui a la forme d'un coin.

Col, l'intervalle entre deux chaînes ou deux

contre-forts ; point de partage des eaux entre deux vallées. C'est là que les sources prennent naissance.

Ressaut, relèvement brusque d'une arête ou d'une crête, indépendamment de ceux qui, par leur grandeur ou leur position culminante, prennent le nom de nœud, mont, plateau ou pic.

Défilé, passage toujours resserré entre deux escarpements, par lesquels il est encaissé ou supporté.

Pate ou croupe, point où la crête d'un rameau ou d'un contre-fort se subdivise, et se ramifie pour s'abaisser en collines ou hauteurs inférieures.

Éperon, saillie qui se termine brusquement sur la côte, les rameaux ou les contre-forts.

Comble, plaine élevée, légèrement concave, ordinairement aride et sans cours d'eau.

Fondrière, petite excavation où les eaux sauvages séjournent, ou ne trouvent qu'une difficile issue.

Ravin, déchirure de la montagne sur le plan de pente primitive, où coulent les eaux sauvages ou passagères ; c'est un lieux graveleux, habituellement à sec.

Ravine, on désigne ainsi le ravin, lorsqu'il est habituellement inondé.

Torrent, la ravine est assez ordinairement l'origine du torrent, qui est un cours d'eau rapide et sauvage, qui se précipite en grondant sur un lit rocailleux, suivant le plan de pente primitif, et porte à un récipient plus tranquille un tribut tantôt faible, tantôt énorme, tantôt clair, tantôt trouble.

Gorge, partie de vallée très-étroite, c'est l'intervalle resserré entre deux contre-forts, qui se trouvent, le plus ordinairement, voisins de leur point d'attache à la chaîne, et qui y sert de couloir plus ou moins accidenté à un torrent.

Val, gorge qui a une certaine étendue, sans prendre trop d'évasement, quoique sa pente diminue.

Vallée, les grandes rivières coulent dans les vallées principales ; leurs principaux affluents coulent dans les vallées secondaires.

Vallons, vallées de moindre étendue qui naissent sur les flancs des contre-forts ; ont pour berges correspondantes deux rameaux, et forment le berceau d'un affluent de second ordre.

On appelle aussi *vallon*, le berceau d'un ruisseau qui se trouve entre deux collines.

Berges, flancs en regard des hauteurs, dans l'intervalle desquelles se trouve le fond de la vallée.

Rives, les berges prennent le nom de rives, lorsqu'elles expriment les deux escarpements que laisse un fleuve.

Bord, nom qu'on donne aux rives, lorsqu'il s'agit d'une rivière.

N°. 422. *Glacis*, plan légèrement incliné de chaque côté d'un cours d'eau. Légère pente gazonnée qui raccorde les différents niveaux de deux terrains inégaux ; on les lave, la teinte forte en haut, du côté de l'ombre, on l'affaiblit insensiblement vers le pied : on fait l'effet contraire à ceux qui sont dans le clair, on observe de ne pas teinter toutes les faces de la même force. Lorsque le dessin est à la plume, on ombre avec des hachures ou avec des lignes parallèles au sommet du glacis. On dégrade la teinte comme avec le pinceau.

N°. 423. *Fil d'eau*. Il coule au fond d'une vallée ou d'un vallon formé à l'intersection mixtiligne déterminée par deux pentes.

Pente générale, versants d'un plateau, d'un mont, qui forment les grandes arêtes saillantes ou rentrantes d'une portion circonscrite d'un continent ou de la totalité d'une île : tel est le mont Gothard pour l'Allemagne, la Turquie d'Europe, l'Italie, la France et les Pays-Bas.

Contre-pente, grand versant, lorsque deux chaînes ou montagnes se rencontrent ; et qui détourne les eaux échappées de la chaîne, pour leur donner une nouvelle direction.

CHOROGRAPHIE ET HYDROGRAPHIE, OU DE LA DESCRIPTION ET DE LA REPRÉSENTATION D'UN PAYS.

Nº. 424. *Roches*, sur les bords de la mer elles forment les côtes et arrêtent les flots de la mer; elles s'élèvent plus ou moins à pic. On les dessine en projection horizontale, en leur donnant la forme et les contours qu'elles doivent avoir : on les lave avec l'encre de Chine, que l'on rehausse avec diverses couleurs.

A. *Phare, fanal,* tour portant à son sommet un fanal ou une grosse lumière pour éclairer les vaisseaux et les préserver des dangers des roches, ils sont presque toujours élevés sur les rochers isolés dans la mer. On se permet de faire une petite tour en élévation, et d'ajouter une fumée au-dessus; en projection horizontale, un petit pentagone avec un gros trait d'encre rouge.

B. *Tour-signal.* Elle porte un petit drapeau à son sommet. En projection horizontale, on fait un petit cercle, et on y ajoute également un petit drapeau.

Nº. 425. *Dune*, côteau de sable élevé sur les bords de la mer. Petite élévation que laisse la mer en se retirant, et formée par les flots : on l'exprime, comme les montagnes, avec de l'encre de Chine et des points de sable pour le lavis. (*Voy.* le nº. 555.)

N°. 426. *Laisse de la haute mer*. On l'exprime par des points avec de la teinte de sable et une légère teinte de ce dernier; on ponctue plus fortement sur les bords de la mer. (*Voy*. le n°. 555.)

N°. 427. *Laisse de la basse mer*. Nappe d'eau entre le sable ou la vase; on la lave comme une marre d'eau. On évite de dessiner le contour à l'encre dans le sable; on fait la limite avec des points ronds, et dans la vase la teinte forme le contour. (*Voy*. la lettre **B**, n°. 559.)

P. *Pêcherie*. On l'exprime par des points ronds disposés en lignes droites, formant des angles d'environ 60°.

N°. 428. *Banc de sable toujours découvert*. Au milieu de la teinte d'eau, on réserve l'espace qui doit être couvert de sable; puis on donne la teinte qui convient à ce dernier, (*Voy*. la lettre **A**, n°. 555.)

N°. 429. *Banc de sable qui couvre et découvre*. On le ponctue avec de la teinte de sable par-dessus la teinte d'eau: on fonce un peu plus les bords que le milieu.

N°. 430. *Banc de sable qui ne découvre jamais*. On ponctue le pourtour de l'espace qu'il faut exprimer, et la teinte d'eau passe par-dessus.

N°. 431. *Roche toujours découverte*. Au milieu de la teinte d'eau, on réserve la base d'une roche que l'on dessine et colore de même. (*Voy*. n°. 562.)

Nº. 432. *Roche qui couvre et découvre.* Comme ci-dessus, seulement on la fait avec des lignes ponctuées, et la teinte d'eau passe par-dessus. (*Voy.* nº. 587.)

R. *Roche qui ne découvre jamais.* On l'exprime par un petit signe conventionnel qui a la forme d'une double croix.

Nº. 433. *Récifs et brisants.* On exprime les chaînes de rochers qui sont à fleur d'eau, par de petites croix dessinées à la place des rochers, et sur la teinte d'eau.

Nº. 434. *Bouée* ou *tonne.* Lorsqu'on jette une ancre ou quelque autre objet à la mer, et que l'on veut retrouver ou reconnaître un endroit dangereux, tels que des pieux ou des débris ; on suspend au bout d'une corde un baril vide, ou un morceau de liége, ou même de bois, qui flotte au-dessus. Alors on dessine la forme de l'objet employé.

Amers, ligne ponctuée, qui indique la direction d'une aiguille.

Nº. 435. *Port.* On l'indique par deux ancres en sautoir ; elles sont conformes au numéro suivant.

Nº. 436. *Mouillage des vaisseaux de ligne.* On l'indique par une ancre, composée de la verge, du jas, et des deux bras portant leurs pattes.

Nº. 437. *Mouillage de petits bâtiments.* On l'indique par une ancre sans jas.

M. *Corps mort.* On l'indique par une ancre composée de sa verge, et d'un bras avec sa patte.

S. *Sondes.* On exprime par des chiffres la différente profondeur du fond de la mer ou d'une rivière à la surface de l'eau. Ses sondes sont souvent des brasses, des mètres ou des pieds ; alors la légende du plan doit l'indiquer.

N°. 438. *Lac avec courant.* On en dessine le contour avec toutes les sinuosités, et on le lave comme les étangs ; et dans la direction du courant, et à peu près de sa largeur, on indique par deux lignes ponctuées la différence de l'eau stagnante et de l'eau courante.

N°. 439. *Marais salants.* On les exprime par de petits rectangles, entre lesquels on réserve un petit chemin pour déposer le sel. Les eaux se lavent par une légère teinte de bleu que l'on fond jusqu'au milieu. (*Voy.* n°. 556.)

DES RIVIÈRES, CANAUX, PONTS ET SIGNES QUI EN DÉPENDENT.

Rivière. Son lit se trace avec deux lignes un peu tremblées ; celle qui reçoit le jour est légère, et l'autre plus forte. Lorsque la carte est à une petite échelle, on fait la rivière avec l'encre bleue. (*Voy.* la suite du n° 554 à 559.)

N°. 440. *Canal avec écluses.* Les canaux sont ou naturels ou artificiels. Les premiers sont formés par le lit de la rivière tel que A; les lignes sont noires comme les rivières.

Les écluses et les canaux, en maçonnerie, se tracent avec des lignes rouges, et le lit se lave comme la rivière. Les écluses se forment par un rectangle qu'on nomme *sas* terminé par deux angles dont le sommet est tourné du *côté d'amont*, qui est toujours vers le point culminant du canal; le côté opposé se nomme *côte, d'aval*.

N°. 441. *Canal ou lit souterrain,* on les indique par deux lignes ponctuées.

N°. 442. *Digue,* massif de maçonnerie ou de charpente pour retenir les eaux; celle en maçonnerie se lave en rouge, et celle en bois, en bistre et à l'encre de Chine lorsqu'elle est en terre. (*Voy.* n°. 524.)

N°. 443. *Étang,* pièce d'eau naturelle ou artificielle, et dont le pourtour est revêtu ou non revêtu en maçonnerie. Dans des lieux bas, on retient l'eau par une chaussée; on marque le talus du côté où il est, et on l'exprime par une ligne rouge, en dessinant l'endroit de la vanne par deux lignes ponctuées, qu'on lave comme le bassin du jardin (n°. 569), ou comme les marais (n°. 557), si l'eau est stagnante.

Ruisseaux, on les fait comme les rivières, si la largeur le permet : si l'échelle est trop petite, on se contente d'un trait bleu un peu plus gros du côté de l'embouchure, et qui se termine à rien , du côté de sa source ; quand l'échelle le permet, on renferme son lit par deux lignes légèrement ondulées. Celle qui reçoit le jour sera fine. Pour les ruisseaux et sources (*Voy*. les n°s. 423 à 449.)

C. *Sources*, endroit où commence la source d'une rivière ; dans ce cas, le trait qui indique le filet d'eau va finir à rien. Si c'est une source d'eau vive , et que la fontaine soit entourée d'un mur , on l'exprimera par un petit carré tracé à l'encre rouge. (*Voy*. le n°. 423.)

USINES SUR LES RIVIÈRES.

N°. 444. *Moulin à pot.* Lorsque le plan est sur une grande échelle, on exprime le plan des bâtimens auxquels on ajoute une roue ; si la carte est une petite échelle , on n'exprime que la roue sur le bord de la rivière ; sa roue porte à son pourtour de petits crans en ligne droite , et formant rayons.

N°. 445. *Moulin à aubes.* Comme ci-dessus ; la roue porte ses crans sans avoir de cercle concentrique , de manière que ses rayons se confondent au centre.

N°. 446. *Sciérie.* Comme aux roues à pots ; on ajoute en saillie un fer de scie.

N°. 447. *Fourneaux.* Comme aux roues à pots ; on y ajoute un petit cercle que l'on remplit d'encre, et duquel sort de la fumée.

Nº. 448. *Fonderie*, une roue à pots: on y ajoute sur le côté un petit rectangle que l'on remplit de noir, et duquel sort de la fumée.

Nº. 449, *Forge*, une roue comme ci-dessus, à laquelle on ajoute un marteau.

PASSAGE DES RIVIÈRES.

Nº. 250. *Pont de pierre*, construction en maçonnerie. On les exprime par des lignes rouges parallèles par les avant-becs et arrière-becs ; quand la grandeur de l'echelle le permet, on y joint les murs des quais, les rampes et les escaliers.

Nº. 451. *Pont de bois*. On les dessine par deux lignes parallèles à l'encre de Chine ; lorsque le plan est à une grande échelle, on mène beaucoup de lignes fines parallèles, pour indiquer les madriers, puis on donne une légère teinte de bistre.

Nº. 452. *Pont de bateaux*. On l'exprime par deux lignes noires et parallèles ; on laisse voir en saillie les deux extrémités des bateaux. Il ne faut rien laver, si ce n'est à une très-grande échelle, où l'on se permettrait des détails.

Nº. 453. *Pont volant*. Plusieurs bateaux enfilés à une corde, retenus sur une seule rive, et pouvant être ramenés, au besoin, sur la rive opposée ; le bateau peut aussi être stable au milieu de la rivière.

N°. 454. *Bac à treille*, grand bateau qui sert à passer les grandes rivières. Une ligne ponctuée qui correspond à deux pieux ou poteaux fixés sur les bords des rives, le bateau étant isolé de la corde ou de la ligne ponctuée.

N°. 455. *Bac.* Grand bateau plat pour passer les voitures et les animaux ; on dessine le plan du bac à côté d'un trait noir. Une simple ligne noire et en travers de la rivière suffit.

N°. 456. *Passage d'eau.* Passage provisoire. Une ligne ponctuée, et un bateau plus petit que ceux ci-dessus désignés.

N°. 457, *Lieu où les rivières deviennent navigables.* On l'exprime par une ancre tracée à l'encre noire au milieu de la rivière.

N°. 458. *Lieu où les rivières deviennent flottables.* On y désigne un petit aviron au milieu de la rivière.

N°. 459. *Gué à cheval.* Endroit de la rivière où l'eau se maintient basse, et quil peut être passé à cheval sans nager ; on l'exprime par deux lignes ponctuées.

N°. 460. *Gué à pied.* Endroit pierreux où il y a peu d'eau, et que l'on peut passer à pied ; on l'exprime par une ligne ponctuée.

ROUTES ET CHEMINS.

Les routes sont divisées en quatre classes, relativement à leur largeur. Il y a différentes sortes de routes dans une même classe ; les dimensions et les accessoires déterminent la classe. Les parties constituantes d'une route sont : la chaussée ; au milieu, en empierrement ou pavé, un accotement en terre de chaque côté ; talus ou fossés qui soutiennent l'accotement. Les routes reçoivent des embellissements, tels que des plantations.

	1re. CLASSE.	2e. CLASSE.	3e. CLASSE.	4e. CLASSE.
Largeur totale, non compris le fossé.....	20 m	12	10 m	8
Chaussée.........	6 65	6	6	·5
Accotement....	6 66	3	2	1 50
Fossés.............	2	2	1 66	1

N°. 461. *Grande route*, voilà les dimensions des quatre classes : lorsqu'on dessine à une grande échelle, on exprime la chaussée par deux lignes fines que l'on teint en gris ; on ajoute les accotements, les fossés et les arbres. Les routes de première classe, en pays de plaine, sont plantées de deux rangs d'arbres.

N°. 462. *Route de deuxième classe*, la chaussée et un rang d'arbres, la ligne plus légère du côté de la lumière.

Chemin, passage public d'un lieu à un autre. On le dessinera par deux lignes à l'encre noire. Il y a quelquefois des fossés et une bordure de haie que l'on indique. Si le chemin est route de poste, on l'indique par un petit cor de chasse. A une petite échelle, on ne lave pas les routes.

N°. 463. *Chaussée.* Grand chemin pavé à travers les champs et la campagne, souvent élevé au-dessus d'un marais, et soutenu par des murs ou des talus de terre. On le dessine par deux lignes, une forte, l'autre légère; deux autres fortes pour les talus.

N°. 464. *Route encaissée.* On la dessine par deux lignes légères entre deux pentes.

N°. 565. *Chemins vicinaux.* Communication dans les champs. On les exprime par une ligne pleine et une ligne ponctuée, on forme sur les bords, des buissons et des broussailles légères.

N°. 466. *Sentier.* Petit chemin tortueux, qui traverse les prés et les terres; il a environ cinquante centimètres de largeur. On l'exprime par une ligne fine et une ligne ponctuée, et souvent par deux lignes ponctuées imitant des herbages.

N°. 467. *Tourniquet.* Poteau d'environ un mètre de hauteur, portant au bout supérieur une croix en bois; elle est placée horizontalement, et tourne sur le poteau. On la place à l'entrée des petits chemins ou sentiers pour empêcher de conduire les animaux dans les terres.

Poteaux. Ils marquent les limites des propriétés ; il y en a à vive-bras. On les place au carrefour des routes, ils portent autant de bras qu'il y a de chemins à indiquer.

FORÊTS, BOIS ET AUTRES PLANTATIONS.

Forêts. Il n'y a pas plus de vingt-cinq ans que l'on a pris la méthode de faire les arbres en projection horizontale. Avant on les faisait en projection verticale : on les groupait de manière à former un paysage suivant la nature des arbres qui n'étaient presque jamais faits à l'échelle.

Je vais donner la comparaison des deux méthodes pour les diverses natures d'arbres, en recommandant de suivre la projection horizontale. Les numéros correspondants serviront aux deux projections.

Arbres de remarque. On les fait plus grands que les autres, on les détaille davantage, et on se permet de les dessiner en élévation : ainsi il n'est pas étonnant de trouver ici les arbres en élévation, puisqu'ils peuvent rendre quelque service pris isolément ; ils donneront une idée de l'ancienne méthode qui se trouve sur les anciens plans.

Nº. 468. *Bois des forêts.* Ce que l'on appelle haute futaie est en chêne. On étudie les masses, des groupes de feuillées au crayon, avant de les mettre à l'encre, ce qui se fait avec une plume fine, en observant de faire le côté de la lumière plus léger, et de forcer le côté opposé pour modeler l'arbre, l'arrondir et l'enlever de dessus le fond; ce que l'on obtient encore en donnant une légère teinte d'encre de Chine du côté de l'ombre.

N°. 469. *Peuplier*. Arbre fort haut, et qui croît dans les lieux humides. Il y en a de douze espèces, que je ne détaillerai pas : les figures, soit en projection horizontale ou en projection verticale, doivent suffire pour donner exemple des formes.

N°. 470. *Pin*. Ils sont très-variables dans leurs formes. Ils s'élèvent à plus de vingt mètres de hauteur; le tronc est presque toujours sans branches, la tête est arrondie et aplatie. On le fait d'un vert foncé et son feuillé en pointe d'aiguille.

N°. 471. *Sapin*. Il s'élève droit à plus de quarante mètres. La forme est celle d'un cône très-alongé. Son tronc est chargé de rameaux dès la base. Lorsqu'il est vieux, son tronc devient nu jusqu'à la moitié de sa hauteur, et se termine par des branches ouvertes à angle droit verticales et dont les rameaux sont pendants. Les feuilles sont d'un vert sombre.

N°. 472. *Palmier*. Son tronc est très-élevé, et il est dépourvu de branches; il n'a pour écorce que le reste des feuilles desséchées : ces feuilles qu'on appelle palmes forment une boule au sommet de l'arbre, qui a de vingt à trente mètres de hauteur. Le vert des feuilles est léger. Il y en a de beaucoup d'espèces.

N°. 473. *Bouleau.* Arbre très-grand, à écorce blanche; les branches ne sont qu'à son sommet; les rameaux sont souples et effilés, allongés et pendants; les feuilles d'un vert clair et plus pâle en dessous; elles sont petites et à de grandes distances l'une de l'autre.

N°. 474. *Saule, saule pleureur.* Le saule croît près des rivières; son tronc gros n'est pas haut; il porte de grandes branches qui s'élèvent verticalement; la feuille est d'un vert blanc.

Le saule pleureur ne s'élève pas à plus de six à huit mètres; ses branches sont courtes et ses rameaux sont longs et pendants, les feuilles longues et également pendantes; elles sont d'un vert tendre en dessus, et blanchâtres en dessous. L'aspect de l'arbre est arrondi.

N°. 475 à 478, indiquent une portion de forêt en projection horizontale, et percée d'une route. Le n°. 475 indique l'étude des masses au crayon. Les numéros suivants font voir le détail des masses après avoir été passées à l'encre. Le fond est parsemé de broussailles et d'herbages.

N°. 475 bis. *Bois taillis.* Il ne diffère des autres que par les petites masses multipliées; elles laissent moins voir le fond du terrain, que l'on pointille d'herbages.

N°. 476. *Landes.* Terrain sec et aride où il ne vient que quelques genets et bruyères avec des ronces. On l'exprime par de petites broussailles. Le fond du terrain est pointillé d'herbages de distance en distance.

N°. 477. *Bruyères*, sur un fond composé de monticules couverts de petites broussailles légères, le fond couvert de petits herbages et de touffes d'arbustes, même forme que les landes.

N°. 478. *Prés.* Le fond est comme celui des terres à une petite échelle. Pour le lavis, voir le n°. 573. Dans le dessin à la plume, le fond est parsemé de petits herbages.

N°. 479. *Marais.* Ils sont composés de petites îles, de prairies entourées d'eau; les contours se tracent comme les rivières, dans les dessins à la plume s'expriment par des ondes, des touffes d'herbes, des joncs et des roseaux. L'eau s'exprime par des lignes fines tirées horizontalement (n°. 557.)

N°. 480. *Terre.* Le contour doit en être levé très-exactement. Les terres labourées sont sillonnées avec de petits points, longs, quand le plan doit être ombré à la plume. Si le plan doit être lavé, on fera les sillons avec le pinceau, de la couleur de bistre pour les terres labourées et non ensemencées, c'est-à-dire qui se reposent; d'autres sont en vert, d'autres dont les épis sont prêts à sécher sont en jaune. Quant aux terres en friches, on fait les sillons à l'encre de Chine, et on donne une teinte de vert par-dessus; on se sert pour tous les cas de vert clair; d'autres sont couvertes d'une teinte de brun rougeâtre.

N°. 481. *Vignes*. On les représente vues sous plusieurs aspects et sous diverses proportions, suivant la grandeur de l'échelle du plan. Elles sont plantées en quinconce. Lorsqu'on les fait en projection horizontale, on projette l'ombre du cep de vigne à côté d'une petite touffe de feuilles; souvent elle se réduit à un point. Lorsqu'on les fait en projection verticale, on imite l'échalas et les branches qui tournent autour, par une ligne verticale, entourée d'une ligne en zigzag arrondi. Pour le lavis, voir le n°. 574.

N°. 482. *Vignes sur une plus grande échelle,* pour en voir le travail.

N°. 483. *Vergers, plantations, arbres à fruits.* On les dessine en quinconce, sur un fond de verdure, tel que les prés et les arbres qui sont pochés d'un vert foncé. On projette l'ombre des arbres lorsque l'échelle le permet.

N°. 484. L'ancienne méthode représentait les arbres en élévation, également sur un fond de verdure.

N°. 485. *Jardins potagers*, où l'on fait venir des légumes; on les exprime comme les autres figures avec des lignes noires, pour dessiner les plates-bandes ou les planches potagères. On om—

bre ces planches avec des coups de pinceaux droits, et d'autres avec des touffes d'herbes tantôt rondes, tantôt évasées; le tout sur un fond de couleur légère, soit de vert, de bistre ou de jaune.

N°. 486. *Jardins d'agrément.* On les trace à la règle et au compas en formant une suite de petits rectangles, de cercles, d'ovales et de beaucoup d'autres figures très-variables, mais toujours symétriques et aux formes régulières. Les plates-bandes sont bordées de verdure un peu foncée, et l'intérieur des planches reçoit une légère teinte de diverses couleurs que l'on pointille de jaune, de rouge, de vert, de bleu, afin de fleurir les corbeilles ou les plates-bandes.

N°. 487. *Jardins anglais ou chinois,* sont d'un genre irrégulier, et n'ont pour règle que le caprice de celui qui les compose. Ils sont susceptibles d'une grande variation et d'une grande richesse de décors; ils se prêtent beaucoup à former de beaux paysages par la variété des masses d'arbres et de verdure que l'on dispose çà et là sur des gazons; des allées, mais en petit nombre, toutes tortueuses; des ponts, des pièces d'aeu, tout entre dans cette composition de fantaisie, et où l'art joue le principal rôle.

N°. 488. *Bâtiments, édifices publics.* On leur donne la forme qu'ils doivent avoir, soit ronde ou carrée, souvent les deux formes réunies. Pour les distinguer des maisons particulières, on leur donne une teinte plus foncée, ou on croise les hachures qui forment la teinte.

On les distingue encore en dessinant la forme du toit avec ses croupes.

Nº. 489. *Bâtiments particuliers.* On les exprime par un retangle, et quelquefois il y en a deux en retour d'équerre. Ce rectangle reste blanc quand le plan doit être lavé, et il reçoit des hachures simples quand il ne doit pas l'être, (nᵒˢ. 492 et 493), ou quand le dessin est totalement fait à la plume.

Les bourgs et villages se font avec ces maisons en plan, que l'on réunit par des murs de clôture.

Nº. 490. *Moulins à vent.* Ils sont en bois ou en pierre : les premiers ont le plan carré, et les autres l'ont rond. On exprime les ailes en avant du plan par deux lignes en croix.

Nº. 491. *De la boussole qui sert à orienter les cartes et les plans.* C'est une ligne pleine que l'on trace dans un des coins du plan, souvent dans l'eau lorsque la rivière est large. Elle porte du côté du nord une flèche ou dard. On l'indique généralement par deux lignes perpendiculaires l'une à l'autre, qui marquent à leurs extrémités les quatre points cardinaux, *nord*, *occident*, *orient* et *midi*. L'orient est opposé à l'occident, et le nord au midi :

l'est est opposé à l'ouest, et le nord au sud. On indiquera le nord vrai et la déclinaison de l'aiguille. (*Voy.* la description de la boussole, n°. 317.)

Les cartes ou plans topographiques s'orientent toujours carrément à la bordure, de manière que les quatre côtés du cadre regardent les quatre points cardinaux ; le nord est toujours du côté qui borne le plan par le haut.

F. La flèche sert aussi à marquer le cours des rivières et des ruisseaux ; on la dessine à l'encre de Chine dans le lit, ou sur ses bords quand il est trop étroit. On dessine au bout opposé au dard, qui marque le courant de l'eau, un volant ou barbe de plume. Quelquefois on courbe la tige pour indiquer que les rivières sont tortueuses.

N°. 492. *Il faut voir l'étude de la topographie pour le lavis.* (Pour les teintes, *voyez* la leçon 18ᵐᵉ.)

N°. 493. *Continuation du même plan, dont l'étude est celle de la plume.* (Pour les détails, *voyez* les n°ˢ. 468 à 490.)

Il y a une grande quantité de signes conventionnels qui ne sont pas utiles dans cet ouvrage, vu qu'on ne les emploie que pour des cartes spéciales, ou des cartes réduites à une très-petite échelle ; telles que les cartes de France ou des départements, ou celles qui ne regardent que certaines administrations. Tels sont encore les signes pour les établissements religieux, pour l'hydrographie, pour la minéralogie, qui comprennent les terres et les pierres, les substances volcaniques, les combustibles, les métaux et les eaux; pour l'art militaire, etc. (*Voyez*, au besoin, *le Mémorial topographique et militaire,* an XI).

LEÇON DIX-SEPTIÈME.

DES PARTAGES DES CHAMPS.

Les n°^s. 141 à 150 de la géométrie enseignent à diviser un terrain en un certain nombre de parties égales, ou qui soient dans des rapports donnés. La division d'un terrain peut se faire de deux manières : en levant d'abord le plan du terrain, et faisant ensuite la division sur le plan rapporté ; en cherchant, par le calcul, les quantités inconnues au moyen de celles qui sont données ou mesurées.

On suppose qu'on a levé et rapporté sur le papier le plan d'un terrain à diviser.

N°. 494. *Partager le quadrilatère* ABCD *en deux parties égales.* Du point D on mènera une parallèle à AB, on mènera fg du milieu de AB au milieu de De; on mènera la droite Cf, et l'on aura le quadrilatère BCfg, moitié de ABCD.

Autre moyen, le tout restant dans le même état. Du point f soit mené fh parallèle à Cg,

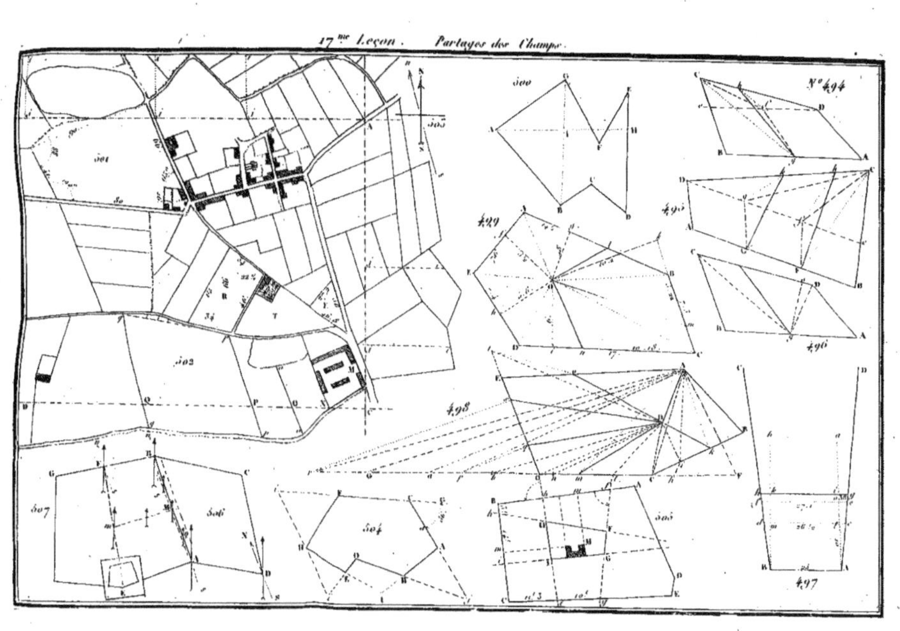

17.me Leçon. Partages des Champs.
N.º 494
495
496
497
498
499
500
501
502
503
504
505
506
507

on aura gh qui divisera le rectangle **ABCD** en deux parties égales.

Nᵒ. 495. *Partager le quadrilatère* **ABCD** *en trois parties égales.* On fera comme ci-dessus, **D***e* parallèle à **AB**. On divisera **D***e* et **AB** en trois parties égales. Des droites qui passeront par les points de division g, f, **G**, **F**, et qui se réuniront au point **C**, formeront autant de quadrilatères qui sont égaux au tiers du quadrilatère **ABCD**. Pour régulariser cette figure, on cherchera les points hk, en menant des parallèles, fg à **FC**, comme on l'a fait pour **C**g de la figure précédente.

D'après ce principe on peut diviser la figure dans des rapports donnés ; par exemple, si le quadrilatère devait être partagé entre sept héritiers, et que deux achetassent la part des autres, savoir : l'un une part, et l'autre trois, un troisième conservant sa portion ; il faudrait partager en trois portions, qui fussent entre elles comme les nombres 1, 2 et 4, les côtés **AB** et **D***e*, dans le rapport de ces nombres, en commençant par diviser en huit, et faisant l'opération à la quatrième division 4 et 2, comme on l'a fait pour le quadrilatère **BC***hg* de la figure 494.

Nᵒ. 496. *Remarque.* Les solutions par le calcul supposent qu'on peut entrer dans l'intérieur de la figure à diviser ; si cela n'était pas possible, il faudrait en calculer la surface d'après la

connaissance des angles et des côtés, et chercher, par le calcul trigonométrique, la valeur
nécessaire pour déterminer les inconnues.

Pour avoir la surface des triangles ADh,
DCh, on calculera d'abord celle du premier au
moyen des côtés mesurés AD, Ah, et de l'angle
A observé; puis, dans le second, on connaîtra
les côtés DC, Dg et l'angle B égal à ABC, moins
ADh. Ainsi, on trouverait toutes les parties de
ce triangle, dont on aurait les quantités nécessaires pour faire le point h, et ainsi des autres.

On n'est pas tenu de diviser la ligne AB en
autant de parties égales que la figure doit avoir
de parts; il est souvent plus régulier de fixer le
point g, en portant la valeur du quotient, qu'on
obtient en divisant une portion du partage par
AD ou par BC, de A en g ou de B en g.

Si l'on voulait mettre plus de régularité dans
les figures du partage, il faudrait diviser la même
portion par une ligne tirée à peu près dans le
milieu de chaque part, porter le quotient comme
on vient de le faire, et opérer ensuite comme si
ce point g avait été fixé.

C'est par ce moyen qu'on peut ôter une certaine quantité d'une figure sans calculer sa surface entière, et qu'on fait des répartitions pour
proportion du plus ou du moins que chacune doit
avoir.

Dans la pratique, on se sert ordinairement
d'un autre moyen pour ôter une quantité d'une

figure quelconque : quoique cette méthode ne soit nullement géométrique, l'erreur qu'elle peut occasionner n'est point assez sensible pour ne pas la faire préférer; et de plus, comme elle est plus expéditive, sur le terrain, nous croyons devoir en parler; la voici :

N°. 497. *Dans un espace indéterminé* ABCD, *former une superficie, par exemple, de trois arpents soixante-quinze perches.* Après avoir mesuré AB, élevez la perpendiculaire A*a*, et mesurez dessus une distance quelconque, 10 perches, par exemple; menez sur A*a* une autre perpendiculaire *cd*, que vous mesurerez; puis remarquez la différence des deux lignes AB, *cd*. Si la première a été trouvée de 25 perches, et la seconde de 26 ½, cette différence sera 1 ½ sur 10 ou 0,15 pour une perche.

Si on essaie de prendre 14 perches de largeur, la parallèle *ef* sera de 27,1, et la superficie AB *ef* vaudra 364,7, et comme on propose d'en former 375, il en faudra 10,3 pour que cette largeur donne la quantité demandée. Pour la compléter, on divise 10,3 par 27,1, et le quotient 0,38 est ce qu'il faut ajouter aux 14 perches, c'est-à-dire que 14,38 de largeur, pris sur les perpendiculaires A*a*, B*b*, donneront, à très-peu de chose près, les 3 arpents 75 perches.

Si on ne pouvait entrer dans cette figure, on chercherait la ligne *cd* par le calcul. Cette ligne égale AB, plus les deux parties *cl*, *md*, où on connaîtra ces lignes au moyen des triangles A*cl* *bdm* dans chacun desquels on aura les données nécessaires, puisqu'on suppose A*l* et B*m*, égalant 10, et que les angles CA*l*, *d*B*m* sont égaux, savoir : le premier à l'angle ABC moins 100°., et le second à l'angle BAC moins 100°.

Cette ligne *cd* une fois connue, on déterminera A*i*, B*k*, comme ci-dessus, et ensuite on cherchera les distances A*g*, B*k*, au moyen des triangles rectangles A*ig*, B*kh*.

Nº. 498. *Diviser le pentagone ABCDE, en six parties égales, par des lignes tirées du point D.* On réduira cette figure en un triangle AFG, on en divisera la base en six parties égales, *h*, *l*, *n*, *b*, *a*; puis on mènera *hi* parallèle, à AC; on formera le quadrilatère AB*i*, D, qui excèdera le triangle AB*i*, sixième partie de la figure proposée de tous les triangles AD*i* : si vous menez A*k*, parallèle à D*i*, et on tracera D*k*, vous aurez le quadrilatère AB*k*D, égal à la sixième partie de la figure à diviser; si vous menez A*m* parallèle à D*l*, vous aurez le pentagone ABC *m* D, égal au tiers de la figure, et D *k* C*m* en sera la sixième partie.

Passant à la troisième division, l'on mènera D*n*, sa parallèle A*p* et la ligne D*p*; l'on mènera aussi DO, sa parallèle *pq*, la ligne D*q*, et l'on aura ABCO*q*D, égal à la moitié du pentagone proposé; donc, D*m*O*q* en sera la sixième partie.

En menant D*b*, sa parallèle A*r*, DO sa parallèle *rs*, et tirant D*s*, on aura le triangle D*qs*, égal à la sixième partie du pentagone à diviser.

On déterminera la cinquième partie de la même manière; D*a* serait fort incliné, la parallèle qu'il faudrait lui mener du point A porterait à une trop grande distance, et rendrait trop incertain le vrai point de section de cette parallèle avec le prolongement de la ligne FG. On peut parer à cet inconvénient, en faisant observer que le triangle D*qs* étant la quatrième portion, il n'y a qu'à faire *st* égal à *qs* pour avoir D*st* égal à D*qs*; et faire ensuite rentrer dans le plan la partie qui est en dehors; pour cela menez DE, sa parallèle *tv*, la ligne D*v*, et vous aurez D*v* E*s* pour la cinquième partie demandée.

N° 499. *Même solution par le calcul*. On partagera cette figure en triangle par des lignes menées du point donné à chacun des angles, et on mesurera son périmètre, ainsi que les perpendiculaires O*g*, O*k*, O*i*, O*h*, O*f*, afin de calculer la surface des triangles, AOB, OBC, OCD, ODE, OEA, qui composent la superficie de cette figure, enfin on cherchera les inconnues comme dans les exemples précédents. Pour mieux fixer les idées, je vais résoudre cette question numériquement.

En supposant les dimensions telles qu'on les voit écrites dans cette figure, on trouve que la superficie est de 14,65. Si le partage doit être fait, par exemple, en quatre parties égales, chaque portion sera de 41,16. Comme le triangle OEA ne contient que 20,9, il faut lui ajouter un triangle qui contienne 20,26. Pour déterminer cette quantité, on la divise par la moitié de la perpendiculaire O*g*; le quotient 8,44 est ce qu'il faut prendre de A en *l*. Si du triangle AOB égal à 34,8 on retranche le triangle A*l*O, égal à 20,26, il restera 14,54, dont la différence avec 41,16, est de 26,62. Comme cette dernière quantité peut être prise dans le triangle OBC, on la divise par la moitié de la perpendiculaire O*k*; le quotient 5,22, est ce qu'il faut prendre de B en *m* pour former le quadrilatère O*l*B*m*, égal à la seconde portion.

Le triangle OBC étant de 37,23, celui O*m*C sera de 10,6; donc la différence avec 41,61 égale 30,55 : on divise cette dernière quantité par trois, et on a 10,18 pour la valeur de C*n*. L'opération est finie; si l'on a bien opéré, le quadrilatère ED*n*O formera la quatrième part. Dans cet exemple la différence n'est que de deux centimètres de l'unité principale.

Observation. Toutes les opérations enseignées pour la division des champs ne peuvent guère se pratiquer sur le terrain, à cause de la multiplicité des lignes qu'on est obligé de tracer dans la figure à diviser; c'est pourquoi ces opérations se font graphiquement, en rapportant sur le papier la figure exacte du terrain à partager.

Lorsque le plan de la figure à diviser est bien exactement fait, on opère les divisions sur ce plan, d'après les règles de cette méthode.

Avant de faire l'application de cette théorie sur le terrain, il faut d'abord prendre avec un compas la distance d'un point déterminé à un point de division, et porter cette ouverture de compas sur l'échelle qui a servi à faire le plan de cette figure, afin de connaître la direction qu'il y a entre ces deux points : enfin on écrit cette quantité à l'endroit où elle doit l'être. On fait la même opération pour connaître toutes les distances des points de la division qui se trouvent sur les côtés de la figure, et on mesure pareille longueur sur les côtés réels et homologues du triangle à diviser, pour avoir les extrémités des lignes de séparation.

Réflexions sur le partage des possessions champêtres.

Les différentes natures des biens champêtres ne produisant pas toujours également dans leur étendue, l'arpenteur doit user avec intelligence et équité des lumières qu'il peut acquérir sur le terrain même, et faire en sorte que chacun des copartageants ait une égale portion du bon, du médiocre et du mauvais terrain.

Si le terrain est de niveau vers l'un de ses bouts et en pente vers l'autre, il convient encore de le couper de manière que les divisions participent à l'inégalité du terrain et aux avantages ou aux inconvénients qu'elle présente.

Si le champ est borné par une rivière, par un chemin, par un bois, etc., chaque part, comme on l'a déjà dit, doit aboutir vers cette borne, et participer au bien ou au mal qu'elle produit; on doit du moins y avoir égard.

S'il s'agit d'un champ de nature variable, comme ceux sujets aux inondations, les parts inégales en qualité devront différer en quantité, pour mettre les lots en balance. Si le terrain, par exemple, est de nature à produire 20 pour % vers l'un de ses bouts, tandis que vers l'autre il ne donne que 10 pour %, il est de toute justice que la portion qui contient le moins bon terrain soit au moins double de celle qui contient le meilleur.

La conscience, l'honneur, tout impose à l'arpenteur l'obligation de decendre avec soin dans tous ces détails, de les peser avec toute l'attention dont il est capable, et de les considérer comme la règle essentielle de toutes ses opérations. Non seulement il doit avoir à cœur de mettre de l'exactitude dans son travail, mais sur-tout de procéder avec équité et de laisser partout après lui la réputation d'un homme parfaitement intègre.

Des bornes. (1)

N°. 500. Les bornes sont des points fixes de séparation ; on dresse ordinairement un procès-verbal de leur plantation,

Quand on veut mesurer une pièce de terre, de bois, de vignes, etc., il faut voir si les limites ne sont pas assurées par des bornes, qui ne sont autre chose que des pierres plantées en terre pour séparer les possessions. Quelquefois les propriétaires, par acte passé entre eux, conviennent qu'un haie ou certains arbres plantés entre leurs héritages, leur serviront de bornes ; alors ces arbres deviennent *mitoyens.*

Quelquefois aussi, par convention entre les particuliers, les bornes sont enfoncées en terre pour les garantir du soc de la charrue. Outre les cas de convention, on met sous les bornes quatre moellons, qu'on rappelle *témoins de la borne ;* au milieu de ces moellons on casse une tuile dont on rapproche les morceaux, que l'on nomme *témoins muets.* Quelquefois encore, au lieu de tuile on met du charbon, des ardoises

---

(1) Si par suite de procès ou contestations on avait besoin de plus amples renseignements, on aurait recours aux articles du Code civil et aux lois des bâtiments, cités à la fin de la leçon.

ou une assez grande quantité de petites pierres ou cailloux.

Les bornes se placent ordinairement aux angles des figures, afin qu'elles servent pour le bout et le côté; on en met quelquefois sur la longueur, mais elles ne peuvent servir que pour le côté.

Il est nécessaire de marquer les bornes sur les plans, telles qu'on les voit aux angles de la figure ABCDG. Il faut autant que possible indiquer leur juste position, en marquant la longueur des lignes et l'ouverture des angles qu'elles forment.

Lorsqu'une borne est douteuse, l'arpenteur doit avoir pour la lever un pouvoir par écrit des deux propriétaires voisins qui sont en contestation, ou un ordre du juge; car des lois non abrogées prononcent différentes peines contre ceux qui arrachent ou transposent des bornes.

Vérification d'un procès-verbal d'abornement.

Il faut commencer par prendre connaissance du procès-verbal, puis vérifier la position et la figure des bornes qui y sont rappelées; voir si les distances de l'une à l'autre se rapportent à celles qui sont indiquées, examiner scrupuleusement si elles sont placées comme l'indique le procès-verbal, et si les riverains rappelés sont conformes aux limitrophes actuels ; enfin , il faut entrer dans tous les détails du procès-verbal , et s'assurer si tout s'accorde parfaitement.

Il peut arriver qu'en faisant cette vérification une borne indiquée par le procès-verbal ne se trouve point ; alors voici ce qu'il faut faire pour trouver l'endroit où elle a été placée.

Soit le plan ABCDEFG , dont la borne A ne se trouve point sur le terrain , et dont on a les distances AB et AG sur le procès-verbal : si l'on avait la direction AB et AG , on trouverait la place de cette borne en mesurant l'une de ces lignes , en faisant fouiller au point A où la mesure finirait.

Si ces directions n'étaient point visibles , on ne pourrait pas opérer de même , car il est probable qu'on s'écarterait de ces limites ; mais si l'angle G , par exemple , était connu , on pourrait déterminer la direction AG au moyen de cet angle.

Si l'angle B ou G n'était point marqué sur le plan , on mènerait une droite BG qu'on mesurerait ; alors on connaîtrait les trois côtés du triangle ABG , et l'on chercherait la perpendiculaire AI , ainsi que sa distance aux points B et G ; on marquerait le point I sur le terrain , et on élèverait la perpendiculaire AI , qui passerait nécessairement sur la borne A ; donc , si l'on mesure la longueur AI , on aura le point A de la borne qu'il faut trouver.

Si l'angle fait en **A** n'était point désigné par le procès-verbal, on prolongerait la perpendiculaire **AI** vers **H**, et l'on chercherait cette borne tant en **A** qu'en **H**; car, d'après les données du plan, elle a été posée à l'un ou à l'autre de ces deux points.

Si cette borne ne se trouvait point, on la placerait du côté vers lequel la possession actuelle serait, sans pourtant léser le propriétaire voisin, qui doit être présent à cette opération.

Si du point **G** on ne pouvait apercevoir le point **B**, comme par exemple dans les bois où l'obscurité règne toujours, on se servirait de la pratique du n°. 391 pour déterminer la ligne **BG**.

N°ˢ. 501 et 502. *De l'utilité d'un plan géométral.* Lorsque l'arpenteur est chargé de lever le plan d'une commune avec tous les terrains et maisons, tels sont les n°ˢ. 501 et 502, ce plan doit être fait, et une échelle donnée, il faut qu'il soit coté et orienté. Il est utile de dresser un registre des opérations, et d'y ajouter tout ce qui peut intéresser les habitants : par exemple, les situations, tenants, dimensions, propriétaires, nature, étendue et charge de chaque propriété, afin de voir combien le terrain supporte de charge, et combien il contient d'arpents, tant au total que de chaque nature : ce tableau est on ne peut plus utile pour la répartition des charges, c'est ce qui a été fait par l'arpentage parcellaire de la France.

Je joins ici un tableau fictif d'une commune (1), contenant la situation de ses cantons, le lieu et la nature des biens, leurs dimensions, la nature et la superficie de chaque possession, charges, etc. ; enfin tout ce qui peut être nécessaire pour prévenir les discussions qui s'élèvent entre les propriétaires.

On voit par le tableau ci-joint, coté (A), que la pièce coté E appartient à *Jean Laurendeau*, qu'elle a trois côtés, savoir : un vers le nord, de 56 perches, un autre vers l'orient, de 27,2 ; et le troisième au midi, de 26,8 ; que le premier côté tient à *Nicolas Dizié*; le second, aux héritiers *Bailly ;* et le troisième, au chemin de.... enfin que cette propriété contient 6 arpents 34 perches ; qu'elle est chargée de 12 francs de rente viagère, et qu'elle paie 25 francs d'impositions.

En faisant la même chose des autres figures, on verra combien ce canton contient de figures d'arpents de chaque nature. Enfin, on ménagera sur ce tableau une colonne assez grande pour y indiquer les mutations qui pourraient arriver à chaque article.

---

(1) Ce tableau et une partie des observations sur les partages et sur les bornes, sont empruntés à l'ouvrage de M. Lefèvre.

Pour lever le plan d'une commune, d'un village, qui contient beaucoup de détails, il faut commencer par parcourir les chemins, les côteaux, les vallées, et les différentes pièces de terre, jusqu'aux points limitrophes qui forment les angles obtus ou aigus, autant qu'on le peut juger à l'œil, et mettre de suite le tout dans la proportion qu'on a d'abord jugé à propos de leur donner, afin de terminer les bases qui sont les lignes les plus longues et les plus régulières que l'on forme bien exactement avec des jalons JJJ. On élevera sur ces bases des perpendiculaires aux sinuosités voisines Ji, Ji, Ji, qui composent les différents chemins et terrains ; on mesurera l'intervalle entre toutes ces stations, ainsi que la rencontre de chaque pièce de terre qui peut se trouver sur cette ligne. On aura soin de relever les angles formés par la direction des côtés de chaque pièce de terre, en mesurant la longueur de chaque côté. De cette manière, le plan sera promptement fait, et avec beaucoup d'exactitude, si l'on a bien opéré.

(A) MODÈLE DE TABLEAU, où l'on voit la situation des cantons, le lieu et la nature des biens, leurs dimensions, leur étendue, leurs propriétaires, tenants, charges, etc. Canton de B..... situé entre les limites de la commune de R..... et le chemin de C.....

LEÇON XVII.

Renvois.	Propriétaires.	DIMENSIONS et situation des côtés			Tenants.	NATURE ET SUPERFICIE DE CHAQUE POSSESSION.										CHARGES.		
		Nombre.	Longueur.	Situation.		Terres.	Prés.	Vignes.	Taillis. (BOIS.)	Hautes futaies. (BOIS.)	Saussaies et aunaies.	Biens communaux.	Marais.	Bruyères.	Étangs.	Perpétuelles.	Viagères.	Impositions.
						arpents.												
E	Jean-François. LAURENDEAU.	3	56 » 27 2 46 8	Est. N. Ouest. S. Ouest.	Nic. DIZIÉ... Hér. BAILLY. chemin de....	6 34	»	»	»	»	»	»	»	»	»	»	12 f.	21 f.
R	Jean-Pierrre.	4	34 » 46 » 35 » 65 »	N. Est. Est. Nord. Ouest.	chemin de.... chemin de.... chemin de... à ETIENNE....	» » »	»	18 56	»	»	»	»	»	»	»	»	»	78 57
					Total........	6 34	»	18 56	»	»	»	»	»	»	»	»	»	»

N°. 5o1 fait voir comment la pièce de terre doit être levée, rapportée, calculée et cotée, voyez le tableau ci-joint (B), qui doit être annexé au plan. Donner également les longueurs des lignes qui forment la circonscription des pièces de terre, l'ouverture des angles; si le plan a été levé à la boussole, la situation du climat sur la commune de...... l'arrondissement et le département, la date. (Ce qui marque le temps et le lieu ne doit jamais être oublié, non plus que le nom du propriétaire).

(B) *Tableau indicatif de la longueur des lignes, de l'ouverture des angles; la superficie et la position limitantes du pré de M. Laroche, situé au nord, sur la commune de P.........., arrondissement de D........., département de la L.........*

PROPRIÉTÉS LIMITANTES.	DÉSIGNATION de chaque partie DE LA LIGNE de circonscription.	LONGUEUR		VALEUR des angles formés par les dignes droites seulement.	SUPERFICIE.	OBSERVATIONS.
		EN LIGNE droite.	DÉVELOPPÉE.			
Chemin de B......	fossé.	80		120		
M. Louis.............	vigne.	41		88		
Etang de B.........	haie.	90	98			
Chemin de C......	fossé.	66		63		
Maison et jardin	murs } du jardin	16		90		
de M. B............	murs } de M......	16				
				Total des mesures.		

Certifié véritable le présent Etat.

Fait triple à P..... le 24 avril 1824.

N°. 5o2. Si l'on avait à lever le plan de la ferme MND *qpo*, il faudrait commencer par tracer la base CD, puis prendre les angles que forme chaque pièce de terre avec cette droite, telle que *p* PQ, ou *q* QD ; puis les longueurs *p* P, Q *q*. Par ce moyen, on aura promptement le plan demandé, puisqu'il n'y aura plus que les contours à tracer, et à lever les détails des maisons. On cotera le plan comme l'indique la figure R, n°. 5o1. Le tableau ci-dessus achevera de remplir les conditions pour tous les renseignements demandés.

N°. 5o3. Le plan doit toujours être orienté, et il doit offrir, autant que possible, son bord supérieur perpendiculaire à la ligne du nord, qui est un des côtés du cadre du dessin. Quand la forme du plan, qui est souvent bizarre, ne permet pas d'orienter la feuille de papier, on doit y placer une boussole. (*Voyez* n°. 491).

N°. 5o4. *Lever le terrain* ABCDHF *dans l'intérieur duquel on ne peut entrer, et dont il s'agit de faire le partage ou de donner l'étendue.* On prolongera les côtés AC, BD, s'il est possible ; on placera un jalon J à la rencontre des deux côtés prolongés ; puis l'on mesurera le triangle JAB, que l'on pourra construire sur le papier, et dont les côtés pourront être prolongés pour donner les longueurs JA et AC ; ainsi des autres.

Si les angles ne pouvaient se prolonger, on

prolongera un des côtés, tel que CF en G; puis on mesurera l'angle CGa, pour le construire sur le papier; il en sera de même pour tous les autres côtés. On obtiendra l'angle BDE en mesurant l'hypothénuse BE, et l'angle DEH, en prolongeant EH en I, dans le prolongement de BA; DE et BI étant connus, on aura l'angle demandé.

N°. 5o5. *Lever le plan du terrain ABCD; dans l'intérieur, celui du jardin entouré de murs FGHI, ainsi que celui de la maison M inaccessible.* Le premier terrain ABCD sera levé comme au n°s. 346 ou 5o4. Pour le jardin on prolongera les alignements FH et HI, jusqu'à la rencontre d'une droite connue, comme AB et BC, ou, ce qui revient au même, on parcourra la droite AB, et l'on placera un jalon dans cette direction jusqu'à ce que l'œil puisse dégauchir HI, et de FG, on en fera autant sur EC; si on ne pouvait parcourir cette ligne, il faudrait prolonger Hh et Ff en dehors s'il est besoin; l'on prendra les angles que forment ces lignes avec la droite AB; en mesurant l'intervalle Af, fh, et hB, on aura tout ce qu'il faut pour déterminer la position HI et FG. Si on ne peut mesurer les angles fFB, on répètera l'opération sur E.

Pour avoir les directions FH, GI, on prolongera sur AD ou sur BC, comme on a fait sur AB pour FG et HI.

14.

Pour la maison M il faudra parcourir la ligne AB et BC jusqu'à ce que l'œil puisse dégauchir le mur de façade ; puis on placera un jalon dans cette direction , on mesurera la distance *mh*, que l'on pourra répéter sur CE pour prendre la distance *mi* ; il en sera de même pour toutes les autres parties. Après avoir levé les angles et les côtés, on pourra les rapporter sur le papier tout aussi bien que si on l'avait fait avec la facilité de parcourir le terrain.

N° 5o6. *Des bois et forêts où l'on doit percer des routes, ou faire le partage en plusieurs divisions.* Lorsque le bois n'est pas d'une grande étendue, ou qu'on peut seulement comprendre la partie de la superficie où il convient d'ouvrir une route , on doit lever le plan du terrain très-exactement , et faire sur ce plan tous les changements et projets que l'on veut opérer sur le terrain, afin d'agir avec connaissance de cause , car il est plus facile de changer et varier toutes ces dispositions sur le papier que sur le terrain. Les opérations de ce genre ne se pratiquent pas toujours facilement ; mais, au moyen de la boussole ou de la planchette , on parvient à opérer très-exactement pour le percé des routes ; on peut même élever des perpendiculaires , mener des routes parallèles et former des angles quelconques.

Percer une route dans une forêt en se ser-

vant d'une boussole. Soit la route ou la direction AB qu'il s'agit de percer, les points AB ne pouvant être aperçus d'un même lieu : on placera des jalons aux angles A, B, C et D; à partir du point D, on prendra avec la boussole les angles ADS, NDC, et pour éviter les erreurs, on écrira le supplément SDA de ces angles; on mesurera les côtés AD, DC, pour pouvoir construire l'angle, on en fera de même pour l'angle C, puis on mesurera les côtés AD, DC et CB, on aura pris sur le terrain toutes les opérations nécessaires pour avoir la direction demandée CB*s*, on retranche l'angle BAD, le reste exprimera la grandeur de l'angle AB*s*, que la route doit former avec l'aiguille aimantée NDS. On aura de même la valeur de l'angle BA*s* et *n*AB, qui doivent être égaux.

Pour opérer le percé de la route, on peut commencer en A ou en B, et même aux deux extrémités A,B à la fois, en disposant à ces deux points une boussole, de manière que l'aiguille et l'alidade de la boussole forment l'angle donné. On fera placer des jalons dans la direction du rayon visuel que détermineront les pinnules de l'alidade : une fois deux jalons placés dans cette direction, il sera facile d'en placer jusqu'à ce que les deux alignements partis des points A et B viennent se rencontrer.

Nº. 507. *Du point F, milieu de BG percer*

une route qui aboutisse à l'angle E. La question se réduit à déterminer l'angle FB*n* et F*f*E, que l'on déterminera comme à la figure précédente s'il est nécessaire.

Diriger la droite M*m au milieu de* AB *et de* EF. On cherchera l'angle M*f*A ou celui *m*E*n*, pour avoir la direction M*m*, comme on l'a fait pour AB.

Tracer la route EF *au moyen de la planchette*. Il faut lever le plan de la forêt bien exactement. Sur ce plan on marquera les routes que l'on se propose de percer, puis l'on établira la planchette au point E, où doit commencer la route projetée. On aura soin de faire accorder les lignes qui forment les angles des plans avec celles du terrain qu'elles représentent. On se servira pour toutes les directions de la règle de l'alidade, qui sera mise avec beaucoup de soin sur toutes les lignes marquées sur le plan, à l'effet que les jalons soient placés dans une direction exacte, pour que le percé qui partira du point E arrive au point F. Il faudrait d'autant plus d'exactitude dans les opérations du terrain, que le plan dessiné sur la planchette sera petit, et demandera de la précision pour être rapporté en grand. On devra être aussi exact pour le placement de la règle de l'alidade et des jalons.

*Modèle de procès-verbal pour le bornage et
l'arpentage de plusieurs pièces de terre.*

Département de la Seine.

Acte de bornage entre les sieurs Pierre Maison, marchand de drap à Paris; et Jean Latour, propriétaire à Versailles, département de Seine et Oise.

Nous, soussigné François Lerond, arpenteur juré, demeurant à Paris, déclarons que les sieurs Pierre Maison, de Paris, département de la Seine, et Jean Latour, de Versailles, département de Seine et Oise, désirant jouir divisément de plusieurs pièces de terres, formant partie des lots à eux échus dans le partage de fonds fait entre eux le 21 avril 1824, enregistré à Versailles le 22 suivant, nous ont appelé pour faire leur sous-partage partiel, conformément à l'acte précité, nous dispensant de toute formalité de justice (1).

Etant autorisé par lesdits sieurs Latour et

***

(1) Il arrive souvent que les partages se font en vertu de justice : on déclare qu'en vertu d'un procès-verbal de la justice de paix de Versailles, en date du........., qui autorise à délimiter et borner dans la proportion des droits des sieurs susnommés...........

Maison, nous nous sommes transporté sur les lieux le 28 avril 1824, en présence des parties; et, à la vue des titres, nous avons procédé à l'opération dont il s'agit.

Désirant nous assurer, avant de tracer les lignes de partage, des contenances énoncées dans l'acte ci-dessus relaté, afin de faire une juste répartition, nous avons arpenté les pièces partageables. Après avoir fait les calculs nécessaires, nous sommes retourné sur les lieux pour planter les bornes (1). Conformément à l'état et au plan coté ci-joint nous avons reconnu la pièce de terre **T**, appartenant à M. Maison, située au nord du village, limitée par la route de.......... au sud, et par une haie au couchant, par un étang bordé d'arbres au nord; au levant, par le pré et la vigne de M. Latour; à l'angle sud-ouest, par un mur en retour d'équerre. Cette pièce de terre contient en surface........................... hectares ou................ journaux.................... conformément aux titres.

Nous avons ensuite procédé au bornage, ainsi qu'il suit : (*Mettre ici les détails comme au* n°. 500).

-----

(1) Désigner le nombre des pièces, les climats où elles sont situées, la contenance de chacune d'elles, la situation respective des bornes qui déterminent les lignes de partage et de confin.

DE LA TAXE DES EXPERTS.

Les experts sont payés, tantôt à raison du nombre des vacations qu'ils emploient ; c'est lorsqu'ils opèrent dans le lieu de leur domicile, ou à une distance qui n'excède pas dix myriamètres, ce qui fait environ quatre lieues d'autrefois, c'est-à-dire quand les experts se transportent au-delà de deux myriamètres, on ne les paie plus par vacation ; on leur donne d'abord une somme fixe par chaque myriamètre qu'ils sont obligés de faire, tant pour aller que pour revenir ; ensuite on leur accorde une somme fixe pour chaque journée qu'ils passent dans le lieu où se fait l'opération. On ne compte la journée comme entière que quand ils ont employé quatre vacations ; et il est décidé que chaque vacation est de trois heures.

A ces observations, ajoutez que les experts, artisans ou laboureurs ne sont pas payés aussi chèrement que les experts d'une profession plus distinguée, tels que les architectes et autres artistes.

Enfin, on remarquera que les experts qui sont de Paris obtiennent un paiement plus fort que ceux qui sont des départements.

D'après ces premières notions, il est facile d'entendre les dispositions du tarif en ce qui concerne la taxe des experts.

En premier lieu, l'*article* 159 de ce réglement accorde aux experts qui procèdent dans le lieu de leur domicile, ou dans une distance de deux myriamètres, une somme fixe par chaque vacation de trois heures ; cette somme, dans le département de la Seine, est de 4 francs pour les artisans et laboureurs, et de 8 francs pour les architectes et autres artistes.

Dans les autres départements, chaque vacation d'expert qui opère dans le lieu de son domicile, ou à la distance de deux myriamètres, est payée 3 francs, s'il est artisan ou laboureur, et 6 francs, s'il est architecte ou artiste d'un autre genre.

Tant que les experts ne vont pas opérer audelà de deux myriamètres, il ne leur est donc alloué que des vacations telles qu'on vient de les expliquer, et ils ne peuvent réclamer ni des frais de transport ni des frais de nourriture.

Si l'opération appelle un expert hors du lieu de son domicile, à une distance qui excède deux myriamètres, ou environ quatre lieues, on ne le paie plus à raison de chaque vacation. Suivant l'acticle 160 du tarif, ou lui doit des frais de voyage, qui comprennent ceux de transport et de nourriture, tant pour aller que pour venir. Si l'expert est de Paris, il est alloué 6 francs par chaque myriamètre, et il n'a que 4 francs 50 centimes pour chaque myriamètre, s'il n'est pas de Paris.

Après le voyage pour aller et pour·revenir, le tarif accorde pour chaque jour que dure l'opération, un traitement qui, pour chaque expert de Paris, est de 30 fr.; pour chaque expert des autres départements, il est de 24 francs. Ce traitement est ainsi fixé, pourvu que les experts emploient quatre vacations par jours; car le paiement de chacun des jours où il n'aurait pas été employé quatre vacations, serait réduit proportionnellement; en sorte que la journée pendant laquelle on aurait employé seulement une vacation, ou deux ou trois, ne serait payée que le quart, ou la moitié, ou les trois quarts de la taxe.

Une disposition particulière aux laboureurs se trouve dans ce même article. Ils ne peuvent pas réclamer de taxe pour les voyages qui seraient au-delà de cinq myriamètres : on n'a pas voulu que les hommes de cette profession pussent être conduits trop loin de leur domicile; au surplus, lorsqu'ils remplissent les fonctions d'experts dans le lieu de leur domicile, ou à une distance qui n'excède pas deux myriamètres, ils sont payés par vacation, comme on l'a dit plus haut. Si l'expertise se fait au-delà de cette distance, sans excéder néanmoins celle de cinq myriamètres, il leur est alloué, pour frais de voyage, 3 francs seulement par chaque myriamètre, et autant pour le retour. L'exception portée dans cet article, pour les frais de voyage des laboureurs, ne s'étend pas au traitement pour le séjour; d'où l'on conclut qu'il est pour les laboureurs comme pour les experts qui ne sont pas de Paris; c'est-à-dire que, pendant la durée de l'opération, il est dû à l'expert laboureur 24 francs par chaque jour composé de quatre vacations.

Outre le paiement des experts, tel qu'on vient de l'expliquer pour les différents cas, il leur est accordé, par l'article 162 du tarif, une vacation pour déposer au greffe la minute de leur rapport. Le même article prévoit le cas où les experts sont éloignés du tribunal de plus de deux myriamètres; alors il est alloué à chaque expert, pour son transport, afin de prêter serment, le cinquième de ce qui lui revient pour une journée de campagne. Celui des experts qui est chargé de faire le dépôt de la minute au greffe est payé de même pour son transport.

Ainsi, pour aller prêter serment devant un juge qui est à une distance de leur domicile moindre que deux myriamètres, les experts n'ont qu'une vacation, il en est de même de l'expert chargé par les deux autres de déposer la minute du rapport. Mais si, pour remplir l'une ou l'autre formalité, les experts ont à franchir une distance plus grande que deux myriamètres, il leur est accordé d'abord une vacation, et ensuite le cinquième de ce qui leur reviendrait pour une journée de campagne, d'après la taxe ci-dessus expliquée.

Au moyen de cette taxe, les experts ne peuvent rien réclamer ni pour frais de voyage, ni pour frais de nourriture, ni pour s'être fait aider par des écrivains ou par des toiseurs et porte-chaînes, ni sous quelque autre prétexte que ce soit ; ces frais, s'ils ont lieu, restent à la charge des experts. *Ibid.*

Au reste, si le président, en procédant à la taxe des vacations, en trouve le nombre excessif, eu égard au travail fait, il est autorisé à prononcer telle réduction qui lui paraît convenable. *Ibid.*

On demande si le papier timbré sur lequel est écrit le rapport est aux frais des experts. Les uns disent que cette dépense est comprise dans la taxe, et ils en donnent pour raison le tarif, qui veut de la manière la plus générale que les experts ne réclament aucune dépense, sous quelque prétexte que ce soit.

D'autres croient que le timbre étant un impôt qui peut varier, n'a pas dû être compris dans une disposition invariable.

D'ailleurs, l'intention du tarif est évidemment d'empêcher que les experts ne puissent, à volonté, augmenter leurs mémoires de frais : or, le papier timbré est d'un prix tellement connu, qu'on ne peut pas tromper sur cet article de dépense.

Dans les justices de paix, un expert est payé, non par vacation, mais par journée. Il lui est alloué, selon les articles 24 et 25 du tarif, à raison d'une journée de travail de sa profession ; et s'il a été obligé de se faire remplacer dans son travail, pour vaquer à l'expertise, il lui est dû le double d'une journée.

Il n'est accordé aucuns frais de voyage à l'expert qui est domicilié dans le canton du juge de paix avec lequel il opère ; mais si l'expert s'est transporté hors de son domicile, à une distance qui excède deux myramètres et demi, ce qui fait environ cinq lieues, il lui est alloué pour frais de voyage la valeur d'une double journée de travail de sa profession, à raison d'un chemin de cinq myriamètres, ce qui fait environ dix lieues. Le tarif ne dit pas qu'il y aura pareille somme pour revenir ; d'où il suit que le prix de la double journée, pour une distance de cinq myriamètres, doit servir pour aller et pour revenir.

Indépendamment des frais de voyage, il doit être accordé à l'expert le prix de chaque journée qu'il passe sur les lieux contentieux avec le juge de paix. Cette décision résulte de ce que le prix de la double journée par cinq myriamètres n'est destinée qu'aux frais de voyage.

C'est le juge de paix qui taxe le paiement dû aux experts qu'il a nommés ; cette taxe se fait ou par le procès-verbal de sa visite, quand la contestation est sujette à l'appel, ou par son jugement, quand il prononce en dernier ressort, parce qu'alors il n'est point dressé de procès-verbal pour constater l'opération.

Pour toute descente de juge, la partie requérante est tenue de déposer les frais de transport selon qu'il est prescrit par *l'art.* 301 du Code de procédure. Cette disposition s'applique évidemment aux visites et appréciations faites par les juges de paix, puisqu'il y a même raison de le décider. Par ce moyen, les experts, en justice de paix, ne sont point embarrassés pour réclamer ce qui leur est dû.

Au reste, si on avait opéré sans exiger le dépôt du prix du transport, le juge de paix délivrerait un exécutoire aux experts contre la partie requérante.

Observations. Les arpenteurs et les propriétaires ont besoin de connaître les lois et coutumes qui traitent des articles suivants, et qui sont trop étendus pour entrer dans le plan de cet ouvrage, on va les indiquer pour qu'on puisse y avoir recours au besoin. Soit qu'ils se trouvent dans le *Code civil* ou dans le *Code de procédure*, ou dans les *Coutumes* que l'on trouve réunies dans les *Lois des bâtiments ou le nouveau Desgodets*, par LE PAGE.

DES SERVITUDES *naturelles ou légales.* Tels sont : L'action de bornage. Pour qui les bornes, pour qui et contre qui le bornage peut être requis ; des formalités du bornage ; des frais de bornage et des peines contre ceux qui déplacent des bornes. Code civil, *art.* 644 et 645, et lo's des bâtiments.

MURS *mitoyens et non mitoyens.* Aux frais de qui est l'entretien et les contributions ; quel usage on peut faire d'un mur mitoyen ; de leurs exhaussements ; comment un mur qui n'est pas mitoyen peut le devenir ; quand on peut forcer son voisin à faire une clôture à frais communs, etc. Code, *art.* 653 à 665 , et lois des bâtiments.

PUITS. Voir lois des bâtiments et Code , *art.* 2270.

HAIES *mitoyennes.* Code, *art.* 670 et 673, et lois des bâtimens.

ARBRES. Des plantations près d'un héritage voisin. Code, *art.* 671 à 673 et lois des bâtimens.

FOSSÉS *mitoyens.* Code, *art.* 666 à 668 et lois des bâtimens.

PLANTATIONS près d'un héritage voisin. Code, *art.* 671 à 673 et lois des bâtiments.

DROIT DE PASSAGE LÉGAL. De l'indemnité due pour le passage légal, *art.* 682 à 685.

DU TOUR D'ÉCHELLE, considéré comme servitude. Code, *art.* 691 et 693 , et lois des bâtiments.

Servitudes volontaires et autres. Code civil, *art.* 686, 695, 467, 637, et lois des bâtiments.

Droits résultant des servitudes, avec ses obligations, etc. Code, *art.* 697 à 702, et lois des bâtiments.

Comment s'éteignent les servitudes par titre ou volontaires ; comment on peut les rétablir. Code, *art.* 731, 703 à 708, et lois des bâtiments.

DES RÉPARATIONS. Locatives des fermes ; des vignes, des prés, des bois et des étangs. Lois des bâtiments et Code de procédure.

BAIL, PROCÈS-VERBAUX, etc. Lois des bâtiments.

Des descentes sur les lieux. Jugement sur le même sujet, forme de procédure à la descente sur les lieux ; requête, procès-verbal, etc. Code, *art.* 397, 261, 298 et 299, et lois des bâtiments.

DES RAPPORTS D'EXPERTS, de leur nomination.

TAXE DES EXPERTS. Code, *art.* 301 et lois des bâtimens.

JUGEMENT rendu sur rapport d'experts. Code de procédure civile, *art.* 321 et 323.

———

TROISIÈME PARTIE.

LEÇON DIX-HUITIÈME.

DU DESSIN, DE LA MISE AU TRAIT, DES OMBRES, ET DE TOUS LES MOYENS EMPLOYÉS DANS LA PRATIQUE DU DESSIN GRAPHIQUE.

N°. 508. *Opérations préliminaires au dessin graphique.* On dessine sur du papier fort, qu'on a soin de coller sur une table ou planchette bien dressée pour tendre son papier. On le mouille légèrement avec une éponge ; lorsque le papier est bien humecté, on retourne la feuille, de manière que le côté mouillé pose sur la table.

Au moyen de la colle à bouche et d'une règle que l'on pose à deux lignes environ des bords, on colle les quatre côtés, de manière que tout le contour se trouve fixé d'environ quatre à cinq millimètres ou deux lignes que l'on coupe, lorsque le dessin est fini.

On laisse sécher librement son papier sans l'approcher du feu, ce qui le ferait décoller ou

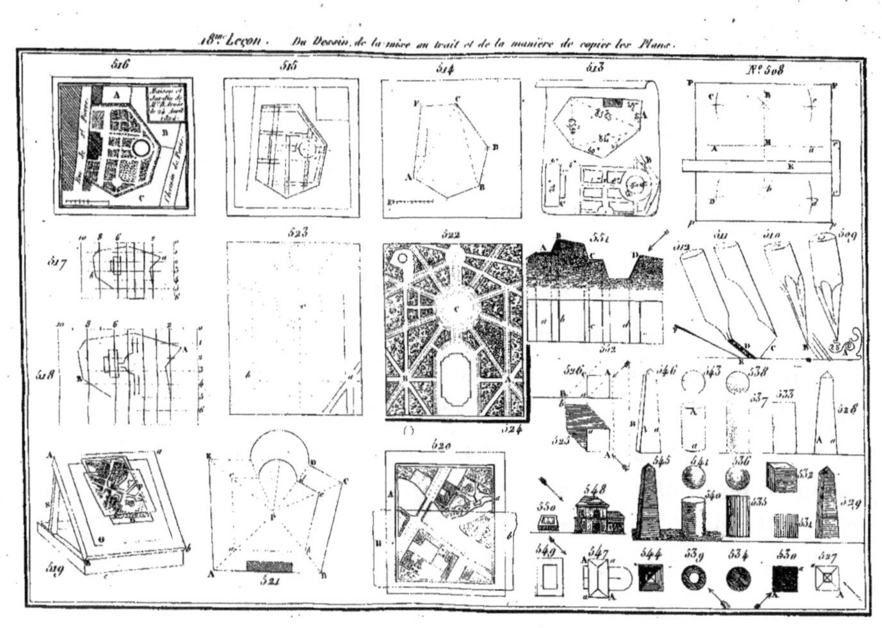

déchirer; lorsqu'il sera parfaitement sec, on pourra dessiner.

Pour tirer les lignes. On se sert d'une règle N°. 54, 90 et 100, ou d'un instrument nommé **T**, figuré par **E** *e*. **P**our s'en servir on applique la petite branche contre le côté de la table, et l'on trace la ligne avec la grande branche **E F**. On commence par faire une ligne au milieu du papier, telle que **A** *a*; on élève sur cette ligne la perpendiculaire **B** *b*, ensuite toutes les lignes que l'on peut faire sont assujetties à ces deux lignes. On forme le cadre en déterminant, avec la même ouverture de compas, deux arcs qui se coupent en **C** *c*, **D** *d*, réciproquement parallèles aux deux lignes déjà perpendiculaires.

N°. 509. *Des crayons.* On trace les lignes avec un crayon de mine de plomb; les plus en usage sont les crayons *Conté*, *numéro* 4 pour le trait, et *numéro* 2 pour le dessin croquis. Pour dessiner les massifs des bois, ou divers contours et sinuosités tels que **A**, on se sert d'un crayon taillé en pointe comme un cône : la pointe, qui s'use promptement, se forme en frottant le crayon, que l'on a soin d'incliner sur une feuille de papier.

N°. 510. *Des lignes fines.* On les trace avec un crayon plat, c'est-à-dire taillé en coin; on a le soin d'appliquer la partie plate contre la règle, de manière que le tranchant du crayon forme le trait fin et constamment mince, tel que **B**.

Lorsque le dessin est mis au trait avec le crayon de mine de plomb, on le met à l'encre avec un tire-ligne ou avec une plume.

Nº. 511. *Des plumes*. Les meilleures pour dessiner et pour tirer des lignes, sont les plumes d'oie, *bouts-d'aile*. On se sert avec avantage, pour les petits détails et les lignes fines, de plumes de corbeau et de canard.

On les taille fines ou grosses, suivant le genre de dessin; pour les lignes fines, on conduit la plume de côté, tel qu'on le voit en **C**. Elle est toujours appliquée contre une règle pour faire les lignes droites.

Nº. 512. *Des grosses lignes*. On taille sa plume un peu plus grosse; on la tient molle du bout, et on la fait couler sur son plein, comme on le voit en **D**.

Parmi les grosses lignes, il y en a de moyenne grosseur que l'on fait avec la plume fine que l'on tient sur son plein, et en appuyant un peu. En la tenant de profil, on peut commencer une ligne fine et la finir un peu plus grosse, en la faisant tourner du profil sur le plein, tel qu'on le voit en **EF**.

COPIER.

Dans les arts du dessin, c'est faire le double

d'un plan, d'une carte, etc. La copie est le double d'un dessin faite, d'après lui et semblable. Il y a plusieurs manières de copier.

Copier au compas. C'est faire un dessin avec les mêmes proportions que celui dont on veut avoir la copie. On prend sur le dessin original, et l'une après l'autre, toutes les mesures avec le compas pour les porter sur le papier destiné à faire le double.

N°. 513 à 516. *Construire un dessin.* Après avoir levé et mesuré sur le terrain, comme l'indique le croquis n°. 513, dont la figure A fait voir le périmètre d'un jardin sur lequel se trouve la triangulation ; les figures B et C indiquent le levé des détails cotés du jardin et de la masse du bâtiment C, qui se seraient confondus avec les premières cotes de la figure A.

La personne qui lève doit, avant de commencer son croquis, se porter successivement à tous les différens points, pour obtenir les détails et le figuré des parties adjacentes, afin de pouvoir les rapporter ensuite sur le plan, au moyen du croquis particulier que l'on aura pris.

N°. 514. *Planchette sur laquelle on a collé du papier pour faire le plan au net.* Au moyen de l'échelle E et des cotes données à la figure A, n°. 513, on construira les triangles ABC, BCD, etc. Si l'on a mesuré les côtés nécessaires, on construira la figure. (*Voy.* n°. 73).

N°. 515. *Même planchette.* Elle fait voir la suite du travail, c'est-à-dire qu'après avoir tracé le périmètre du terrain, on ajoute graduellement les planches et plates-bandes du jardin. Comme le dessin est tracé au crayon avant d'être passé à l'encre, on tire les lignes sans interruption, sauf, en les mettant à l'encre, à ne les faire que de la longueur qui convient.

N°. 516. *Dessin plus avancé et en partie mis à l'encre.* Souvent on les lave, quelquefois on les laisse au trait; on a soin d'ajouter l'échelle, le titre désignant la propriété, l'endroit où le plan est situé, la date de son exécution, les noms des rues environnantes, et celui des propriétés voisines qui se trouvent contiguës au plan; en un mot tout ce qui peut contribuer à l'intelligence de la propriété. Il ne faut négliger aucun des moyens qui peuvent être utiles et servir au besoin.

Lorsque l'espace ne permet pas de faire une longue description, on écrit une légende dans le vide que laisse le dessin sur le papier, ainsi qu'il suit :

A. Maison et jardin de M. D...

B. Propriété de M. C...

C. Prés et vignes de M. L...

N°. 517 et 518. *Copier aux carreaux.* La figure 518 est celle que l'on veut copier, en la réduisant sur la feuille de papier 517. On divisera la hauteur et la longueur du plan en un certain nombre de parties égales : les divisions seront proportionnées à la petitesse des détails ; puis par tous ces points de division on mènera des droites horizontales et verticales, de manière à former des carreaux qu'on numérotera 0,1,2,3, etc.

Si l'on veut copier le plan de même grandeur, on fera des carreaux égaux sur la feuille de papier. Si l'on veut grandir, on fera les carreaux plus grands ; si la feuille de papier était plus petite, telle que celle du n°. 517, on formerait les carreaux plus petits, en divisant la longueur et la hauteur en un même nombre de parties égales, comme on l'a fait sur le grand plan.

Lorsqu'on voudra dessiner, on remarquera la position d'un point, tel que A du carreau 1, 2, sur le grand plan ; et on en fera autant sur le petit, en marquant le point *a* au carreau 1, 2. On observera le point B du carreau 3, 4 et 8, 10 que l'on portera au carreau correspondant *b*. On continuera ainsi pour tous les angles.

Lorsqu'on ne veut pas tracer de carreaux sur le plan à copier, on les trace sur une glace, et on la pose sur le plan. On peut encore faire la même chose sur une feuille de papier verni.

Si le plan est très-grand, on formera les carreaux avec des fils bien fins que l'on fixera avec des épingles ou des pointes, suivant qu'on aura la facilité de l'un ou de l'autre.

N°. 519. *Calquer à la glace*. Lorsque l'on veut avoir un dessin de même grandeur, on fixe la feuille de papier sur le dessin ; puis on présente le plan sur une vitre, et avec un crayon fin on passe légèrement sur tous les contours que laisse voir ce dessin.

Comme il est incommode de calquer à la vitre, on fait faire un calcoir composé de deux châssis qui se meuvent par une charnière en Bb ; le châssis $ABab$ porte la glace G ; on élève ce châssis à volonté ; et, suivant qu'on veut avoir de lumière, par le moyen d'un support S, on fixe le dessin D, et la feuille de papier P. Dans cet exemple, on ne veut copier ou calquer qu'une portion du dessin ; aussi la feuille de papier est-elle moins grande que le dessin.

N°. 520. *Calque*. On prend un calque avec du papier transparent (1), on le pose sur la partie du dessin que l'on veut calquer ; puis, avec un tire-ligne ou une plume, une règle et une équerre, on dessine tous les traits que l'on

---

(1) Il y a du papier gélatiné très-bon pour les lignes, sur lequel on peut laver. Le papier végétal et très-blanc est fort bon pour les traits ; mais il ne supporte pas aussi bien l'humidité, et ne peut servir pour laver.

voit sur la feuille de papier calqué ; A*a* est le dessin, et B*b* le papier calqué.

N°. 521. *Réduire ou grandir par le moyen des échelles.* Comme tous les plans sont faits à une échelle quelconque, on suppose que le plan soit ABCDE, et que l'on veuille grandir ou réduire ; ou prend un point quelconque, tel que P ; on tire les droites de P en A, de P en E, etc. ; puis on proportionne P*a* à PA, P*é* à PE. On aura la droite *ae* parallèle à AE, et en proportion : si du point *a* on mène une parallèle à AB, du point *b* une parallèle à BC, etc., on aura la figure *abcde*, réduite en proportion avec la figure ABCDE.

Pour grandir, les opérations seront les mêmes, puisque l'on peut supposer la figure *abcd* donnée, de préférence à la figure ABCD.

N°. 522 et 523. *Piquer un dessin.* On tend la feuille de papier comme au n°. 508, puis on fixe le dessin sur le papier ; ensuite, au moyen d'un piquoir très-fin, on piquera toutes les extrémités des lignes, et le centre des cercles seulement. Quand le dessin est piqué, on passe au crayon une partie des grandes masses avant de les passer au trait ou à l'encre, comme on le voit dans la figure 523, qui représente la feuille de papier sur laquelle on a piqué. Pour éviter de piquer deux fois la même chose, il faut garder un ordre dans la manière de commencer et de finir. Il en est de même pour retrouver ses points ; il faut embrasser des masses que l'on suivra dans toutes leurs longueurs.

Le dessin mis au trait, on le lave, si besoin est ; on forme autour un cadre, pour l'effet.

N°. 524. *Des cadres ou bordures.* Il est d'usage d'encadrer le dessin par un trait léger, et quelquefois d'un plus gros ; la grosseur est proportionnée à la grandeur du dessin. Dans tous les cas, le gros trait noir est toujours égal au blanc qu'on laisse entre la grosse et la petite ligne que l'on fait autour des dessins.

DE LA MISE AU TRAIT ET DES OMBRES.

N°ˢ. 525 et 526. *Usage des lignes pour exprimer les contours des corps solides et en relief.* Elles sont de deux espèces, lignes fines et lignes grosses. On convient de deux choses : premièrement, que les objets seront éclairés suivant un angle donné dans deux projections ; la lance indique l'angle que forme la direction de la lumière dans les deux projections ; 525 est le plan ou la projection horizontale, et 526 l'élévation ou la projection verticale. On suppose que le plan s'élève à une hauteur égale à sa base, puisqu'on a pris pour exemple un cube. Si on mène par les angles du solide des droites parallèles aux flèches qui sont les directions données, on aura la longueur de l'ombre, par la droite **CB**, dont l'extrémité est fixée par le terrain au point **B** ; on projette ce point jusqu'à la rencontre de *b* de la projection horizontale : puis de ce point on mène des parallèles au solide donné, et on a les contours de l'ombre cherchée. On voit que l'angle **A** est dans la direction de la lumière, et que l'on doit exprimer ces deux lignes par deux traits légers, tandis que l'angle *a* est dans l'ombre, et que les deux lignes qui le forment doivent être un peu plus grosses.

Il n'est pas toujours besoin de porter l'ombre pour faire ressortir les reliefs.

N° 527, 528 et 529. La première de ces figures représente le plan d'un obélisque, la seconde indique l'élévation de face, la troisième l'élévation vue de trois quarts. Dans l'un et dans l'autre, la lumière vient de droite, bien qu'il soit convenu de la faire venir de gauche ; on peut juger par la grosseur des lignes, sans avoir besoin de lance, que la lumière est en **A** du plan, et que l'ombre est en *a*. Le contraire pour les lettres aura lieu dans la figure 528. Lorsque la figure est ombrée (529), on ne doit pas faire de coup de force ou gros traits ; les teintes seules doivent faire ressortir les saillies du corps.

N°. 530 à 533. La première figure exprime le plan d'un cube, la lumière vient de gauche, c'est celle qui est généralement suivie. On voit que les gros traits sont opposés à la figure (527), et que cela provient de la direction de la lumière que l'on a fait tourner de droite à gauche ; il en sera de même pour les élévations (531 à 533), qui reçoivent les mêmes observations que les figures précédentes.

Les n°s. 534 à 543 expriment des cylindres et des sphères. Le cercle (534) est le plan du cylindre. Pour distinguer le plan d'un cylindre du plan d'une sphère, on étend une teinte d'encre de Chine ou de carmin, on fait des hachures parallèles. Le n°. 543, n'ayant aucune teinte, peut tout aussi bien représenter une sphère que le plan d'un cylindre (n°. 536.) La sphère est ordinairement ombrée par des cercles concentriques ou par des teintes adoucies (n°. 538.) L'élévation du cylindre (n°. 537), qui est ombrée, ne doit point recevoir de gros traits, comme on le voit au parallélipipède (n°. 533.)

Les n°s. 537 et 538 sont ombrés à l'imitation du lavis. Le n°. 535 est ombré par des hachures parallèles aux côtés ; ce qui doit toujours être lorsque le cylindre est dessiné géométralement.

N°. 539. Le plan d'un cylindre reçoit également ment un coup de force comme les corps qui s'expriment en ligne droite ; on a seulement égard à la tangente du cercle, c'est-à-dire que la naissance de l'ombre commence au diamètre perpendiculaire à la direction de la lumière, et va toujours en grossissant jusqu'à ce qu'elle se trouve dans la direction de la lumière.

Nº. 540. Lorsque les dessins sont ombrés dans les effets de perspective, on ne donne pas de coup de force : les hachures peuvent être dans le sens horizontal, et suivre la courbe du plan supérieur ou inférieur.

On peut également employer les hachures verticales comme au nº. 535 ; mais dans cette dernière figure on ne pourrait employer les lignes courbes.

Nº. 541. La sphère peut être ombrée par des lignes droites, mais jamais dans un dessin perspectif.

Nº. 542. Le cylindre perspectif qui doit rester au trait n'a point de gros traits ; seulement les lignes des bases qui se rapprochent le plus du spectateur sont un peu plus prononcées pour les faire venir en avant, telles que les arêtes A *a* l'indiquent.

Nº. 543. La projection d'une sphère qui doit être ombrée, ou qui doit rester au trait, ne doit point recevoir de coup de force comme on le fait au plan d'un cylindre.

Nº. 544. *Des corps en talus ombrés.* Le plan de cette pyramide, prise pour exemple est ombré, pour faire voir que, plus les objets situés dans l'ombre se rapprochent de nous, plus les teintes sont foncées. Dans le dessin au trait, (nº. 527), les coups de force sont plus prononcés.

par le haut, ce qui enlève le sommet et éloigne la base. Du côté de la lumière le contraire a lieu, plus les objets sont près, plus ils sont blancs; et plus ils s'éloignent, plus la teinte est grise.

N°. 545. Dans les effets perspectifs, les hachures qui forment la teinte doivent se diriger au point de vue, sur-tout lorsque la face à teinter n'est pas parallèle comme l'obélisque.

N°. 546. L'obélisque ou le prisme quelconque en perspective, ou vu obliquement, mais qui doit rester au trait, doit recevoir un coup de force; l'arête, qui doit être exprimée de cette manière, est celle qui est le plus près du spectateur. Ainsi A sera enlevé en vigueur par un trait plus gros que B, qui est supposé dans l'ombre, et le trait B sera égal au trait a, qui est dans la lumière, dans la supposition de droite, et devant le spectateur.

N°s. 547 et 548. Quoiqu'il soit d'usage de prendre la lumière derrière le spectateur, on la suppose souvent placée derrière le corps ou devant le spectateur. Alors les coups de force, dans le plan, sont placés en avant et à droite du spectateur, et opposés comme aux figures n°s. 527 et 530. On ne doit employer la lumière derrière le spectateur que quand le plan se trouve au-dessous de la projection verticale.

N°. 548 fait voir que presque toutes les faces du bâtiment sont dans l'ombre, par rapport à la situation de la lumière à l'égard du spectateur.

N°. 549. Plan d'une auge qui fait voir, par les coups de force, la partie vide et la partie pleine, sans qu'il soit besoin de mettre de teinte. La lumière vient également de der-rière, ainsi que pour la figure suivante.

N°. 550. Elévation de l'auge en perspective.

LEÇON DIX-NEUVIÈME.

—

DU LAVIS DES PLANS TOPOGRAPHIQUES.

Le lavis des plans et cartes consiste à étendre des teintes de diverses couleurs pour faire ressortir chaque partie du plan.

Le dessin étant au trait, comme on a pu le voir au n°. 492, tous les contours apparents des maisons, des bois, des montagnes, des cours d'eau, etc., y sont exprimés par un simple trait. On est convenu de laver les plans pour modeler et donner le relief au terrain, d'une manière agréable et pittoresque, par des teintes qui approchent de celles de la nature ; par des nuances purement de convention, que l'œil juge quand il est exercé à lire un plan ; car on n'a nullement l'intention de faire un paysage.

On commence par les teintes d'encre de Chine ; on donne les ombres portées, on adoucit les talus et les glacis des montagnes, etc. ; cela fait, on pose des teintes plates de couleur convenable à chaque objet que l'on veut exprimer.

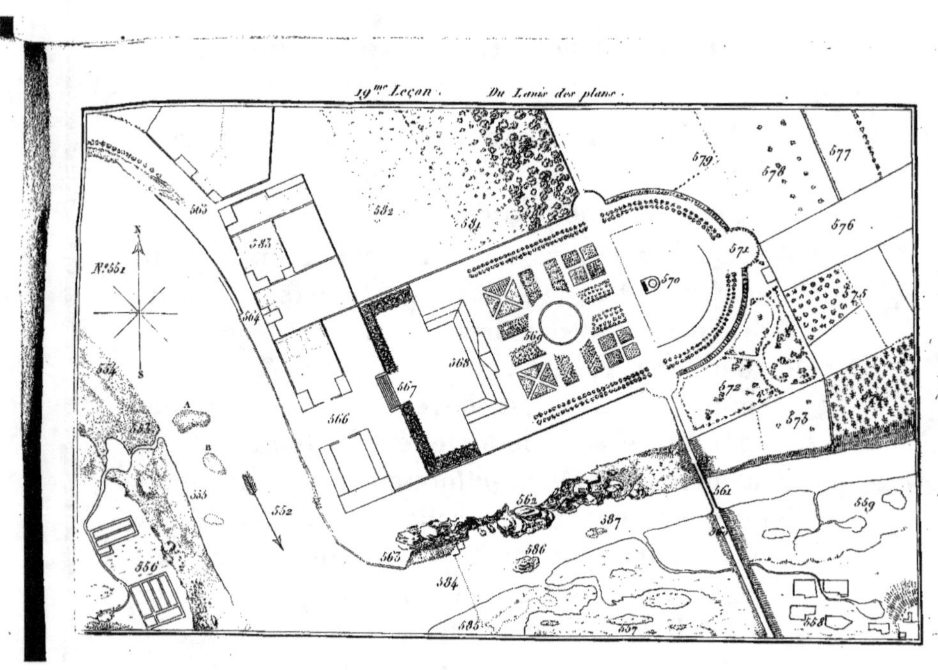

19ᵐᵉ Leçon. Du Lavis des plans.

Comme le lavis de la carte doit se rapprocher de la nature, et que la projection du dessin n'est nullement naturelle, puisqu'il n'y a que du géométral dans le dessin, il faut donc que les teintes soient également de convention.

Mélange des couleurs. Celles que l'on mêle pour obtenir des teintes sont :

Le rouge et le jaune qui forment l'orange.

Le jaune et le bleu qui font le vert.

Le bleu et le rouge qui font le violet (1).

Le noir, qui est l'encre de Chine, ne se mêle jamais.

Le bistre ou la sépia s'emploie isolément.

Les couleurs nécessaires pour laver un plan, sont :

Encre de Chine. On l'emploie noire pour mettre le dessin au trait ; on l'obtient en frottant le bâton dans un godet avec un peu d'eau claire. L'encre séchée et rebroyée ne vaut rien, elle déteint lorsqu'on lave dessus ; on a soin de répandre de l'eau sur son dessin avant que de laver, pour éviter que l'encre ne déteigne. Pour laver, on en prend une petite quantité que l'on met dans un godet, puis on l'étend avec de l'eau ;

---

(1) Au moyen des mélanges des trois couleurs primitives, on peut rendre toutes les nuances que produit la nature.

il vaut mieux donner plusieurs teintes pâles que de faire noir tout de suite.

Carmin, couleur rouge; on l'emploie pour mettre au trait les bâtiments, pour tracer des lignes d'axe sur un plan, pour laver les plans de bâtiments, pour mettre les coups de force qui donnent l'effet à un plan.

Bleu de Prusse et indigo. Le premier seul doit être employé pour les mélanges.

Jaune, gomme-gutte.

Bistre, couleur brune; on l'emploie pour les teintes de terres.

Terre de Sienne brûlée, couleur chaude qui donne du brillant au plan.

Vermillon, couleur d'un rouge de feu.

De toutes ces couleurs, il n'y a que le vermillon qui soit opaque, c'est-à-dire, qui cache les traits sur lesquels on l'étend.

On trouve toutes ces couleurs en tablettes; elles sont toutes préparées; on les délaie, comme l'encre de Chine, au moment de s'en servir, dans un godet, avec de l'eau, puis on les emploie avec des pinceaux. Le prix de chaque tablette est de 75 centimes; le carmin excepté, qui vaut de 3 à 5 francs, suivant la grosseur et le degré de beauté.

Description de la planche lavée. Elle est supposée mise au trait, suivant les n°s. 516 et suiv.

Sur un plan topographique, il ne faut jamais oublier de marquer l'échelle qui a servi à construire le plan. (Il n'y en a pas sur la planchette ; les objets étant une réunion idéale.)

N°. 551. *Boussole*, pour faire voir l'orient du plan.

N°. 552. *Flèche*, qui marque le courant de l'eau. On trace ces deux derniers objets dans les rivières ; cependant, lorsque la rivière est petite, on peut mettre la boussole dans l'angle du dessin, à côté du titre.

Des eaux et rivières. Leur lit est renfermé par deux lignes noires dont celle qui reçoit le jour est plus légère ; quelquefois les limites sont ponctuées pour exprimer le sable ; lorsque la rivière se confond avec un marais, la limite se fait avec des herbages. On lave les rivières, lacs et marais, avec une légère teinte de bleu que l'on met sur les bords et que l'on adoucit vers le milieu. Dans les marais, on donne quelques coups de pinceau horizontalement, pour indiquer l'eau qui n'est point courante.

N°. 553. *Sable*. On lave le fond d'une couleur rougeâtre (gomme-gutte et carmin), on fait par-dessus un petit pointillé à la plume avec la même couleur un peu plus forte, pour imiter le sable et les cailloux. Les allées des jardins ont une couleur de sable sans pointillé.

A. *Banc de sable toujours découvert ;* comme ci-dessus, pour le dessin et la couleur.

B. *Banc de sable qui couvre et découvre ;* comme ci-dessus, la teinte d'eau passe par-dessous.

N°. 554. *Laisse de basse mer*, teinte d'eau que l'on réserve entre deux bancs de sable.

N°. 555. *Laisse de haute mer*, teinte d'eau que l'on réserve entre un banc de sable.

Dunes, côteaux de sable ; on exprime ces petits monticules avec de la teinte de sable ; on force un peu plus le côté de l'ombre.

N°. 556. *Marais salants.* Une légère teinte de bleu sur les bords du côté de l'ombre.

N°. 557. *Marais,* terrain aquatique qui ne produit que des joncs et des roseaux. Une légère teinte de bleu sur les bords, quelques lignes horizontales ; on fait avec du vert des herbages ; on emploie la plume ou le pinceau. Ils sont presque toujours entourés de prairies.

N°. 558. *Tourbière,* endroit marécageux d'où l'on tire des mottes faites de terre bitumineuse. On l'exprime par des figures rectangulaires et irrégulières ; on les poche d'une légère teinte d'encre de Chine ou de bleu sale ; teinte d'eau dans les trous.

N°. 559. *Vase.* Une légère teinte d'encre de Chine par-dessus un mélange de bleu, de jaune et de rouge : on laisse de distance en distance des mares d'eau.

N°. 56o. *Routes*. On les laisse de la couleur du papier ainsi que tous les chemins de communication, les places et les voies publiques.

N°. 561. *Pont en pierre*. On ne lave pas le dessus; le parapet reçoit une légère teinte de rouge; les ponts en bois une légère teinte de jaune ou de bistre.

N°. 562. *Roches sur le bord de la mer*. On teinte d'encre de Chine le côté opposé à la lumière; on nuance de légères teintes de bistre, de vert, de jaune et de rouge vermillon; dans les ombres, de la terre de Sienne pour donner de la lumière et des brillants.

N°. 563. *Quai*. Lorsqu'il est bordé d'un mur, on y met une légère teinte de carmin; lorsque c'est du bois, une teinte de bistre. Quelquefois il y a des lignes de pieux pour garantir la vase, le sable, ou bien les terres sont coupées en talus; alors on prend la teinte de sable ou de bois, suivant la nature de la chose.

Parapets. Par un trait rouge lorsqu'ils sont en maçonnerie.

Palissades, clôture en bois; par une ligne tracée avec du bistre.

N°. 564. *Rampe*, chemin pratiqué dans les murs de quai; par une teinte légère de noir fondu : dans les talus de terre gazonnée elle reste blanche.

N°. 565. *Abreuvoir*, chemin raboteux qui

conduit à la rivière ; quelques légères nuances de bistre fondu , du haut en bas.

N°. 566. *Ferme*. Elle forme l'entrée d'un château. Les bâtiments et les murs se lavent d'une légère teinte de carmin ; les cours, d'une légère teinte de sépia. On y réserve quelques petits jardins potagers.

N°. 567. *Escalier*. Il reste blanc ; une légère teinte de rouge sur les murs.

Terrasse. Une légère teinte de sépia ; on y ajoutera une teinte d'encre de Chine si la cour ou la terrasse est pavée.

Berceaux et treillages. On les indique dans la forme de leur dessin ; on indique les arceaux et les diagonales ; on couvre le tout d'arbres et de verdure piquetée de jaune et de rouge.

N°. 568. *Maison, plan général*. Les maisons et plans de bâtiments appartenant à des particuliers se lavent d'une légère teinte de rouge : les édifices publics d'une teinte de rouge foncé. On est convenu d'exprimer les édifices publics en toit , c'est-à-dire par-dessus ; on lave les toits couverts d'ardoises en bleu , et ceux couverts en tuiles avec du vermillon.

N°. 569. *Jardin*. On les dessine suivant la nature des objets ; on fait les plantations d'arbres , d'arbustes, des bordures s'il y en a. Les allées se lavent couleur de sable mélangée de jaune et de rouge ; les arbres se pochent en vèrt, les planches se nuancent de petits traits de bistre, de jaune, de rouge et de vert ; on leur donne un ton gai par la variation des couleurs.

Bassin, ou pièce d'eau. Une légère teinte de bleu avec quelque lignes horizontales de la même teinte, un peu plus foncée.

N°. 570. *Gazon,* prairie artificielle ; dans les plans à une petite échelle, on donne une légère teinte de vert ; sur les plans à une grande échelle, on fait de petits points avec du vert plus foncé pour rendre l'herbage des prairies..

N°. 571. *Charmille.* Elle ferme de certains jardins : souvent elle en tapisse le mur. (*Voyez* Haies, pour le lavis.)

Haies, murailles de verdure ; elles font la clôture des jardins, des champs. On les exprime par de petites broussailles que l'on couvre de vert pâle et de vert foncé.

Buissons. Ils entourent les champs et les fossés ; quelques légères broussailles que l'on poche en vert. (*Voy.* le n°. 579.)

N°. 572. *Jardins anglais.* On les fait avec quelques allées tortueuses qu'on lave couleur de sable, les massifs en couleur de gazon, et par-dessus, des bouquets d'arbres variés, que l'on poche en vert plus foncé.

N°. 573. *Prairies.* Une légère teinte de vert-clair composé de bleu et de jaune ; si le plan est à une grande échelle, on piquetera la teinte de vert un peu plus foncé pour faire des brins d'herbes, mais toujours en masse et non en détail.

Nº. 574. *Vignes.* Le fond se fait avec une teinte légère de violet composé de carmin, de bleu et d'un peu de jaune. La plantation de la vigne, lorsqu'on l'exprime, se poche en vert. (Nº. 482.)

Nº. 575. *Vergers.* Le fond en vert de prairie et les arbres pochés en vert foncé.

Nº. 576. *Terres labourées.* On donne une légère teinte de bistre, et quand elle est sèche on repasse avec le pinceau de légères hachures de bistre ; elles doivent imiter les terres cultivées à la charrue et propres à être ensemencées. Lorsque les terres sont ensemencées, on fait les hachures, soit avec du vert, soit avec du jaune, parce qu'il y a toujours, dans l'été, des terres qui sont en blé vert, et d'autres dont les épis sont prêts à sécher ; d'autres labourées, ou en friche : il en résulte une variation de tons, de couleurs qu'il convient d'imiter.

Nº. 577. *Pièce de terre avec plantation d'arbres, fossés et haies.* Pour la teinte, (*voyez* le nº. 576.)

Nº. 578. *Pièce de terre avec plantation en avenue, mais cultivée.* La moitié de la pièce est en chaume et l'autre en blé presque sec.

Nº. 579. *Pièce de terre entourée de buissons.* (Pour la teinte, *voy.* le nº. 576.)

Nº. 580. *Forêts, bois de haute-futaie.* Les arbres étant massés, on couvre le fond de la forêt d'une légère teinte de vert de bistre et de jaune; sur chaque masse d'arbres, un peu d'encre de Chine du côté de l'ombre et une couche de vert par-dessus.

Nº. 581. *Bois, taillis.* La seule différence avec la forêt, c'est que les arbres sont moins épais, vu qu'on les coupe de temps en temps.

Nº. 582. *Bruyères, petits arbustes.* Le fond du terrain mélangé de rouge, vert et jaune pointillé de vert.

Broussailles. Les ronces et les épines qui croissent dans les mauvais terrains boisés; du jaune et du bleu pointillé de vert.

Nº. 583. *Propriété.* Maison, cour et jardin; la maison en rouge pâle, un coup de force du côté de l'ombre, une teinte de sépia sur les cours, et du vert sur les jardins; on fait un mélange d'un carré de verdure et de terre d'ombre et d'autre de jaune pour varier les cultures.

Nº. 584. *Bâtardeau ou digue pour retenir les eaux.* Massif de maçonnerie ou de terre pour retenir les eaux; la maçonnerie s'exprime par une ligne rouge, et la terre par une ligne noire. Quelquefois les digues sont en charpente ou en fascines, on les exprime avec une ligne pleine en bistre; quelquefois on exprime la chute d'eau et le bouillonnement de l'eau. On réserve beaucoup de papier pour faire des blancs et donner quelques coups de pinceau avec du bleu sur lequel on revient par d'autres touches en tourbillon, le tout le plus léger possible.

N°. 585. *Inondation.* On teinte cette partie du terrain un peu plus légère et l'on passe une teinte d'eau à la limite; on l'adoucit du côté de la rivière.

N°. 586. *Roches toujours découvertes.* On les lave comme au n°. 562.

N°. 587. *Roche qui se couvre et découvre.* On passe la teinte d'eau par-dessus pour le dessin. (*Voyez* les n°. 431 et 432.)

588. ABCDEFGHIJKLMNOPQRSTU VXYZ. 589. ABCDEFGHIJKLMN OPQRSTUVXYZ.

590. ABCDEFGHIJKLMNOPQRSTUVXYZ.

591. ABCDEFGHIJKLMNOPQRSTUVXYZ.

592. ABCDEFGHIJKLMNOPQRSTUVXYZ.
593. ABCDEFGHIJKLMNOPQRSTUVXYZ.

594. ABCDEFGHIJKLMNOPQRSTUVXYZ. 595. ABCDEFGHIJKLMNOPQRSTUVXYZ.

596. abcdefghijklmnopqrstuvxyz.

297. abcdefghijklmnopqrstuvxyz.

598. abcdefghijklmnopqrstuvx yz.

599. abcdefghijklmnopqrstuvxyz.

600. abcdefghijklmnopqrstuvxyz.
601. abcdefghijklmnopqrstuvxyz.
602. abcdefghijklmnopqrstuvxyz.
603. abcdefghijklmnopqrstuvxyz.

604. abcdefghijklmnopqrstuvxyz.
605. abcdefghijklmnopqrstuvxyz.
606. abcdefghijklmnopqrstuvxyz.
607. abcdefghijklmnopqrstuvxyz.

608. ABCDEFGHIJKLMNOPQRSTUVXYZ.

609. ABCDEFGHIJKLMNOPQRSTUVXYZ.

610. I. II. III. IV. V. VI. VII. VIII. IX. X.   I. II. III. IV. V. VI. VII. VIII. IX. X.

611. 0 1 2 3 4 5 6 7 8 9. 612. 0 1 2 3 4 5 6 7 8 9. 613. 0 1 2 3 4 5 6 7 8 9.

614. ABCDEFGHIJKLMNOPQRST UVXYZ. 615. abcdefghijklmnopqrstuvxyz.

618. ABCDEFGHIJKLMNOPQRS TUVXYZ. abcdefghijklmnopqrstuvxyz.

619. ABCDEFGHIJKLMNOPQR STUVXYZ.

620. abcdefghijklmnopqrstuvxyz.

LEÇON VINGTIÈME.

DES ÉCRITURES SUR LES PLANS, ET DES LÉGENDES.

Les cartes et plans ont besoin d'être expliqués par des signes connus, et réduits au plus petit nombre possible. Les écritures sont donc indispensables pour les titres et les légendes ; et sur les plans mêmes, pour expliquer ce que ceux-ci laissent d'incertain, ou ne peuvent exprimer. L'écriture est d'autant plus nécessaire, à côté des signes qui forment l'ensemble du plan, qu'ils ne sont pas connus de tout le monde ; et pourtant les plans et les cartes sont faits pour tous les yeux ; puis ces signes peuvent être moins précis sur des plans à une petite échelle.

On doit donc écrire sur un plan toutes les indications qui ne nuiront point à la netteté et à l'effet du dessin.

On emploie :

Pour les mots.
{
la majuscule { droite. / penchée.
la minuscule { droite. / penchée.
}

Pour les chiffres.
{
l'arabe { droit. / penché.
le romain { droit. / penché.
}

Ces caractères seront ceux de la typographie ; et dans aucun cas on n'emploie, sur les cartes soignées, les caractères d'écriture, qui sont plus vagues, et qu'il est toujours plus difficile de rendre purs et uniformes.

On ne fait usage des caractères d'écritures, n°. 614 à 619, que pour les reconnaissances et les dessins croquis dont l'exécution se fait rapidement ; alors, on remplacera les majuscules par la bâtarde ; les minuscules, par la ronde et la petite bâtarde.

Les proportions des lettres doivent être variées en raison de la grandeur et de l'importance des objets, leur hauteur sera donc variable (1) ; l'intervalle des mots sera égal à la moitié

----

(1) *Le Mémorial topographique du dépôt de la guerre* donne un grand nombre de dimensions de caractères proportionnés à la grandeur des diverses échelles qui sont également en grand nombre, et trop compliquées pour être données dans cet ouvrage.

de la hauteur du caractère ; et quand il y aura de la ponctuation , l'intervalle sera égal à la hauteur totale.

Les plus beaux caractères gravés et fondus sont ceux de MM. Didot. J'ai préféré les donner tels que l'auteur les a faits , plutôt que de les regraver pour les donner pour modèles ; j'en ai placé une assez grande quantité pour qu'on puisse prendre sans tâtonnement celui qu'il conviendrait pour en faire l'application sur le dessin ou pour les titres. Ces proportions peuvent s'appliquer à toutes les autres grandeurs ou dimensions d'écriture que l'on voudra employer.

Pour dessiner les écritures , il faut tracer avec le crayon deux lignes parallèles de la hauteur que l'on veut donner au corps de l'écriture , puis on formera les lettres avec le crayon , et lorsqu'elles seront bien espacées , ainsi que les mots , on les passera à l'encre avec la plume.

Depuis qu'on a pris le point typographique pour base de la force de corps des caractères , cette force de corps a pris pour nouvelle dénomination le nombre de point qu'elle contient (1),

---

(1) On a fixé les noms et la proportion des caractères typographiques d'après leurs dimensions, l'unité fondamentale est le *point*, il équivaut à deux points de l'ancien pied de roi de France ; en conséquence, 6 points typographiques valent 12 points ou une ligne, 12 points ou une ligne du pied de roi équivaut à deux lignes, 18 points à 3 lignes, etc.

leurs anciens noms, n'étant presque plus en usage; ainsi, au lieu de dire de la Mignonne on dit du 7, au lieu de dire de la Gaillarde on dit du 8, etc.

Voici l'application de quelques exemples de caractères, avec les deux dénominations ; ce sont les plus usités pour les écritures des plans.

N°. 588. *Deux points de Gros-Romain romain*, pour les titres principaux. Les jambages pleins auront d'épaisseur un cinquième de la hauteur ; la largeur étant susceptible d'une grande variation, on devra consulter les modèles à cet égard.

N°. 589. *Deux points de Gros-Romain, italique*, comme ci-dessus. Elles sont inclinées du haut en bas, et de droite à gauche, de deux à trois parties de la hauteur : on mélange des mots ou des lignes de capitales droites et de capitales penchées, pour donner de l'agrément et de la variation aux titres.

Les capitales droites et penchées n'ont jamais de majuscules dans les titres, la ponctuation équivaut à une lettre ; l'intervalle entre les mots est égal aux deux tiers de la hauteur d'une lettre.

Depuis qu'on a pris le point typographique pour base de la force de corps des caractères, on les nomme ainsi qu'il suit : pour les exemples ci-dessous seulement.

N°s. 590 et 591. *Deux points de Cicéro, capitales droites et penchées.*

N°s. 592 et 593. *Deux points de Petit-Texte, capitales droites et penchées.* On l'emploie pour indiquer les renvois et servir de signes dans les légendes des plans dessinés à une grande échelle. Lorsque le plan est dessiné à une petite échelle, on emploie les caractères suivants, n°s. 594 et 595.

N°s. 594 et 595. *Dix points de capitales droites et penchés.*

N°s. 596 et 597. *Petit Canon, romain et italique, ou 28 points,* pour les titres des légendes.

N°s. 598 et 599. *Gros-Romain romain et italique, ou du 15,* pour les légendes, les noms particuliers des objets, tels que bourg de B..........., village de C..........., etc. Le mot commencera par une capitale.

N°s. 600 et 601. *Cicéro, romain et italique, ou du 11.*

N°s. 602 et 603. *Petit Romain, romain et italique, ou du 9.*

N°s. 604 et 605 *Mignonne droite et italique.* On l'emploie pour les plans dessinés à une petite échelle.

N°s. 606 et 607. *Parisienne, droite et italique,* pour écrire dans l'intérieur des plans, à une petite échelle.

N°. 608. *Caractère gras plein;* On l'emploie seulement pour les titres des plans. On lui donne la hauteur convenable.

N°. 609. *Caractère ombré.* On l'emploie comme au n°. 608.

N°. 610. *Chiffres romains, droits et penchés.* Les mêmes proportions que les capitales.

N°s. 611 et 612. *Chiffres arabes, droits et penchés.*

N°. 613. *Chiffres d'écriture de ronde.*

N°s. 614 et 615. *Ecriture ronde, majuscule et minuscule.*

N°. 617. *Ecriture anglaise, majuscule et minuscule.*

N°. 619. *Gothique, majuscule.*

N°. 620. *Gothique, minuscule.*

FIN.

Ouvrages en Leçons,

APPROUVÉS PAR PLUSIEURS MEMBRES DE L'INSTITUT.

* * *

AGRICULTURE ET JARDINAGE, enseignés en leçons, un gros vol. in-12. Prix. 7

ARCHITECTURE DE BULLET, OU LE NOUVEAU BULLET DE LA VILLE ET DES CAMPAGNES, augmenté de tous les *prix nouveaux*, 2e. édition, 1 fort vol. in-12, orné de planches. Prix. . . . . . . 7 fr. 50

ART DE JOUER ET DE GAGNER A L'ÉCARTÉ, enseigné en 8 leçons, par Teyssèdre, 1 volume in-18. Prix. . . . . 3 fr.

ART DE COMPOSER LES BOISSONS DE TABLE, enseigné en 12 leçons, 1 vol. in-12. Prix. . 3 fr. 50

ASTRONOMIE, enseignée en 22 leçons, et sans le secours des mathématiques, 5e. édition, 1 vol. in-12, orné de figures. Prix. . . . . 7 fr.

BOTANIQUE, enseignée en 22 leçons, 2e. édition, in-12, ornée de planches. Prix . . . . 7 fr. 50

CHIMIE, enseignée en 26 leçons, par M. Payen, 2e. édition, ornée de figures. Prix. . . . . 7 fr.

HARMONIE, enseignée en 8 leçons, in-4º. Prix. 4 fr.

MINÉRALOGIE, enseignée en 24 leçons, 1 vol. in-12, orné de figures. Prix. . . . . 7 fr.

TENUE DES LIVRES, enseignée en 21 leçons et *sans maître*, par Jaclot, 1 vol. in-8º. Prix. . . . . . . 7 fr.

AMIENS, IMP. DE CARON-DUQUENNE.

www.ingramcontent.com/pod-product-compliance
Lightning Source LLC
Chambersburg PA
CBHW051521060726
47597CB00001B/141